Anatomie Fonctionnelle

骨關節 解剖全書

3 脊柱、骨盆與頭部

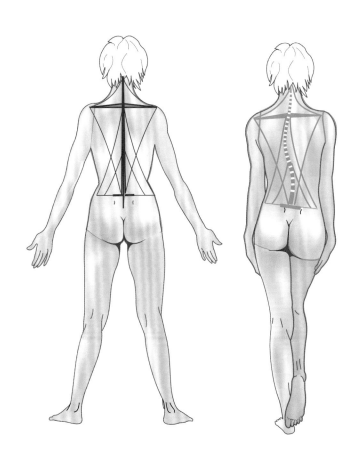

楓葉社

骨關節解剖全書

3 脊柱、骨盆與頭部

出　　　版／楓葉社文化事業有限公司
地　　　址／新北市板橋區信義路163巷3號10樓
郵 政 劃 撥／19907596　楓書坊文化出版社
網　　　址／www.maplebook.com.tw
電　　　話／02-2957-6096
傳　　　真／02-2957-6435
作　　　者／柯龐齊
翻　　　譯／沙部‧魯比
　　　　　　郭涵博
　　　　　　黃馨弘
　　　　　　鄭鴻衛
企 劃 編 輯／陳依萱
校　　　對／黃薇霓
港 澳 經 銷／泛華發行代理有限公司
定　　　價／950元
出 版 日 期／2021年6月

國家圖書館出版品預行編目資料

骨關節解剖全書3：脊柱、骨盆與頭部 / 柯龐
齊作；沙部‧魯比, 郭涵博, 黃馨弘, 鄭鴻衛翻
譯. -- 初版. -- 新北市：楓葉社文化事業有限
公司, 2021.06　　面；　　公分

ISBN 978-986-370-277-1（平裝）

1. 關節　2.人體解剖學

394.27　　　　　　　　　　　110003827

獻給
我的妻子
我的母親，一位藝術家
我的父親，一位外科醫師
我的外祖父，一位技師

審定序

　　就如同儒得教授為本書作序提到的，只要來看這本《骨關節解剖全書》，很多肌肉骨骼系統動作的概念就會理解貫通了！

　　可能看到這裡還顯現不出我內心的激動，作為這三冊書本繁體中文版的審閱，我一冊一冊、一個章節一個章節、一字一句看過，每一頁都是一種體悟，再次感嘆人體動作的奧妙，讚賞柯麗齊醫師融會整理的功力，還有這三冊書本背後，想要讓學習這個專業背景的人都能獲得最佳知識的用心，讀這本書，讓人處處都有驚奇。

　　第一冊的內容是上肢，柯麗齊醫師把肩關節在三度空間裡的動作呈現描述得相當傳神，討論前臂為何是兩根骨頭的觀點更是讓我驚豔，因為在過往的教科書中，幾乎不曾對這一點進行說明。第二冊則是下肢，其中膝關節各方向動作及它們的測試，都鉅細靡遺地呈現在一張圖中，相當地精粹，對足弓與拱頂的說明也是這一冊的精華，涵蓋了足部骨骼的排列、足部肌群如何控制足底拱頂的成形，都很清楚地敘述在文章中。而第三冊就是中軸，這裡將脊椎的力學很清楚地呈現，而更特別的是柯麗齊醫師也說明了胸廓呼吸和發聲、頭部顱顎咬合與眼球動作的內容，在其他類似的系列書籍中，這些常常會被排除或者會分冊討論，所以很多非相關專科的醫師或治療師對這些都比較不了解，有了這些內容，醫師和治療師更能從簡單的角度切入理解，對於就此有需要協助的個案不啻是一項福音。

　　除了以上的內容，柯麗齊醫師也貼心提供了兩個巧思：第一，設計了紙板模型讓讀者可以親自動手做，不僅有趣也真的能讓讀者在過程中體會到人體產生動作的機轉，我也幫自己做了一個手部的模型，從線段的拉扯體會手指動作，不像以前學習的方式這麼死板記憶，真的歷久不忘；第二，博學如柯麗齊醫師引用了一些有趣的小品故事在書中，也激起我在審閱的過程中去找尋這些小品故事的來源，認識許多了不起的解剖學者、醫學影像學者，增加更多的額外知識，如果沒有這幾本書，我想我也沒有機會得到這些線索去探究這些過去偉大的人所做過的事，真的是滿懷感恩。

　　可惜的是，我們再也沒有機會閱讀到柯麗齊醫師更多精闢的見解了，先走一步的他留下這三冊充滿精彩知識與人生哲理的書籍，我真心推薦每一位醫師、治療師、身體工作者、運動教練都能細細品嘗，從中獲得柯麗齊醫師滿滿對這個世界的關懷和愛，知識的傳遞如暖流，流淌在每一個讀者的心頭。

蔡忠憲

序

從我們這一代開始，遇到抱持疑問的年輕同事就會跟他這樣說：「去看柯龐齊的書，你就會懂了。」

從《骨關節解剖全書》中獲得的知識，成為我們這一行的專業核心，無論是臨床症狀、診斷程序、手術操作都能在書中找到答案。作者柯龐齊師從多位解剖學大師，在學習的路途上受過非常嚴格的訓練，他從非常早的時候，就知道自己該為功能解剖學的教學開啟新時代，把知識變得清楚簡單，以打通讀者的任督二脈。

謝謝你柯龐齊：任何事能夠看起來簡單易懂，都是因為幕後有位天才。這本書的完美，源自你的淵博學識。《骨關節解剖全書》充滿巧妙思維，不管是出自於寫作構思或手術操作的優雅及效率，都極為完美。最後我想說的是，這本書同時也是最好的教學手冊，它的地位將永遠屹立不搖。

本書新版內容豐富更勝前版，無論是學生、正式執業人員、外科醫師、風濕科醫師、復健科醫師、物理治療師，只要對人體運動感興趣，都值得將這套書放置在書架上最顯眼的位置。

提爾利 · 儒得教授（Thierry Judet）

第六版序

第六版全三冊主題為功能解剖學，歷經改版及更新。作者使用電腦把解說圖全數上色，進一步提高圖像的解說效果。整個過程就如同蛻變，全文在完成重新編寫後破蛹成蝶。第六版增添許多內容並且優化，除了原始章節還加入新的章節解說步態，以及附錄「下肢神經綜觀」。最後，為了實現圖像立體化，作者在本書最後附上力學模型，供讀者自行製作，可親身體驗生物力學。本書新版將部分內容刪去或簡化，亦有部分內容新增。

第七版序

這次新版仔細修正、優化原文，新增八頁內容說明跟腱彈性、孕婦重心，進一步解說快步走、上肢擺盪、一般或行軍等不同步態、以及跳躍。這本新書肯定能夠再次燃起讀者的興趣。

目錄

第 1 章　脊柱全面性的介紹

第 2 章　骨盆帶

第 3 章　腰椎

第 4 章　胸椎和胸腔

第 5 章　頸椎

第 6 章　頭部

附錄

第1章

脊柱全面性的介紹

　　人類屬於脊椎動物亞門，是魚離開海洋進入陸地之後長期演化的最後階段。人類的脊柱是生物運動控制系統演化的轉換，是介於魚跟爬蟲類之間總鰭魚類（具有四隻腳和尾巴的動物）的演化。在人體，這些原始模式部分依然存在，只是有兩項明顯的改變：

- 尾巴的消失。
- 直立姿勢的轉變。

　　這樣的變化對人類脊柱有明顯的影響，使短脊椎的骨頭能互相連結，彼此可以互相自由移動，這樣的骨骼關節複合體不僅支撐身體也保護脊髓。而人類脊髓是身體肌肉與腦之間的傳遞線路，受到頭骨顱腔與脊椎脊髓腔的保護，雖然人猿與人類的脊柱演化同源，但之後發展有所不同。

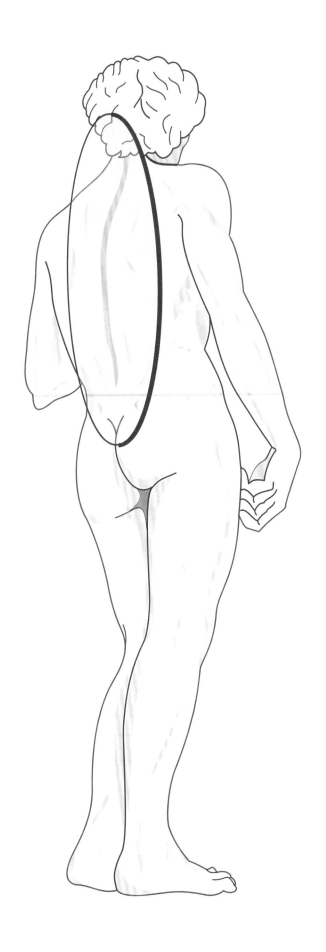

脊柱：支撐軸

　　脊柱是身體的垂直軸，必須符合兩種相反的力學需求，剛性與可塑性。雖然脊柱椎體互相堆疊不穩定，**由於它的結構內嵌的結果**，可以符合這樣力學上的需求。

　　事實上，當身體如果是處於**對稱姿勢（圖1）**，脊柱功能會類似當作帆船的一根桅杆，可固定在骨盆而向上延伸到頭部，在肩膀的高度會有兩肩帶的連結，類似水平的帆布構造。脊柱會運用**韌帶和肌肉的緊度**來維持頭部、上半身跟骨盆之間連接桅杆的連結處（類似船的船體或身體的骨盆），這是一種**支撐性系統**。

　　第二種支撐性系統跟肩胛帶相關，而且類似長垂直軸與短水平軸的菱形。當身體在對稱的姿勢時，這個桅杆支架上的張力在兩邊是平衡的，而且桅杆是被保持在垂直和筆直狀態。

　　當**單腳站立時（圖2）**，身體用單腳承受重量，骨盆會倒向另外一側，而整個脊柱會產生下列的變化：

- 腰椎會凸出向另一懸空腳方向。
- 胸椎呈現凹側。
- 頸椎呈現凸側。

　　受到中樞神經的脊椎反射，肌肉會**自動地**調整張力來恢復身體平衡，這樣一個主動性的調整是屬於椎體外神經系統的控制，而且可不斷地調整各種姿勢性肌肉張力。脊椎的這一種可塑性，存在於它所組成的解剖構造，而靠韌帶和肌肉來連結，因此它的形狀**可透過肌肉緊度而改變，但它的剛性仍被維持著**，這是一種生物張力完整性的例子。

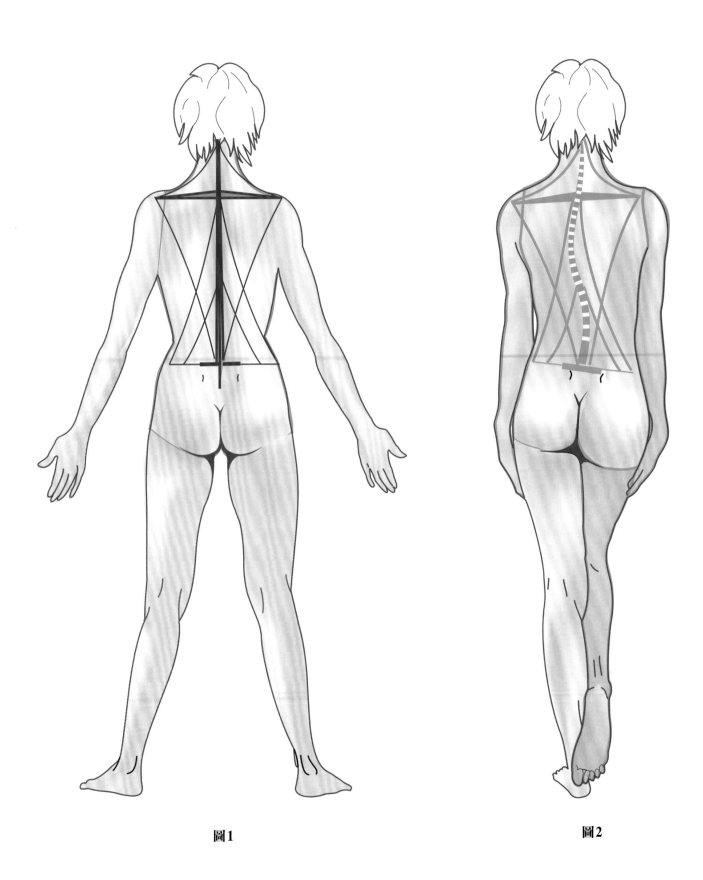

圖1   圖2

脊柱：身體的軸心和中樞神經的保護者

脊柱作用上是**軀幹的中樞支柱（圖3）**，它的**胸椎**位於胸部的後四分之一處（橫切面b），**頸椎**（橫切面a）位於頸部椎後三分之一處，**腰椎**位於軀幹中部（橫切面c）。這些結構位置的差異原因說明如下：

- 對於頸椎，因為頸椎支撐頭的重量，所以必須盡量靠近頭部重心位置。
- 對於胸椎，因為縱膈腔器官的壓迫如心臟，位於較後側。
- 對於腰椎，因為必須支撐整個上半身軀幹重量，它位於腹腔中心位置。

除了可支撐軀幹，脊柱也是**中樞神經的保護結構（圖4）**：從枕骨大孔下來的椎管是柔軟而且有效率地保護脊椎，然而這樣的保護作用在不同的情況下會有變化，甚至有矛盾的地方，會依照脊椎不同的部位而有所不同，這相關內容後面文中會提到。

圖4顯示脊柱的四個部位：

- **腰部**（1）– 腰椎位於中央（L）。
- **胸部**（2）– 胸椎位於後側（T）。
- **頸部**（3）– 頸椎幾乎位於中央（C）。
- **薦尾部**（4）– 主要是這薦椎尾椎兩個骨頭的融合（S）。

薦椎是由五塊薦椎骨融合形成，也是骨盆一部分。

尾椎跟薦椎形成關節，也是大部分哺乳動物尾巴退化結構，是由四到六塊的小尾椎骨融合而成。

在**第二腰椎以下**（L2），脊髓末端變成**圓錐**，在椎管內利用**肉終絲**固定於薦椎，肉終絲是屬於結締組織而沒有神經生理的功能。

脊柱力學上較弱的位置大約在腰椎薦椎之間的椎間盤（L5–S1），這位置連結薦椎和支撐起上半身全部重量，也承受上肢、頭部和肩帶重量。

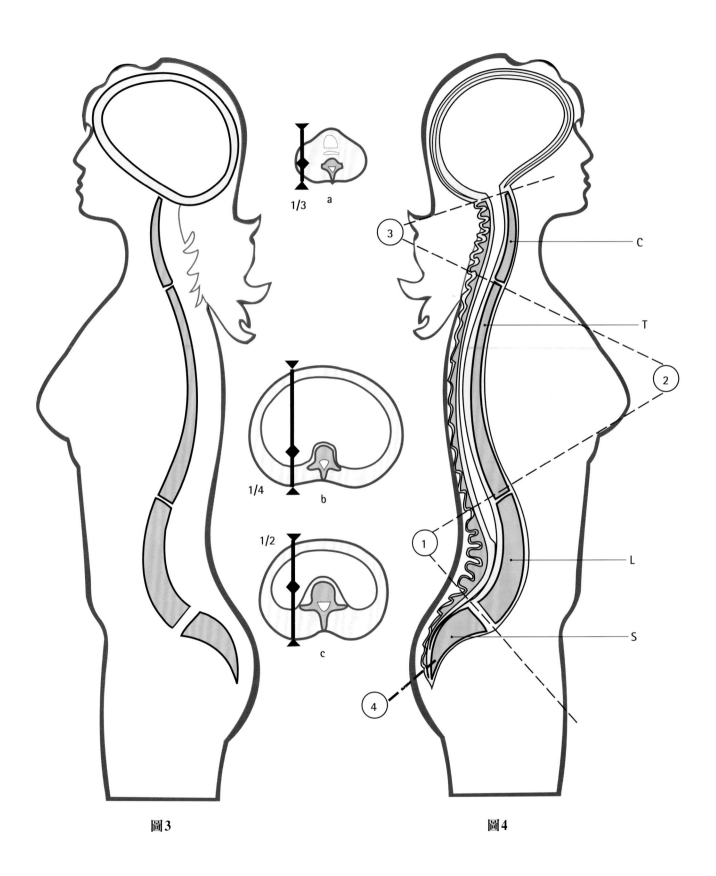

1/3   a

1/4   b

1/2   c

圖3

圖4

3   c

T

2

1

L

S

4

脊柱曲線的全面性介紹

　　整體而言，脊柱**從前側或後側**觀看是直立的**（圖5）**，有些人會出現稍微的側屈，但應該在合理的正常範圍內。在這個姿勢下，**肩線**（s）和**薦窩線**（p）依照 *Michaelis 菱形*的短對角線（紅色虛線；參見後文），應該是水平且互相平行的。**從側面觀看（圖6）**，在矢狀面上，脊柱包含四個主要曲線，從尾部到頭部如下：

- **薦椎曲線**（1）– 幾乎是固定的，因為是由五塊薦椎融合的結果，曲線是向前凹。
- **腰椎曲線**或稱為**腰椎前凸**（2）– 曲線是向後凹，當凹度過大時，稱為腰椎過度前凸。
- **胸椎曲線**（3）– 又稱為**胸椎後凸**。

- **頸椎曲線**（4）– 或稱為**頸部前凸**，後凹角度跟胸椎前凹角度成比例增加。

　　在平衡很好的直立姿勢下，腦部後側、背部和臀部會維持在同一垂直線上。每個曲線的深度，可以經由**垂直線**到曲線尖處的垂直線測量出，這測量法在後文會更清楚地介紹。

　　脊柱曲線凹凸互相加成抵銷，以至於咬合平面 m 幾乎是水平的，可以用一張紙擺在牙齒之間顯示，而在眼睛 h 可以自動地**朝向水平**。

　　在矢狀面上的曲線有時須跟**冠狀面的曲線**互相影響連結，例如常見的**駝背**或是醫學上所稱的**脊椎側屈**等現象。

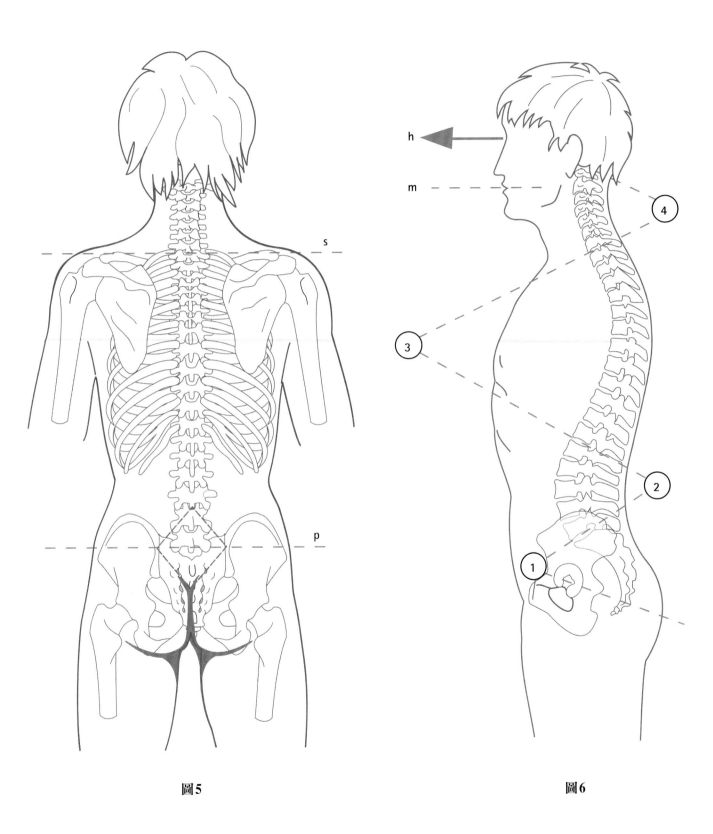

圖5　　　　　　　　　　　　　　　　　圖6

脊柱曲線的發展

在**種族發生學**上（亦即從**原始人到人類**的演化），人類從四足演化到兩足動物的過程中**（圖 7）**，首先是脊柱的伸直和之後**腰椎曲線內翻**（黑色箭號）由前凹變成後凹（即腰椎前凸）。

事實上，因為軀幹伸直所形成的角度僅部分被骨盆後傾所**吸收**，剩餘則由腰椎彎曲來吸收，這說明**腰椎前凸**的現象會隨著骨盆的前傾和後傾有所變化。在這同時，與頭部尾端相連的頸椎也逐漸移向前，導致**枕骨大孔向前移向頭顱的基部**（箭頭處）。

在**四足動物**的四肢是負重的（藍色箭頭），而**兩足動物**只有下肢是負重的。因此，人類的下肢容易受到更多**壓迫力**，而可自由活動（紅色箭頭）的上肢能自主**延伸**。在**個體發育過程中**（即個體的發展），腰椎區也會出現類似的變化（**圖 8**，來自 T.A. Willis 論述）。**在出生第一天**（a）腰椎是前凹的，**五個月後**（b）腰椎仍然稍微前凹，**在十三個月後**（c），腰椎才會變直。**從三年後**（d）腰椎前凸開始出現，**八年後**（e）變得明顯，**十年後**（f）確定為成年狀態，**因此個體發育學概括了系統發育學**。

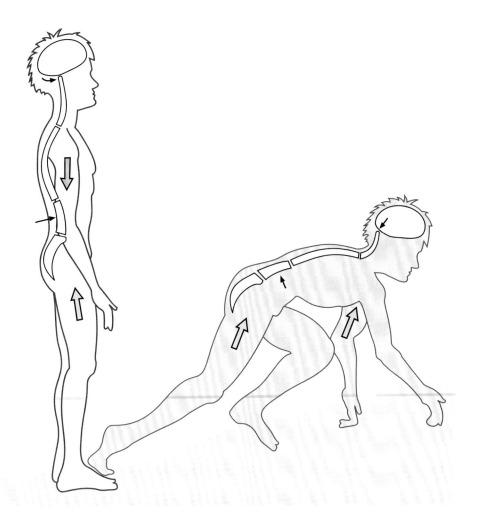

圖7

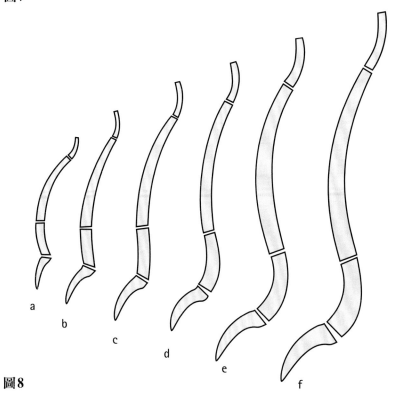

圖8

典型脊椎的構造

通過對典型脊椎結構的分析，我們可以發現兩個主要的組成部分：

- 前方的椎體。
- 後方的椎弓。

典型的脊椎拆解視圖（**圖 9**）顯示如下：

- 椎體（1）：大的圓柱形構造，寬度比高度多，後側有截角形狀。
- 後椎弓（2）：U 形或馬蹄形，在兩側（**圖 10**）有關節突（3 和 4），將椎弓分成兩個部分（**圖 11**）：
  - 椎弓根（8 和 9）：位於關節突前面。
  - 椎板（10 和 11）：在關節突後面。

在椎弓中線處是連接棘突（7），然後通過椎弓根將椎弓（**圖 12**）連接到椎體的後表面。**完整的脊椎（圖 13**）也包含了橫突（5 和 6），它們附著在關節突附近的椎弓上。

典型脊椎存在於**所有的脊椎位階**，而當然地會有椎體或椎弓彼此明顯不同，且通常是同時都有不同。

然而值得注意的是在**垂直平面**上，所有這些不同的部分都有解剖學上的相對應排列。因此，整個脊柱是由**三根柱子組成（圖 14**）：

- 一根**主柱**（A），位於前方，由堆疊的椎體組成。
- 兩根**小柱**（B 和 C），位於後方，由堆疊的關節突組成。

椎體間通過椎間盤相互連接，上下關節突形成平面滑膜關節而相互連結。在每個椎體的位置，都有後側一條管道，管道的前側是椎體，椎管的後側是椎弓，這些連續的管子構成了整個**椎管**（12），其形成方式為：

- 椎體高度的骨結構。
- 椎體之間的纖維結構（包含椎間盤與背側椎弓韌帶）。

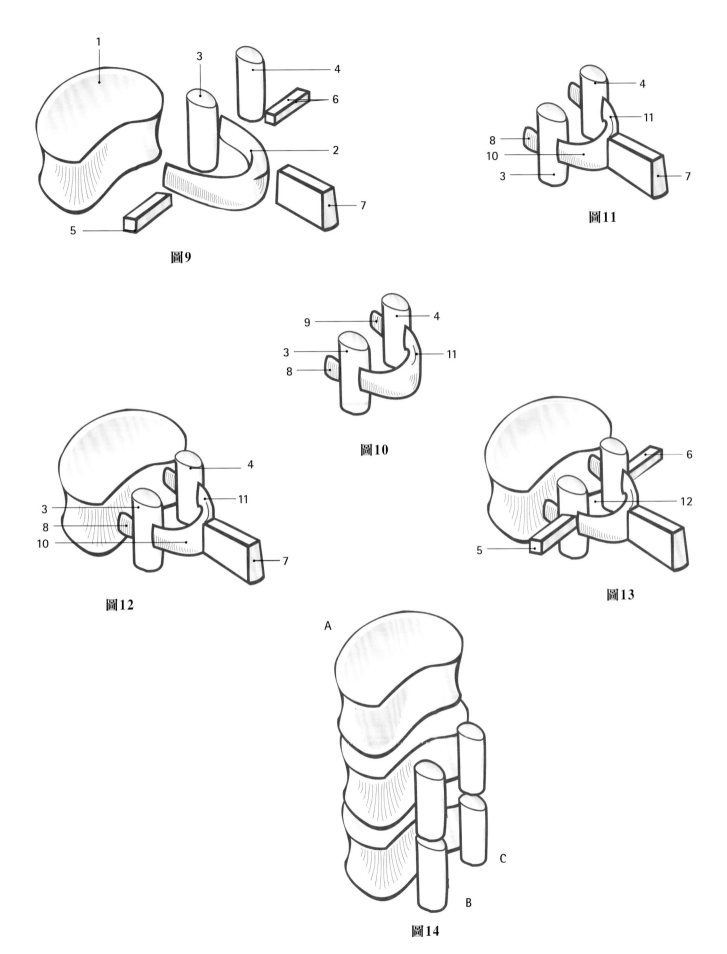

圖9

圖11

圖10

圖12

圖13

圖14

這裡的標號適用於所有的示意圖

脊柱曲線

脊柱曲線可以對垂直壓力**增加抵抗力**。工程師們已經證明了**（圖 15）**脊柱彎曲曲線的阻力 **R** 與曲率 **N²** + 1 成正比（k 為比例因子）。假如以 N = 0、R = 1 的直柱（a）為基準值，則單曲率脊柱（b）的阻力為 2，雙曲率脊柱（c）的阻力為 5，最後具有**三種彎曲度的曲率脊柱**（d），例如具有腰、胸、頸彎曲度的脊柱，其阻力為 10（是直柱的 10 倍）。

這些曲率顯著性可以經由**Delmas 指數（圖 16）**來量化，只測量骨骼並以 H / L × 100 來表達。H 是脊柱的高度，自第一薦椎上表面到寰椎，而 L 則是從薦椎上表面到寰椎被完全伸直的長度。

脊柱**正常曲率**（a）的指數為 95%，正常範圍為 94–96%。具有**過度曲率**（b）脊柱的 Delmas 指數為 94%，這表明脊柱的完全伸直長度與其高度之間的差異很大。另一方面，**減弱曲率**（c）的脊柱（即幾乎是直的），其指數大於 96%。

這種解剖學上的分類非常重要，因為它與脊柱的功能類型有關。A. Delmas 實際上已經證明彎曲明顯的脊柱（即薦椎幾乎是水平的，腰椎前凸較大）屬於動態型，而彎曲減弱的脊柱（薦椎幾乎是垂直的，背部平坦）屬於靜態型。

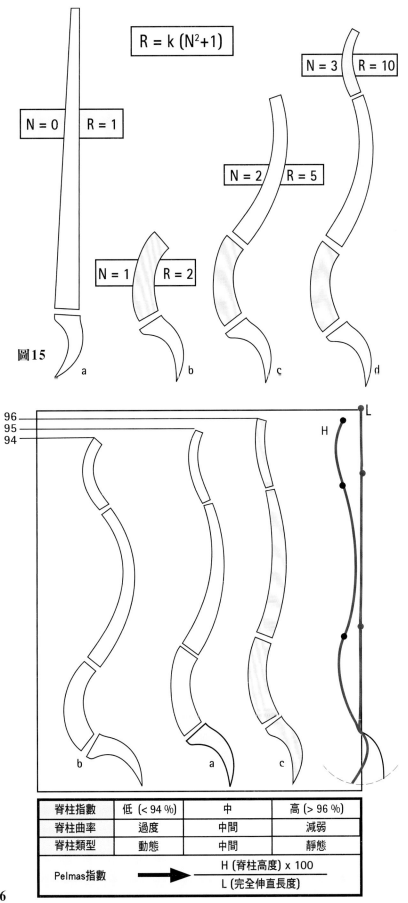

$$R = k (N^2+1)$$

N = 0   R = 1

N = 3   R = 10

N = 2   R = 5

N = 1   R = 2

圖15

a   b   c   d

脊柱指數	低 (< 94 %)	中	高 (> 96 %)
脊柱曲率	過度	中間	減弱
脊柱類型	動態	中間	靜態
Pelmas指數	➡	$\dfrac{H\ (脊柱高度) \times 100}{L\ (完全伸直長度)}$	

圖16

椎體的結構

椎體結構**類似於短骨（圖 17）**（像蛋的形狀，由外側緻密骨的*皮質*包裹著*海綿骨的髓質*）。它的上表面和下表面，稱為**椎間或椎間盤表面**，是由厚的皮質骨組成，在中間較厚而含有部分軟骨。

椎體的邊緣被捲起形成**唇狀**（L），起源於骨骺板而在 14–15 歲時融合到椎間盤表面的其餘部分（S）。骨骺板異常的骨化可導致椎體骨骺炎或**舒爾曼病**。

椎體的**垂直額狀切面（圖 18）**清楚地顯示出其外側表面的厚皮質骨襯、上方軟骨和下方軟骨襯的椎間盤表面，以及骨小樑沿力線分布的椎體海綿骨中心，其過程如下：

- **垂直性**：上下表面之間。
- **水平性**：在兩個外側面之間。
- **斜向性**：在下表面和外側面邊緣之間傾斜。

在**矢狀切面（圖 19）**再次顯示了這些垂直骨小樑。此外，還有兩束**斜向纖維**呈**扇形排列**：

- 第一個**（圖 20）**：*來自於上表面*，通過兩個椎弓根到達相應的上關節面和棘突。
- 第二個**（圖 21）**：*來自於下表面*，穿過兩個椎弓根到達相應的下關節面和棘突。

這三個骨小樑系統的交錯形成了一個阻抗力較強的區域和一個**阻抗力較弱的區域**，特別是底部位於椎體前緣的三角形，完全由垂直的小樑組成**（圖 22）**。

這就解釋了**椎體楔形壓迫性骨折**的發生**（圖 23）**。600 公斤的垂直壓力能夠壓碎椎體前部，導致壓迫性骨折，但需要 800 公斤的力才能壓碎整個椎體而使椎體後部塌陷**（圖 24）**。這種骨折是唯一透過破壞椎管而損傷脊髓的骨折。

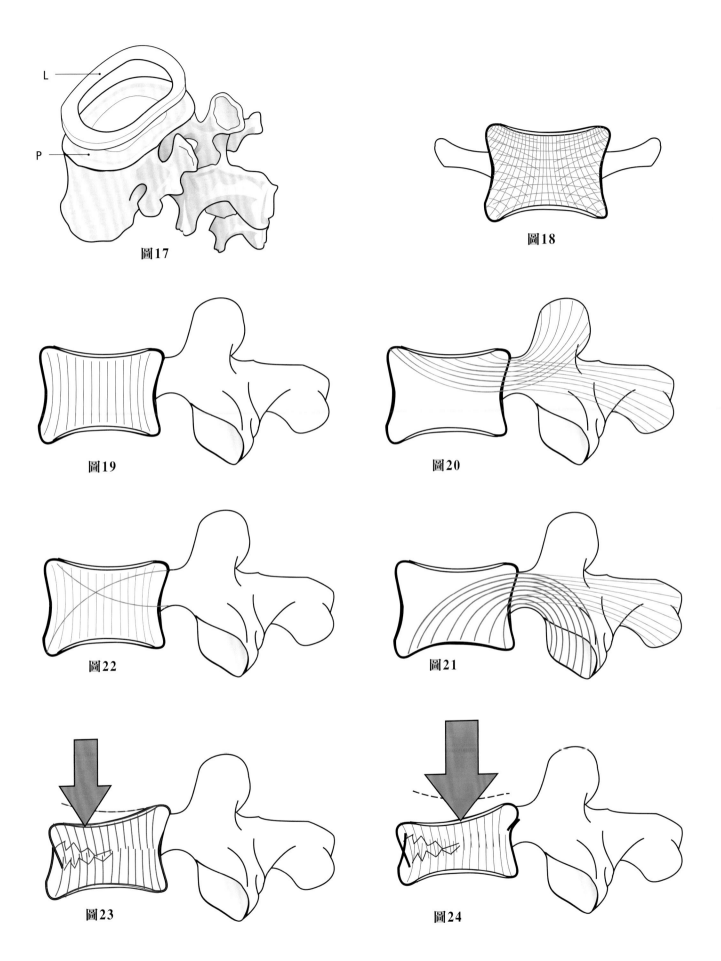

圖17

圖18

圖19

圖20

圖22

圖21

圖23

圖24

脊椎的功能性結構組成

從側面看（**圖 25**，來自 Brueger 論述），脊柱的功能性結構組成很容易被區分：

- 前部（A）是椎體的前部，形成前柱，本質上是一種支撐結構。
- 後部（B）是後椎弓，可支撐關節突，堆疊一起形成後柱。

前柱擔任靜態角色作用，後柱擔任動態角色作用。

在**垂直平面**上，骨骼和韌帶結構交替作用，並（根據 Schmorl 說明）由脊椎本身形成**被動性節段**（I）和如圖中藍色所示**移動性節段**（II）兩種。後者包括下列結構：

- 椎間盤。
- 椎間孔。
- 小面關節（介於關節突之間）。
- 黃韌帶和棘突間韌帶。

這個移動節段的活動度可提供脊椎的運動。

前柱和後柱之間有一個由椎弓根形成的功能性連接（**圖26**）。每個椎體都有骨小樑結構，包含椎體和椎弓，因此可以比作第一級槓桿，其中關節突（1）作為支點。這種第一級槓桿系統存在於每個椎弓根，它使得作用在柱子上的垂直壓縮力可以被椎間盤直接被動地緩衝，也可以被椎旁肌肉間接主動地緩衝，因此，這種緩衝作用**既是被動的，也是主動的**。

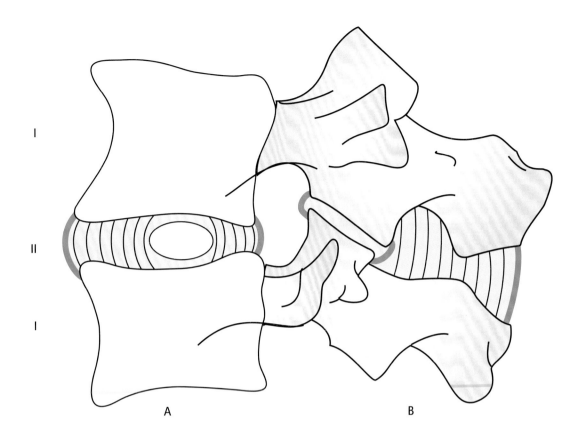

I

II

I

A   B

圖25

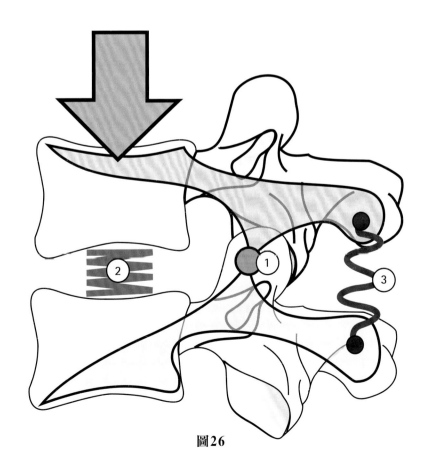

圖26

椎間連結的要素

在薦椎和顱底之間有**二十四個可移動的椎骨**，它們是由許多纖維韌帶連接在一起。

典型椎體的**水平切面（圖 27）**和**側面（圖 28）**顯示以下韌帶：

- 首先，與**前柱**相連的韌帶：
  - **前縱韌帶**（1），延伸自顱底到薦椎椎體的前表面。
  - **後縱韌帶**（2），延伸自枕骨頸靜脈突到薦椎椎管的後表面。

  這兩條長縱韌帶會與每個**椎間盤**相互連接，而椎間盤是由外側纖維組織的同心層組成的**纖維環**（6 和 7）及位於中心的**髓核**組成（8）。

- 其次，有眾多的韌帶**連接到後部椎弓**和連接相鄰椎體的椎弓：

  - 粗壯的**黃韌帶**（3），與其在對側的相對應部分在中線相接並向上附著於上節脊椎椎板的深層面，向下則附著於下節脊椎椎板的上緣。
  - **棘突間韌帶**（4）與**棘突上韌帶**（5），在棘突之間與後方連續，在腰椎區界限不清，但在頸部界限明顯。
  - **橫突間韌帶**（10），連接到每個橫突的頂點。
  - 兩個強有力的**前與後韌帶**（9），可加強**小面關節**的關節囊。

  這些韌帶複合體在脊椎骨之間保持著極其牢固的連結，並可給予脊椎骨強大的機械抵抗力，只有嚴重的創傷（如從高處墜落或交通事故）才會導致這些椎間連接的斷裂。

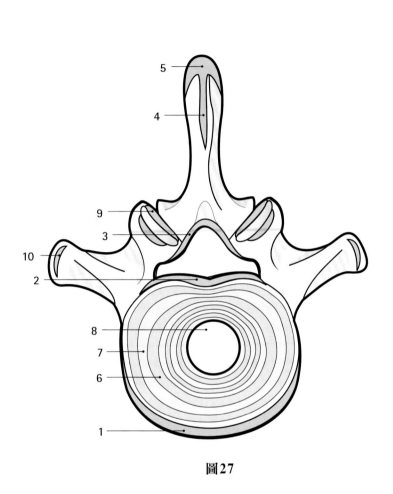

圖27

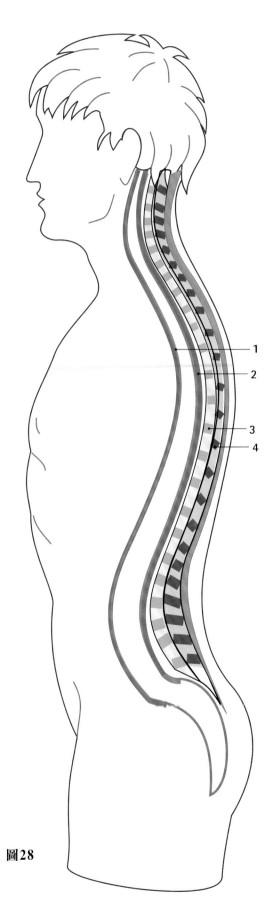

圖28

椎間盤的結構

椎間關節是屬於**聯合**或**微動關節**，是由相鄰兩個椎體與中間的**椎間盤**構成，椎間盤結構由兩部分組成（**圖 29**）：

- 中心部分是**髓核**（N），從胚胎學上起源於**脊索**的膠質結構。具有一種含有 88% 水分的親水性強的膠質；從化學上看，是由**黏多醣**基質組成的，其中含有蛋白結合的硫酸軟骨素、透明質酸和硫酸角蛋白。

組織學上，髓核由**膠原纖維**、未成熟**軟骨細胞**、**結締組織細胞**和少數成熟**軟骨細胞**組成。因為髓核**沒有血管或神經**支配，沒有血管影響髓核自發癒合的可能性，它被邊緣的纖維環包圍著。

- 外圍部分是**纖維環**（A），由同心纖維組成，形狀是數層纖維組織，各層排列不一致，如**圖 30** 的左半部分所示。

在右邊的圖（**圖 31**）中，纖維排列在外圍是垂直的，***靠近中心的則是斜向排列***。越靠近髓核中心，纖維幾乎是水平的，在椎間盤表面之間呈橢球形。因此，髓核被包裹在兩個椎間盤表面和纖維環之間的無延展性外殼內，可防止髓核受到任何擠壓而溢出。髓核在不透水的外殼內可**承受適當壓力**，因此當椎間盤被水平切開時，可以看到它的膠質物質通過切口突起。當對脊柱進行矢狀切除時也是如此，可看到髓核受到壓力而凸出膠質物質。

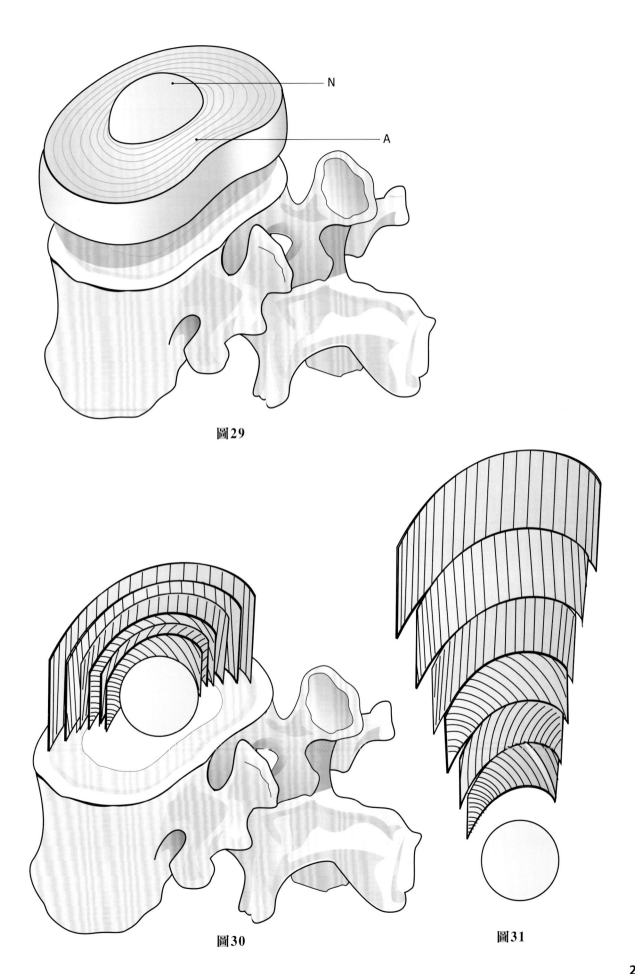

圖29

圖30

圖31

髓核類似旋轉性連接

髓核受壓嵌在兩個椎體椎間盤表面之間的殼內，大致呈**球形狀**。因此，為了清楚說明，可以將其比作放置在兩個平面之間的撞球檯球（**圖 32**）。這種類型的連接，在力學上稱為旋轉連接關節，允許三種彎曲運動：

- 矢狀切面，表現**屈曲**（圖 33）或**伸直**（圖 34）。
- 在冠狀切面，連接**側屈**
- 一個椎體盤面相對於另一個盤面的**旋轉**（圖 35）。

在實際情況中更複雜，因為這些運動還合併球在周圍的**滑動**，甚至**剪力**運動，可發生在兩個圓盤表面之間。這些運動發生時，髓核在運動方向上輕微地滑動，並在兩個盤狀面靠近的一側被壓扁。

在**屈曲**過程中（**圖 36**），上面的盤狀面稍微向前移位；而在**伸直**過程中（**圖 37**），盤狀面向後移位。同樣地，在**側屈**時，上面的盤狀面位移發生在彎曲的一側。在**旋轉**過程中（**圖 38**），盤狀面位移朝向旋轉的一側。

總體來說，這個非常靈活的關節有**六個自由度**：

- 屈曲 – 伸直。
- 兩側的側屈。
- 在矢狀切面滑動。
- 在水平切面滑動。
- 向右旋轉。
- 向左旋轉。

然而，這每一種運動都只有小小範圍，只有通過多個關節的同時參與才能產生較大範圍的動作。

這些複雜的運動依賴於**脊椎後關節結構和韌帶的排列**，因此在**設計開發人工椎間盤**時必須考慮到這一點。

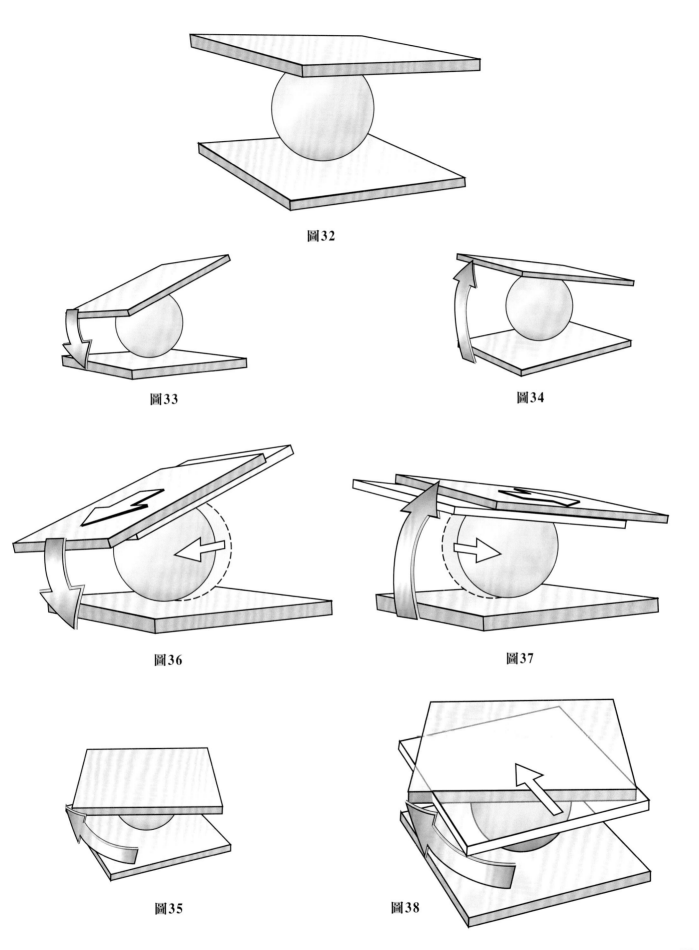

圖32

圖33

圖34

圖36

圖37

圖35

圖38

椎間盤預載狀態和椎間盤椎體關節之間的自我穩定功能

一般作用於椎間盤的力量是相當大的，越靠近薦椎時壓力越大。

當椎體椎間盤表面壓在椎間盤時，髓核**承受 75% 的力而纖維環承受剩下的 25%**，例如 *20 公斤的壓力有 15 公斤的力是作用在髓核，而 5 公斤的力作用在纖維環*。然而，在水平面上，髓核也會將部分壓力**傳遞**給纖維環（**圖 39**）。例如，在站立位置，作用在第五腰椎 – 第一薦椎髓核上的垂直壓力及傳遞到纖維環邊緣分別是 *28 公斤 / 公分和 16 公斤 / 平方公分*，而當舉起重物時，這些力量會大大增加。在軀幹前屈時，每平方公分單位面積下的壓力會上升到 **58 公斤**，而每公分的作用力達到 **87 公斤**。當軀幹被拉回垂直位置時，這些壓力可達 **107 公斤 / 平方公分**和 **174 公斤 / 公分**。如果在軀幹彎曲舉起重物回到伸直狀態，這些壓力可能會更高，而且它們會接近於斷裂點的值。

髓核中心的壓力不會為零，即使是在椎間盤沒有承重時。這是因為椎間盤有吸水能力（親水性），這**導致椎間盤在沒有延展性的纖維環外殼內膨脹**，這現象稱為椎間盤未負荷前的**預載狀態**。在混凝土建築技術中，未負荷前的預載狀態（預載）是指樑內預先有存在的張力，如果一個均勻的樑（**圖 40**）承受一個負載下，它在內部會偏斜一段距離（撓度），用 f1 表示，預載用**大箭頭**顯示。這些預載狀態的特質現在也包含在生物張力整合的新領域中。

如果一根樑（**圖 41**）裝有一根非常緊的電纜，通過其下半部分從一端（T）到另一端（T'），此時它即為一個預載的樑[※]，同樣的載荷所導致的 f2 偏斜撓度明顯小於 f1。

椎間盤的預載狀態使它能更好地抵抗垂直壓力和側屈曲時的力量，但隨著年齡的增長，髓核失去親水性，其內部抵抗力便會隨著**預載狀態喪失**而降低。當**垂直壓力不對稱地作用於椎間盤時**（圖 42，F），椎間盤上部的椎體表面將朝向超載一側傾斜，與水平方向形成一個角度（a），因此將拉伸纖維 AB' 成 AB 狀態，但與此同時，髓核內部壓力朝向箭頭（f）方向，將作用於纖維 AB 而把它推回 AB' 狀態，進而扶正脊椎並恢復椎間盤原來的位置。這種**自我穩定機轉**與預載狀態有關。因此，纖維環和髓核之間形成了一對**功能性力偶**組成，其效率性取決於彼此組成部分的完整性，如果髓核內壓降低或纖維環的密封性受損，*功能性力偶立即失去效力*。

預載狀態也解釋了**椎間盤的彈性特性**，Peter B. Hirsch 的實驗也證明了這一點（**圖 43**）。如果一個預載的椎間盤（P）暴露在一個**強大力量**（S）下，椎間盤厚度初期表現出最小，然後變最大，之後根據減震曲線出現每秒的**阻尼振盪**。如果壓力太大，這種振盪反應的強度就會**破壞纖維環結構**，這就解釋了在反覆的強應力作用下，椎間盤結構會惡化的原因。

[※]由法國工程師Eugène Freyssinet所發明使用預載混凝土的技術，使挑戰性高的建築物建構變得更加可能完成。

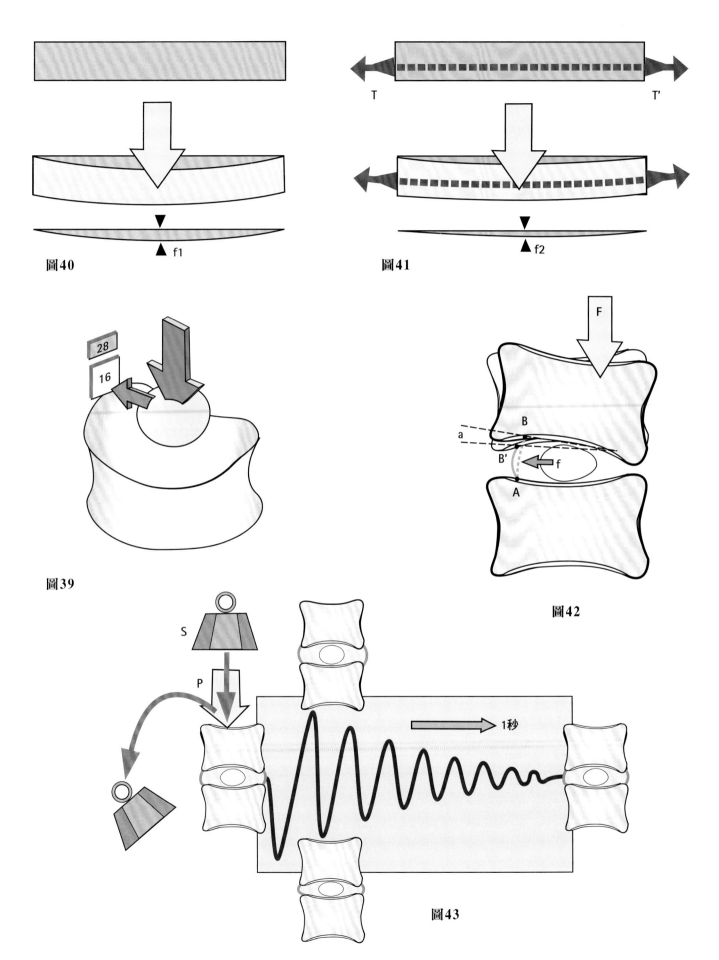

T　　　　　　　　　　　　　　T'

▲ f1

圖40

▲ f2

圖41

F

28

16

圖39

B

a

B'

A

f

圖42

S

P

1秒

圖43

27

髓核的吸水性

　　髓核位於椎間盤的中心，是一個由軟骨排列的區域，由**許多微孔**穿過，這些微孔將髓核的外殼與椎體間盤表面下的海綿組織連接起來。當**垂直壓力**或是站立時身體的重量（**圖 44**）作用於脊柱上時，髓核膠質基質中的水分通過這些孔隙進入椎體（**即髓核失去水分**）。這種靜壓在白天保持不變，到了晚上，**髓核所含的水分就比早晨少**，結果椎間盤明顯變薄了。在正常人中，椎間盤在白天的累積變薄可導致兩公分的身高損失。相反地，**夜間**躺臥時（**圖 45**），椎體不再受地心引力的垂直作用，只受肌肉張力的作用，而肌肉張力在睡眠時大大減弱，在這一**緩解期**，髓核的吸水性會將水分從椎體吸回髓核內，使椎間盤恢復其原有厚度（d）。因此，**早上身高會比晚上高**。也因為早上的預載狀態比晚上大，所以早上脊柱的柔軟性較大。

　　髓核的吸水壓力相當大，可以達到 250 毫米汞柱。隨著年齡的增長，**其親水狀態降低**，吸水性和預載狀態降低，這就解釋了**老年人脊柱高度和靈活性的喪失**。

　　赫希指出，當固定負荷作用於椎間盤時（**圖 46**），椎間盤厚度的損失**不是線性的而是指數型的**（曲線的第一部分），說明脫水過程與**髓核的體積成正比**。當解除負載時，椎間盤再次恢復初始厚度指數（曲線）的第二部分，而恢復正常需要一個有限的時間（T）。如果這些力量作用或解除**太久太長**，椎間盤不能在一段時間內獲得初始長度，之後即使有足夠的時間恢復也會導致**椎間盤老化**。

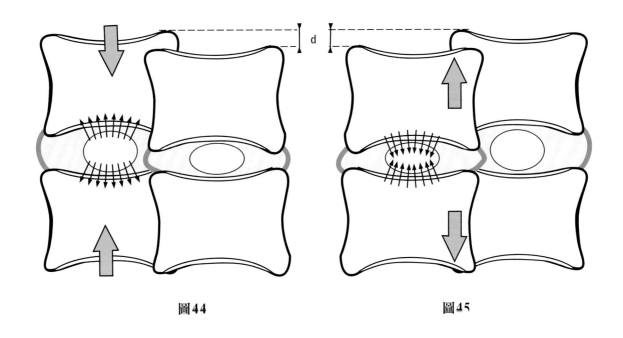

圖44　　　　　　　　　　　　　　圖45

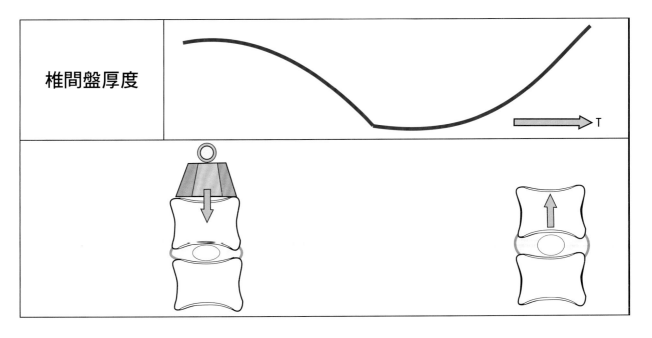

椎間盤厚度

圖46

椎間盤的壓迫力

椎間盤越靠近薦椎，椎間盤受到的壓力越大，是因為脊柱支撐的**身體重量**隨著脊柱長度增加而增加（**圖 47**）。一個 80 公斤的人，頭重 3 公斤，上肢重 14 公斤，軀幹重 30 公斤。如果假定在第五腰椎 – 第一薦椎椎間盤只支持三分之二的軀幹重量，重量負擔是 37 公斤，接近一半的**體重** p。重量負荷還必須加上脊柱旁為了保持軀幹直立位置的**肌肉張力**（M1 和 M2）。如果原有負荷 E 正在進行和一個突然增加的負荷 S 一起作用，低位的椎間盤最可能受到力量，有時會超過它們的阻力，特別是老年人。椎間盤厚度減少取決於它是健康的還是病變的。如果一個處於靜止狀態的健康椎間盤（**圖 48**）被增加負荷，負荷重量為 100 公斤會被壓扁 **1.4 公釐**後而變寬（**圖 49**）。如果是病變椎間盤以類似的方式加載，則將其壓扁 **2 公釐**（**圖 50**），但除去負荷後**未能完全恢復其初始厚度**。

椎間盤逐漸壓扁變平與小面關節也有相關：

* **在正常的椎間盤厚度中**（**圖 51**），這些軟骨關節的關節面正常排列，之間空隙是直而規律的。
* **在扁平的椎間盤中**（**圖 52**），小面關節與椎間盤厚度的關係受到干擾，一般來說導致空隙打開朝向後側。

從長遠來看，這種關節關係扭曲是導致**脊柱退化性關節炎**的主要因素。

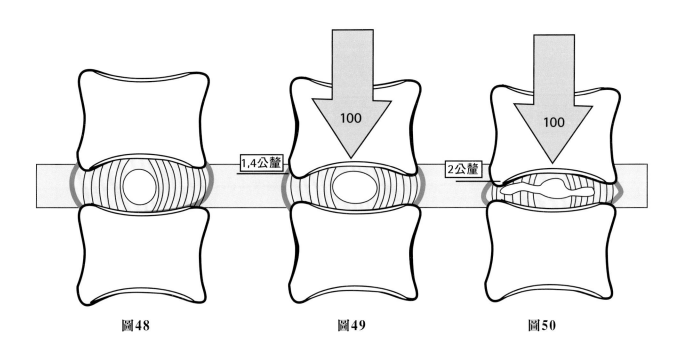

圖48　　　　　　　　　圖49　　　　　　　　　圖50

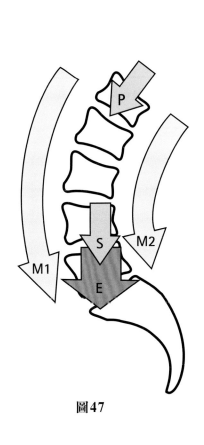

圖47

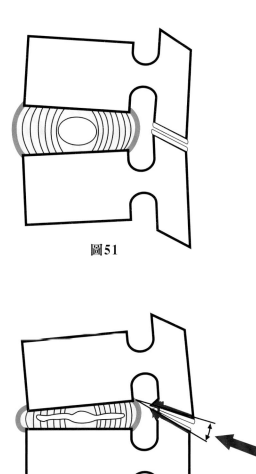

圖51

圖52

椎間盤結構變化與脊髓位置的相關性

椎間盤厚度隨脊柱位置而變化：

- 腰部區域最厚**（圖 55）**，大約 **9 公釐**。
- 胸部 **5 公釐**厚**（圖 54）**。
- 頸部 **3 公釐**厚**（圖 53）**，最小的厚度。

但比絕對厚度更重要的因子是椎間盤厚度與椎體高度的**比值**。事實上，正是這個比值決定了脊柱特定部位的活動性，因為**比值越大，活動性就越大**。因此，按降序排列如下：

- 頸椎（圖 53 和圖 56）是最易活動，椎間盤厚度／椎體高度的比例為 2/5。
- 腰椎（圖 55 和 58）的活動度稍小，比例是 1/3。
- 胸椎（圖 54 和 57）的活動最少，比例是 1/5。

脊柱各節段的**矢狀切面**顯示髓核並不完全位於椎間盤中央。如果將椎間盤前後距離厚度分成十個相等的部分，則：

- 在頸椎（**圖 56**），髓核位於從前緣開始的厚度 4/10 處和從脊椎的後緣開始 3/10 處，佔據中間的 3/10。**它正好位於動作軸上**（藍色箭頭）。
- 在胸椎（**圖 57**）中，髓核相比前邊緣更靠近後邊緣，佔據中央 3/10 的椎間盤厚度，但它現在位置是在動作軸的後方，藍色動作軸箭頭清楚地顯示動作軸在髓核前方。
- 在腰椎（**圖 58**）中，髓核位於較後緣約相離 2/10 厚度，跟前邊緣約相離 4/10 厚度，佔據中央 4/10 厚度，代表它有一個更大的表面積可承受相應更大的垂直壓迫力。與頸椎一樣，髓核正好位於動作軸上（藍色箭頭）。

Léonardi 認為**髓核中心與椎體前緣和黃韌帶的距離是相等的**，當強大的後韌帶起**作用將髓核向後拉時**，明顯處於一個平衡點。

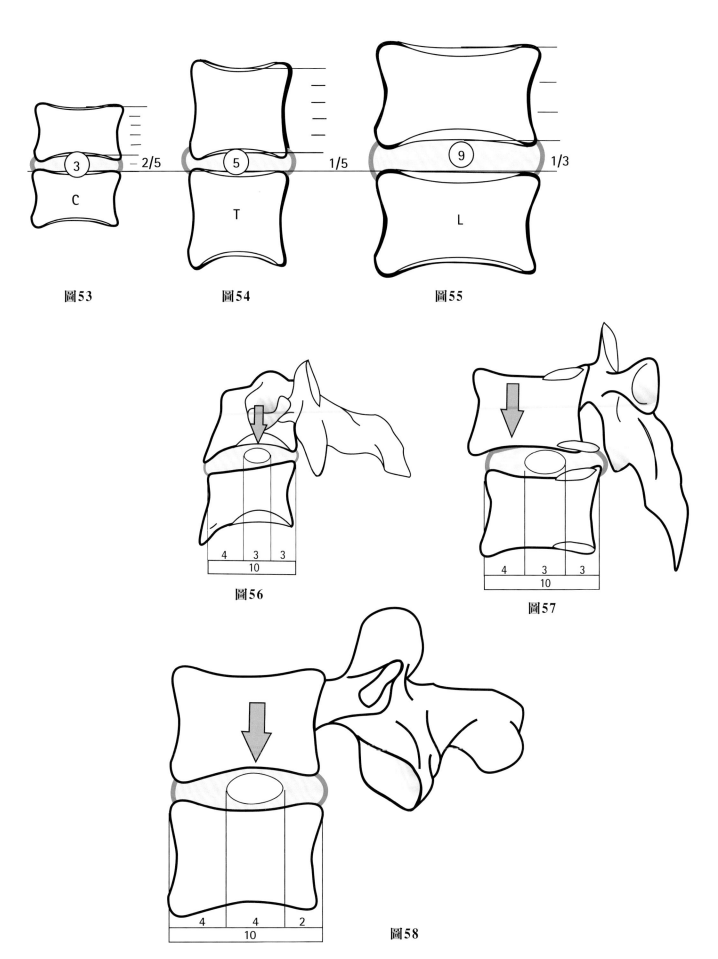

圖53　　　　　　　　　圖54　　　　　　　　　圖55

圖56

圖57

圖58

椎間盤的基礎動作

讓我們從發生在脊柱的軸上的動作開始談起。椎間盤在不負荷時的**靜止位置上（圖59）**，纖維環的纖維（3）已經被髓核（2）牽拉伸直，稱為處於**預載狀態**。

- **當脊柱做主動性垂直軸向延展時**（圖60，紅色箭頭方向），上下椎體椎間盤表面（1）傾向於分開，從而增加了椎間盤厚度（d），同時寬度會減小，纖維環內張力升高。髓核在靜止時有些扁平，但現在變得更球形了。因為椎間盤高度增加會降低內部壓力，因此基本理論上，**椎間盤凸出可以採用脊柱牽引治療**，因為當脊柱被拉長時，椎間盤突出的凝膠狀物質會被吸回原來的核內位置。然而，這一結果並不總是能夠實現，因為纖維環中心纖維的緊度，實際上可能會影響提高髓核的內部壓力。

- **在垂直軸向壓縮時**（圖61，藍色箭頭方向），**椎間盤被壓扁並變寬，髓核變平，會升高內部壓力**而向外側傳遞到纖維環的最內層纖維。因此，垂直壓力轉化為側向力，會牽拉纖維環的纖維。

- **在伸直時**（圖62，紅色箭頭方向），上椎體向後移動（r），減少椎間空隙而推動髓核向前（綠色箭頭方向）。然後髓核壓迫纖維環的前纖維，增加其被動張力，**結果使上椎體恢復到原來的位置**。

- **在屈曲時**（圖63，藍色箭頭方向），上椎體向前移動，使椎間向前空隙變窄（a）。髓核向後移位，纖維環壓迫後纖維，增加其張力，這是纖維環與髓核自我穩定力偶機轉的生物張力整合結果。

- **在側屈時**（圖64），上椎體向屈側傾斜，髓核被推向另一側（綠色箭頭），這又導致了自我穩定機轉發生。

- **在軸向旋轉時**（圖65，藍色箭頭方向），與動作方向相反的斜向纖維被牽拉，而中間纖維被放鬆，這時在纖維環中心的纖維張力最大，因為是最斜的。因此，髓核受到**強烈壓縮**，而其內部壓力**與旋轉程度會成正比上升**，這就解釋了為什麼合併彎曲和軸向旋轉的動作會增加纖維環內的壓力，**使髓核向後穿過**纖維環空的潛在裂縫，造成**撕裂纖維環**。

- 當**靜態力稍微斜向施加於椎體**（圖66）時，垂直力（白色箭頭方向）可分解為：
  - **垂直於較低的椎間盤表面的力**（藍色箭頭方向）。
  - **平行於同一椎間盤面的力**（紅色箭頭方向）。

  垂直力把兩個脊椎骨壓在一起而切線力使上椎體向前滑動，使纖維環中各纖維層的斜纖維逐漸被牽拉。

  整體而言，很明顯地不管施加在椎間盤上的力是什麼，**總是會增加髓核的內部壓力使纖維環拉長**。但是由於髓核的相對動作，牽拉纖維環往往與此相反，因此脊柱系統往往能夠恢復到最初的狀態。

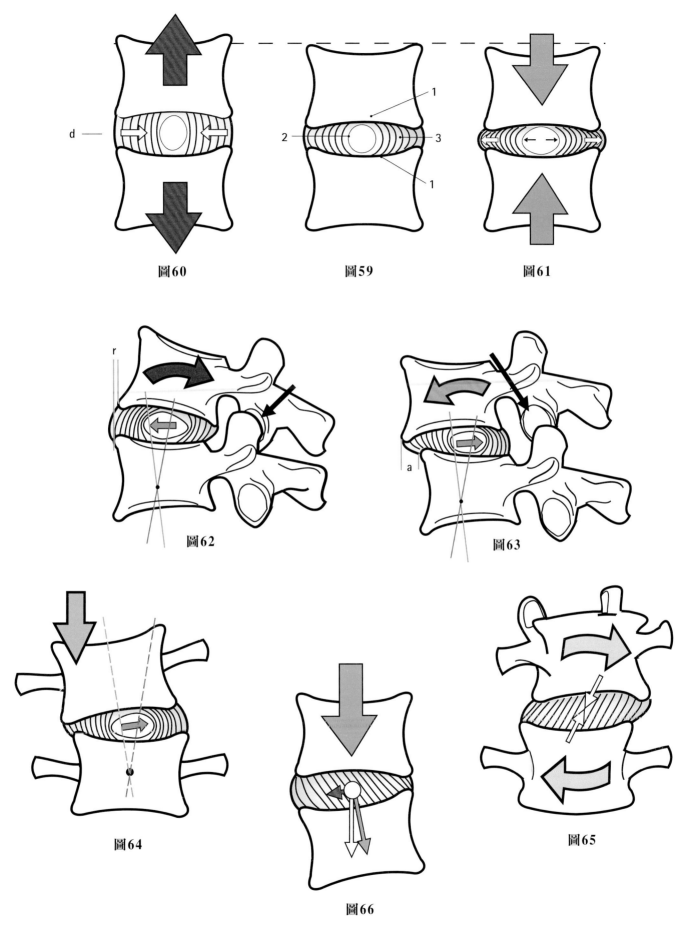

圖60

圖59

圖61

圖62

圖63

圖64

圖66

圖65

脊柱側屈時的脊柱自動旋轉

在側屈過程中，椎體會自動相互旋轉，使通過前表面中間的線在側面發生位移，這**在側屈時拍的 X 光中**可以清楚地看到（**圖 67**）。圖中顯示身體失去了對稱性，棘間線（粗破折線）會移向側屈的一側。將一個椎體與相關骨骼結構一起被畫出，以便更好地理解它的方向和放射學的發現。

從上往下看（**圖 68A**），當椎體旋轉時，側屈側的橫突清楚一覽無遺，而對側的橫突則被縮短。此外，X 光的光束依次通過凸側的小面關節（**圖 68B**），同時提供這些關節和凹側椎弓根的前側視圖。

這種椎體自動旋轉依賴於兩種機轉：

- 椎間盤受壓。
- 韌帶的牽拉。

使用一個簡單的**機械模型（圖 69）**，可以很容易地顯示椎間盤壓縮的效果，你可以建構如下：

- 使用楔形節段的軟木和軟橡膠分別代表椎體和椎間盤。
- 把它們黏在一起。
- 在它們的前表面中央畫一條線表示對稱性的靜止姿勢。
- 然後側屈曲模型，你就會看到椎體旋轉到對側，朝向較開放的一面，即凸的一面，這導致旋轉。

這種壓力差如**圖 68A** 所示，其中圓圈內的加號表示高壓區域，箭頭表示旋轉方向。

相反地，側屈會牽拉對側韌帶，會使得髓核傾向於向中線移動，以使外側韌帶長度最小化。如**圖 68A** 所示，橫突間韌帶水平處有一個圓圈負號，箭頭指示動作方向。

值得注意的是，這兩種機轉是協同的，並有助於在**同一方向**的脊椎旋轉。這種旋轉是**生理上的**，但在某些情況下，例如**椎體被固定在旋轉的位置**，結果導致韌帶不平衡或發育異常，這常導致脊椎側彎，它結合了脊柱的固定側屈和椎體的旋轉。

這種異常的旋轉在臨床上可以表現如下：

- 在正常受試者（**圖 70**）中，當軀幹彎曲向前時，脊柱後方會對稱。
- 在脊椎側彎的受試者中（**圖 71**），當軀幹向前彎曲時，**脊柱變得**不對稱，**在與凸側相同的一側胸廓區域出現駝峰**，這是脊椎側彎的初步臨床診斷評估。

這是**永久性旋轉狀態**的結果，因此在**脊椎側彎**中，椎體短時間的生理性自動旋轉會轉變為永久性與脊柱屈曲相連的病理性問題，也由於好發生在年輕人，這種變形會因為椎體不對稱的增長而成為固定結果。

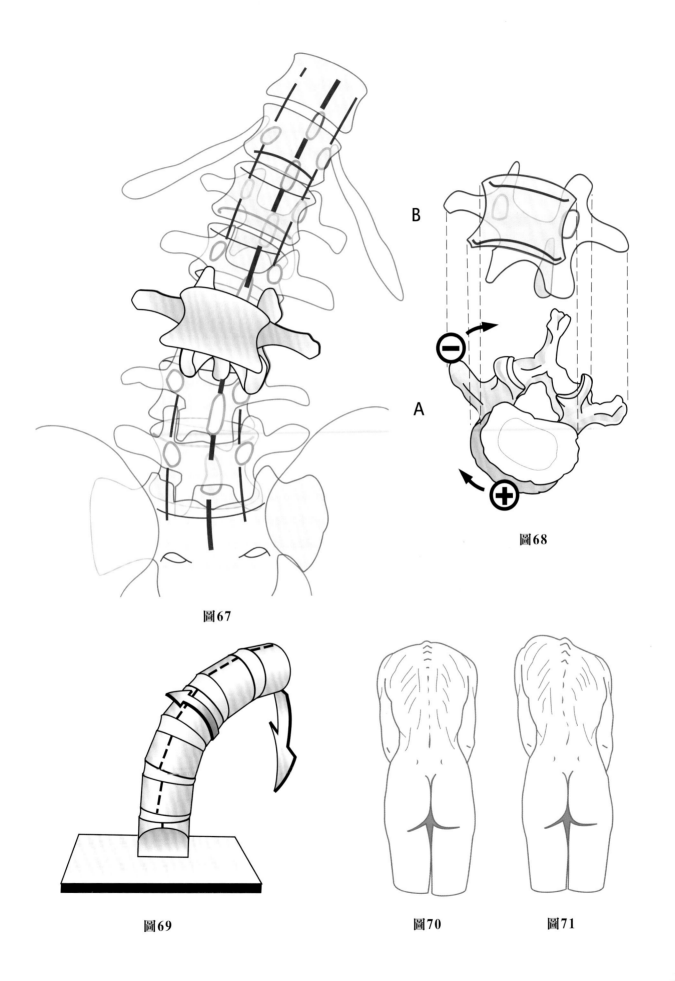

圖67

圖68

圖69

圖70

圖71

脊柱屈曲和伸直動作的整體動作角度範圍

作為一個整體來探討，**從薦椎到頭骨**的脊柱相當於一個**具有三個自由度的關節**，它可以做如下動作：

- 屈曲－伸直。
- 左右側屈。
- 軸向旋轉。

因此，它**相當於位於薦椎和頭骨之間的球窩關節**。

這些不同的基本動作在脊柱的每一節範圍都很小，但考慮到所涉及有許多關節參與（**不包括薦尾關節，總共二十五個**），它們的累積效應是顯著的。

在矢狀切面發生屈曲－伸直動作（**圖72**），可測量頭骨水平的參考平面，又稱為**咬合面**，可以想像成牙齒之間緊緊地夾著一張硬紙板的平面。在正常受測者中，咬合平面和兩個末端平面 **At** 形成的角度為 250°。測量這個角度，必須考慮代表咬合平面的箭頭的方向，而這個屈曲－伸直範圍是相當大的。相比之下，人體所有其他關節的角度是 180°最大範圍。當然這 250°的值適用於正常個人柔軟好的最大限度範圍，這使年幼的孩童可以做出螃蟹狀（**圖73**），而在任何年齡也容易彎曲身體蜷縮起來（**圖74**）。另一方面，在某些男性或女性雜技演員中，可以將手放置於大腿之後，他們的動作範圍甚至可以更大。

脊椎節段性貢獻可通過**側面**攝影測量：

- **在腰椎，屈曲**（藍色箭頭）達到 60°和伸直（紅色箭頭）達到 20°。
- **胸腰椎作為一個整體，屈曲**達到 105°，**伸直**達到 60°。
- **對於胸椎**，其範圍可通過以下方法計算，例如牽引力，即屈曲（Fd）＝ 45°，伸直（Ed）＝ 40°。
- **對於頸椎（圖 75）**，動作範圍是測量第一頸椎的上椎間盤表面與咬合平面之間的距離。它可以達到 **60°的伸直**和 **40°的屈曲**，總範圍接近到 100°。

對於**脊柱動作的總範圍**，用雙黑箭頭表示參考軸。

因此，**脊柱的總屈曲範圍（Ft）**為 110°，**總伸直範圍（Et）**為 140°。當總和加在一起時，總範圍（At）是 250°，這大大超過了所有其他關節的 180°極限。

儘管如此，這些數字只是作為指引參考，因為不同作者們對脊柱不同位置的活動範圍沒有一致見解。此外，這些值也隨著年齡的增長而變異很大，因此這裡的資料只給出了非雜技演員的**最大值**。

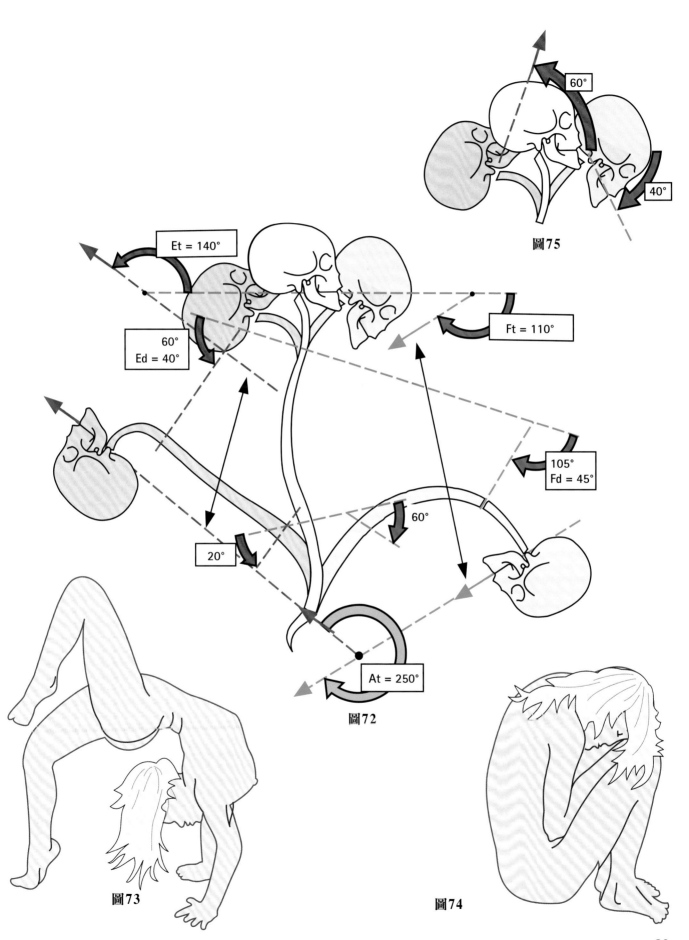

60°

圖75

Et = 140°

Ft = 110°

60°
Ed = 40°

105°
Fd = 45°

20°

60°

At = 250°

圖72

圖73

圖74

40°

39

側屈脊椎側屈動作的整體動作角度範圍

側屈發生在冠狀切面**（圖76）**。臨床上這些範圍無法精確測量，但很容易通過**從前面拍攝的 X 光片**來測量**（圖77）**，這些 X 光片既可作為椎體軸線的參考，也可作為特定椎體上表面的定向。基準線為**腰薦關節面**，例如第一薦椎上表面。

在頭骨水平的標誌是**乳突間線**，即通過兩個乳突的線：

- **腰椎**側屈（L）達到 20°。
- **胸椎**側屈（TH）達到 20°。
- **頸椎**側屈（C）35–45°。
- 整體脊柱側屈（T），從薦椎到顱骨兩側 75–85°。

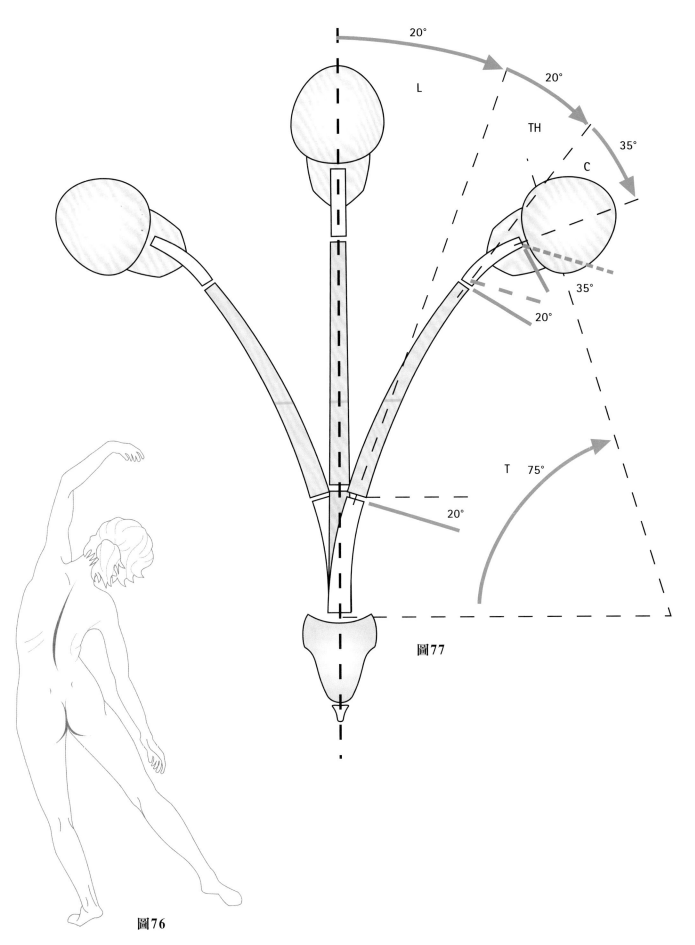

圖77

圖76

脊柱旋轉動作的整體動作角度範圍

　　軸向旋轉的範圍在臨床上難以測量。此外，在水平切面上拍 X 光片是不可能的，需要進行軸向 CT 掃描來精確測量這種旋轉。在臨床上，脊柱的總旋轉量可以通過固定骨盆和關注顱骨的旋轉角度來測量。

　　最近，兩位美國學者（Gregersen 和 Lucas）已經能夠非常精確地測量旋轉的基本組成，方法是在局部麻醉的情況下，在棘突插入金屬片測量，稍後在探討胸腰椎的時候會回到這個問題。

- **腰椎**的軸向旋轉（**圖 78**）很小，只有 5°。造成這種情況的原因稍後探討。

- **胸椎**的軸向旋轉（**圖 79**）更明顯，約 35°。它被關節突排列所加強。

- **頸椎**的軸向旋轉（**圖 80**）明顯更廣泛，達到 45–50°。可以看到相對於薦椎，寰椎旋轉了近 90°。

- 介於**骨盆與顱骨**之間的軸向旋轉（**圖 81**）達到或超過 90°。***枕寰關節可提供少許旋轉角度***，但由於胸腰椎的旋轉範圍通常比預期的小，所以總旋轉量很少超過 90°。

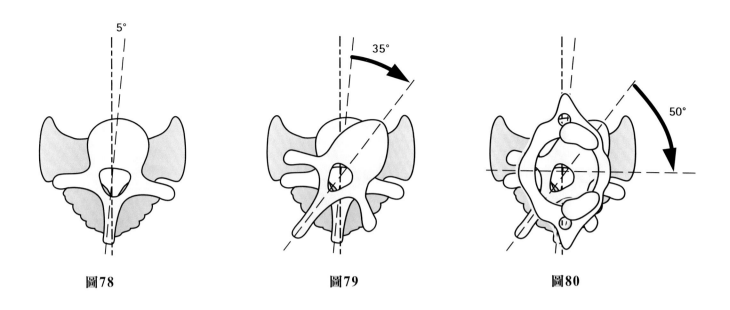

圖78 圖79 圖80

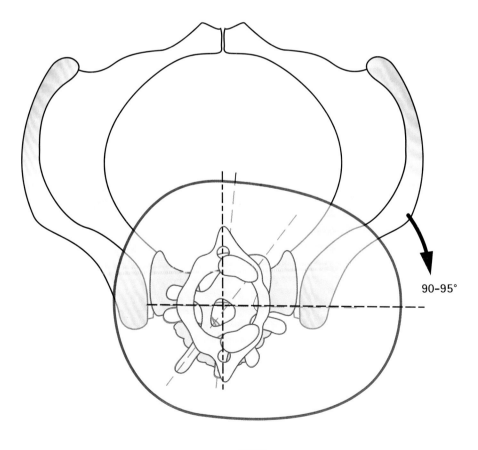

圖81

脊柱動作整體角度之臨床評估

脊柱整體活動範圍的準確測量只能通過整體脊柱的 X 光片進行屈曲－伸直和側屈，並通過 CT 掃描進行旋轉測量。然而，這些範圍可以通過臨床使用某些「測試」的測量來獲得：

- **關於胸腰椎屈曲動作（圖82）**，如以下方法進行：
  - 測量垂直線 **O** 與大轉子前上邊緣到肩峰外側端連接線之間屈曲時的夾角 **a**。這個角度也包括髖部的屈曲。
  - 或確定在站立位置下軀幹屈曲合併雙膝伸直時，**手指所達到的離地距離**（d）。這也包括髖部屈曲，以公分為單位測量指尖到地面的距離 **d**，或指尖到下肢的骨骼標記（例如髕骨、小腿中段、腳背或腳趾）的距離 **n**。
  - 或用捲尺測量在伸直和屈曲時，第七頸椎和第一薦椎的棘突之間大概的距離。在圖中，這個距離在屈曲時增加了 5 公分。
- **關於胸腰椎的伸直動作（圖83）**，如以下方法進行：
  - 測量垂直線 **O** 與大轉子前上邊緣到肩峰外側端連接線之間伸直時的夾角 **a**。這個角度也包括髖部的伸直。
  - 或先測量脊柱整體伸直角度（角度 **b**）再

減去頸椎的伸直角度（通過保持軀幹垂直時，頭向後伸直來測量，可能較精準）。比較好的檢測方法是「做螃蟹式」的測量（見 P.39 的圖 73），但它的實用性顯然有所限制。

- **關於胸腰椎的側屈（圖84）**，如以下方法：
  - 測量介於垂直線 **O** 與臀溝上緣到第七頸椎棘突連接線之間的角度 **a**。然而，更精準是測量垂直線與脊柱在第七頸椎處曲率的切線之間的夾角 **b**。一種更簡單、更快捷的方法是根據彎曲一側指尖與膝蓋的相對位置（即它位於膝蓋上方或下方的位置），來確定指尖的高度 **n**。
- **關於軸向旋轉（圖85）**：
  - 從身體的上方觀察測量，受測者坐在一個同時穩定骨盆和膝蓋而使骨盆固定的低背椅子上，基準平面是經過頭頂的冠狀切面 **F**，測量胸腰椎的旋轉是量兩肩線 **Sh–Sh'** 和冠狀切面之間的夾角 **a**。
- **關於整個脊柱的旋轉範圍**：
  - 可測量介於冠狀切面和兩耳之間連線的旋轉角度 **b**。
  - 或測量介於頭部對稱切面 **S'** 和矢狀切面 **S** 之間的的旋轉角度 **b'**。

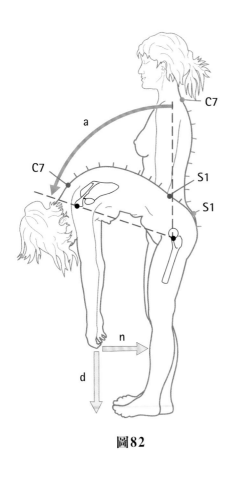

圖82

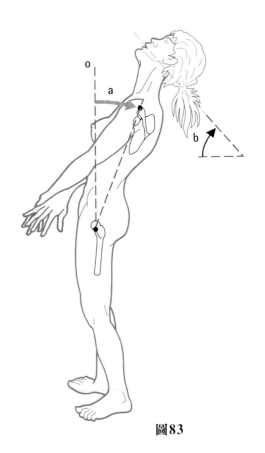

圖83

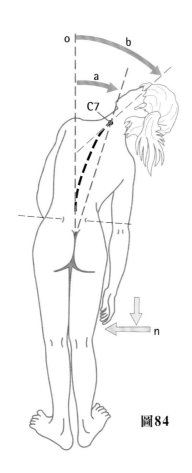

圖84

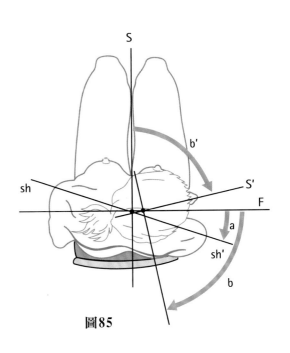

圖85

第2章

骨盆帶

骨盆帶也叫**骨盆**，是軀幹的基底部也是**腹腔的底部**，可**連結**下肢跟脊柱，進而**支撐起身體**。

骨盆因為跟脊柱相互連結，在生物演化過程中形體產生**極大的變化**，特別對於哺乳類動物和之後的猿人跟人類。骨盆腔不僅可放置許多腹部器官，在女性身上也放置子宮，而骨盆底的**會陰**（骨盆橫膈）可改變形狀，協助懷孕時變大的胎兒的**分娩生產**機轉。

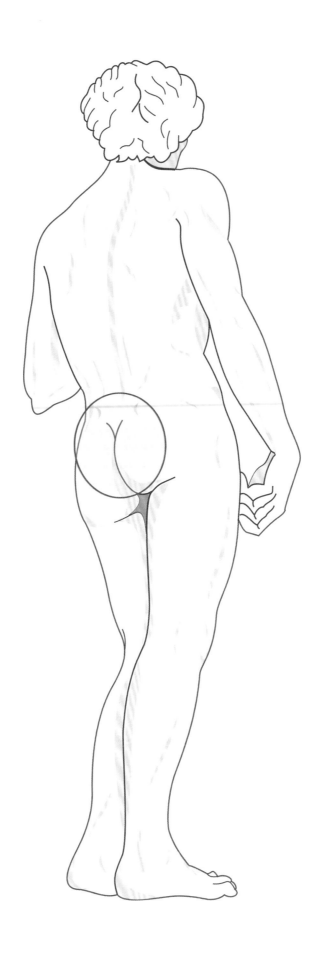

兩性骨盆帶介紹

骨盆帶是由三塊骨頭所組成：

- 兩塊對稱且成對的髖骨。
- 一塊沒有成對但對稱的薦椎，是一塊結實的骨頭，由五塊薦椎融合成一塊。

骨盆有三個關節，容許稍微的關節活動度：

- 薦椎和髂骨之間形成兩個薦髂關節。
- 在骨盆前方是連結兩邊髖骨的恥骨聯合。

整體而言，骨盆帶類似漏斗形狀，具有上方較寬形成骨盆入口，可連結腹腔與骨盆腔。

性別二型體，即兩性的骨盆結構差異如下：

- 當男性骨盆（**圖 1**）和女性骨盆（**圖 2**）做比較，可發現女性骨盆較**寬**而且較類似**喇叭形**，包住女性骨盆的三角形有較寬的底部。

- 另一方面，女性骨盆比男性短，所形成包住骨盆的菱形較低。
- 最後，骨盆的入口（實黑線），在女性會成比例地較長而且較寬。

這樣結構的差異主要是與**懷孕妊娠**和**分娩生產**有關，因為**胎兒的頭部相對較大，一開始是位於骨盆的上方，之後必須通過骨盆腔入口，再從骨盆腔出口離開骨盆而產出**。

因此骨盆帶關節重要性不僅**決定了靜止站立或走路時軀幹直立的靜態特質，也參與了懷孕生產時的機轉**，後面文章會再討論薦髂關節和恥骨聯合關節。

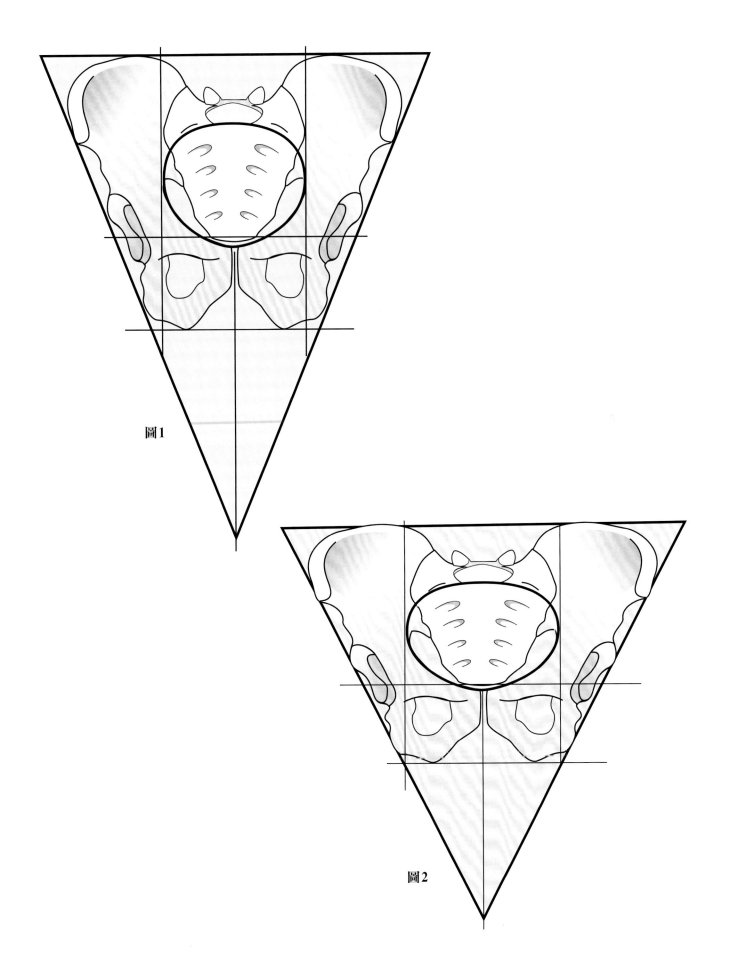

圖1

圖2

骨盆帶的機械模式

　　骨盆帶在力學上來說是由三塊骨頭所組成（**圖 3**）：

- 一塊薦椎。
- 兩塊髖骨。

　　薦椎是對稱呈楔形的結構，位於骨盆後側中線形成脊柱的基底，並介於兩塊髖骨之間類似拱心石。而兩塊**髖骨**在前方會連結形成恥骨聯合。

　　每塊髖骨（**圖 4**）會跟薦椎相連結，而髖骨是由**兩組粗略平坦的構造**所構成（包含上方**髂骨**的構造和下方互相**融合的恥骨、坐骨**及共同形成下方閉孔的下方構造）。兩組構造類似的兩平面會形成一個**夾角**，這個夾角的兩個平面類似**螺旋槳**的葉片。

　　這兩個平面融合於**髖臼**（**圖 5**），並形成**螺旋槳的軸心**及跟股骨頭組成**髖關節**。

　　這兩個平面也形成了一個向內開口的角度（**圖 6**），而且提供了很多骨盆肌肉的附著點。其中兩個上方平面會產生一個**向前開口的鈍角**（**圖 3**），而且會連結到後方中央的脊椎而形成下腹腔的後壁，又稱為**假骨盆**。而兩個下方平面則會形成**向後開口的鈍角**，並且跟後方的薦椎相連結而在中央形成骨盆腔的下方腔室，又稱為**真骨盆**。骨盆帶有兩個功能：

- 軀幹骨架的**機械功能**。
- 支撐和包含腹腔內臟的**保護功能**。

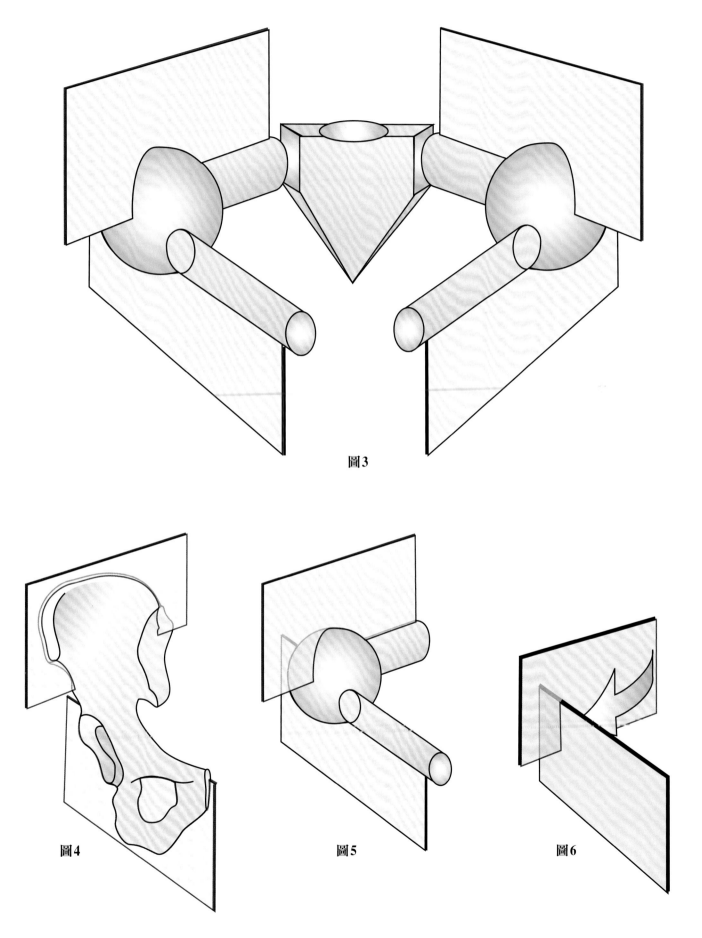

圖3

圖4

圖5

圖6

骨盆帶的結構形式

骨盆帶在介於脊椎和下肢之間傳遞力量（**圖 7**），第五腰椎所支撐的重量（P）平均分散在**薦翼**兩端而且經由坐骨粗隆傳向**髖臼**。

身體重量所產生的地面反作用阻力（R）會經由股骨頸跟股骨頭傳遞到髖臼，這反作用阻力的部分力量會傳到**恥骨水平支**，也會因兩側水平支的力量相互抵消而維持平衡。

這些作用力會形成一個完全的環狀而沿著**骨盆入口**分布。利用骨小樑複雜的力學結構去導引力量經過骨盆（參考第 2 冊）。因為薦椎形狀是上寬下窄的楔狀三角形結構，直立於兩塊髖骨之間，而整個薦椎是**靠著韌帶懸吊骨骼**來支撐重量，整個結構類似一種**自我閉鎖系統**。

薦椎與髂骨在水平面互相密合形成兩個薦髂關節（圖 8 與圖 9），每塊髂骨可當作**槓桿**力臂（**圖 8**），而它的支點則位於 O1 與 O2，大約位於**薦髂關節**中間，而阻力與作用力則各自作用於薦髂關節的前後肢段上，後側阻力是來自於強力的**薦髂韌帶**（L1 與 L2），而前側作用力則作用於恥骨聯合，形成相等的兩力（S1 與 S2）。

當**恥骨聯合產生脫位**（**圖 9**），這樣關節分離（S）會引起薦髂關節的髂骨與薦椎互相**解離**，使得薦椎移動而向前產生位移（d1 和 d2）。

當恥骨聯合脫臼而單腳踩在地板上時，恥骨聯合會產生相互剪力（**圖 10**），因此任何局部破壞骨盆環狀結構，都會影響骨盆整體力學而降低骨盆機械效益。

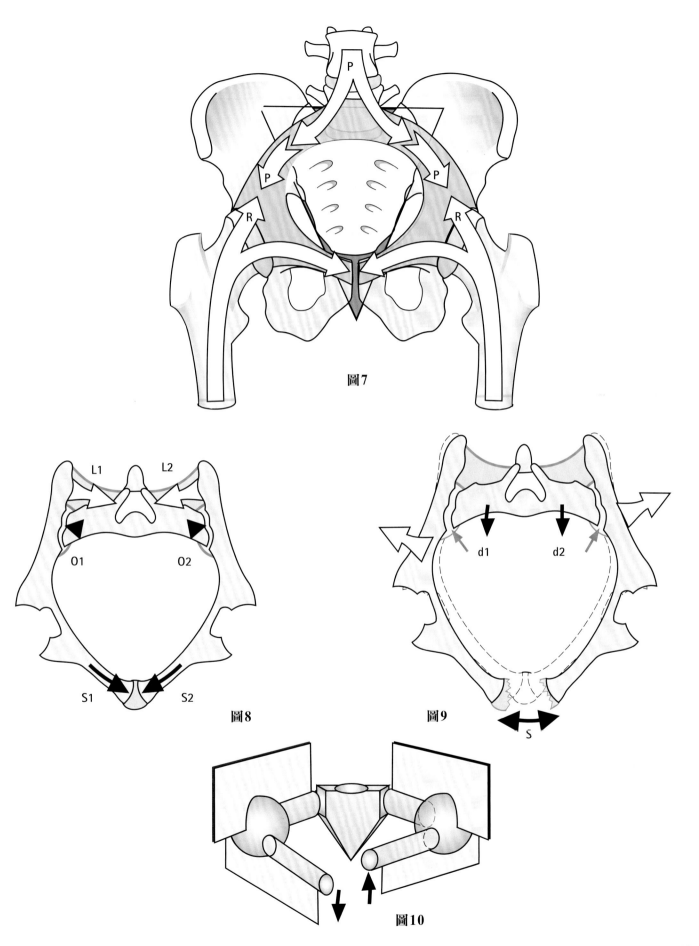

圖7

圖8

圖9

圖10

薦髂關節的關節面

當薦髂關節（**圖 11**，右側）兩邊像書一樣繞著垂直軸（中間點虛線）旋轉被打開時，可以清楚看到兩側耳狀的關節面。

- **髂骨耳狀形關節面**（A）位於髂骨內側緣的後上方，鄰近髂恥線後側，形成骨盆入口的一部分。關節面的形狀是耳狀，後上方是凹形且覆蓋著軟骨。整體而言，髂骨耳狀關節表面相當不規則，但 Farabeuf 認為髂骨耳狀關節面形狀是像**軌道節段**的形狀。事實上，它的長軸包含介於兩個耳狀關節面溝之間的長骨崤，這曲線骨崤形成部分圓的弧度，弧度中心大約位於**薦椎粗隆**（黑色交叉處），而薦椎粗隆是**強而有力薦髂韌帶**的附著處。

- **薦椎耳狀關節面**（B）形狀配合髂骨耳狀關節面，關節面中心有曲線形的**溝**，外緣被兩個長骨崤包圍。關節面的弧線中心是位在第一薦椎的橫結節（黑色交叉處），是強而有力的薦髂韌帶附著處。Farabeuf 認為薦椎耳狀關節面形狀也像**車軌道**一樣的形式來符合髂骨的軌道平面。

雖然薦髂關節的髂骨與薦椎關節面有上面的描述，然而這兩個關節面不一定如上述所描述的那麼規律。發現薦髂關節三個水平區域，顯示只有上區域（**圖 12**）及中區域（**圖 13**）部分會包含一個中心線的溝形狀，但下方區域部分（**圖 14**）有稍微突起。如果想使用單一平面 X 光來探測薦髂關節會變得困難，因此照射方式需要依照拍照者的需求部位做內外斜向的拍攝。

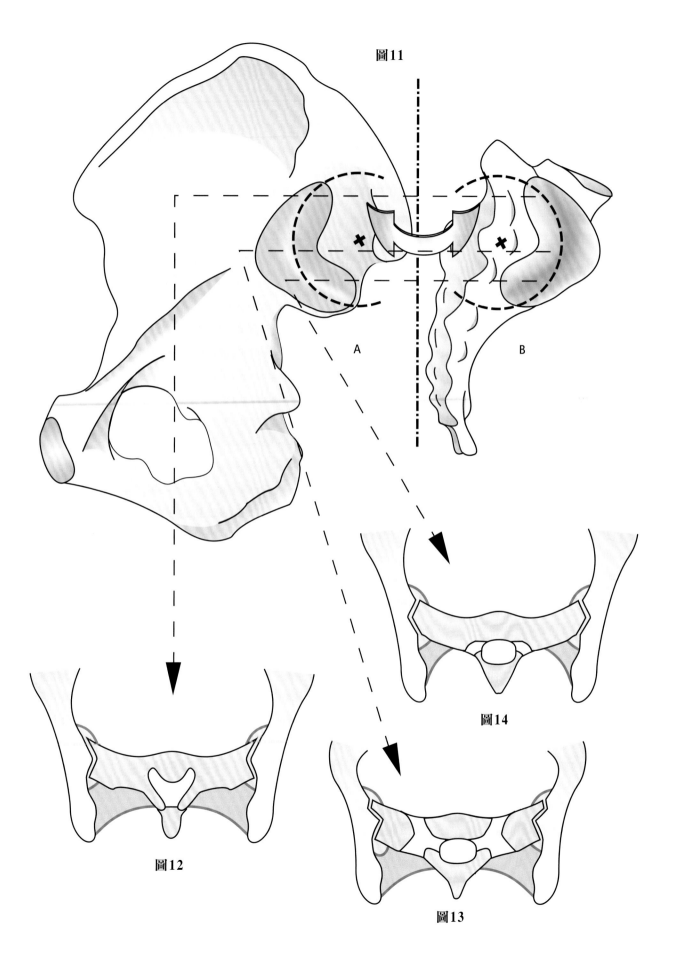

圖11

A

B

圖12

圖14

圖13

薦椎的耳狀小面和各種脊椎類型

薦椎耳狀小面是寬的結構，寬的程度會因人而異。A. Delmas 提出脊椎功能種類和薦椎形狀及薦椎耳狀關節面形狀會有相關性**（圖 15）**。

- **當脊椎曲線是很明顯的**（A），例如動態形式時，**薦椎會呈現水平位置，而它的耳狀關節面會隨著水平傾斜**變得更加深層，這類型薦髂關節是**高活動度**，類似典型滑液關節，這代表著對於**雙足站立步行時的過度適應狀態**。

- **當脊柱的曲線不是那麼明顯時**（C），例如**靜態形式時**，薦椎幾乎是垂直的，而它的耳狀關節面是垂直拉長的，**本身幾乎是不彎曲**呈平坦狀的。此類型耳狀關節面有不同的形式如 Farabeuf 所描述，也代表著是**低活動度的關節**，類似聯合，通常在小孩時期或者在靈長類可以很清楚地看到。

- 也有介於這兩個極端形式中間的**中間型**（B）。

A. Delmas 已經說明**從靈長類到人類的演化過程中**，耳狀關節面的尾端變得較長較寬，在人類更明顯。這個頭尾之間形成的角度在人類可以達到 90°，然而在靈長類這小面關節只是稍微傾斜。

薦椎耳狀關節面的形狀被 Weisel 用圖形測量資料詳細地研究**（圖 16）**，他提出薦椎耳狀關節面比髂骨耳狀關節面較長且較窄，薦椎關節面通常出現下列的特性：

- 在關節面兩端的中間部分出現凹陷（顯示為 –）

- 在兩端處會出現上升部分（顯示為 +）

髂骨關節面相對是較短，但不完全是對稱。在它的兩端連結處有突起的地方稱博納爾結節（Bonnaire's tubercle）。Weisel 本人發展出個人的理論，利用力量作用在薦髂韌帶結構上，依據韌帶的排列分成**兩個群組（圖 17）**：

- **頭部群**（箭號 Cr）：走向是朝外及朝後側，並抵抗身體重量（P）在第一薦椎上緣的分力 F_1，（這些韌帶被**薦椎隆凸的向前位移**而帶動，是前點頭動作的一部分[※]（見 P.63）。

- **尾部群**（箭號 Ca）：走向是朝向頭部，方向與 F_2 相反，在第一薦椎上緣（S1）對抗 F_2 的分支。

※前點頭（拉丁文：nutare為點頭動作）是描述薦椎類比頭部點頭的複合動作。

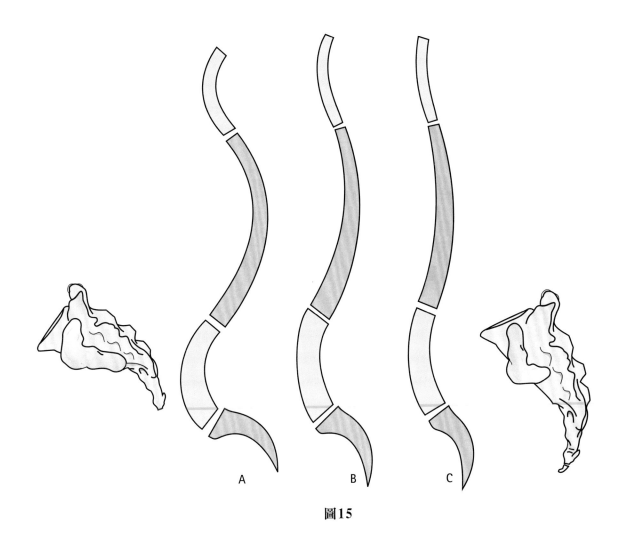

圖15

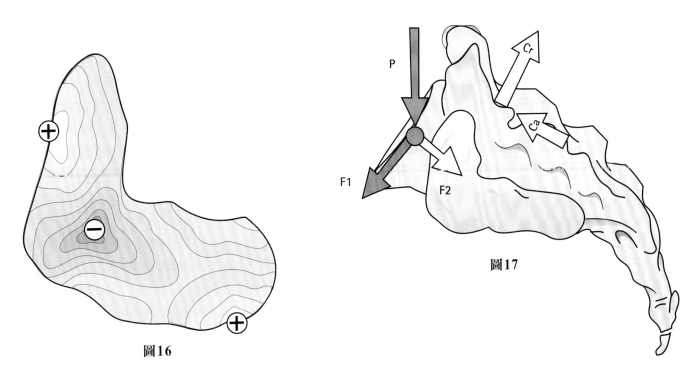

圖16

圖17

薦髂韌帶

骨盆的後側觀（圖 18）顯示髂腰韌帶的兩束：

- **上束**（1）
- **下束**（2）

在圖的右側可看到薦髂韌帶的中間平面，走向採由頭至尾方向：

- 薦髂韌帶走向**由髂嵴到第一薦椎的橫結節**（3）。
- 後薦髂韌帶（4）是走向由髂嵴最後側到薦椎的橫結節。依據 Farabeuf 分類如下：
  - **第一**條韌帶，走向由髂骨粗隆後側到第一薦椎結節。
  - **第二**條韌帶（又稱為 **Zaglas** 韌帶），是連結到第二薦椎結節。
  - **第三和第四**條韌帶，走向由髂後上棘到第三第四薦椎結節。

在圖的左側是**薦髂韌帶的前側平面**（5），是由扇形纖維結構組成，走向由髂骨的後側緣到薦椎結節的後內側。

介於薦椎外側緣的下方和大坐骨切跡之間有兩個**重要的韌帶**：

- **薦棘韌帶**（6）：由坐骨棘到薦椎及尾椎外側緣，走向是斜向上方、內側和後側方。
- **薦粗隆韌帶**（7）：斜向橫過薦棘韌帶，由髂骨的後側緣到前兩個尾椎椎體，它的斜向纖維走向是向下、向前、向外扭轉，附著在坐骨粗隆和坐骨上升支的內側唇。坐骨切跡

因此被這兩條韌帶區分成**兩個孔**：

- 位於上方的**大坐骨孔**，**梨狀肌**由此離開骨盆。
- 位於下方的**小坐骨孔**，**閉孔內肌**由此延伸出去。

- 骨盆的**前側觀**（圖 19）顯示**髂腰韌帶**（1 和 2）、**薦棘韌帶**（6）、**薦粗隆韌帶**（7）及**前薦髂韌帶**（由兩束組成又稱為**上及下薦椎前點頭煞車韌帶**）：
  - **前後**束（8）
  - **前下**束（9）

圖 20 顯示**右側薦髂關節**繞著垂直軸像書一樣旋轉打開的狀態，顯示髂骨內側面（A）和薦椎外側面（B），探討如下：

- 這些韌帶如何環繞著關節，而且如何在薦椎前點頭及後點頭動作下變緊和變鬆。
- 為何前薦髂韌帶纖維（8 和 9）走向是由髂骨向斜下、前、內方向及由薦椎向上、向前及向外方向。

由圖中也可以觀察下列結構：

- **後薦髂韌帶**（5）
- 薦棘韌帶（6）和薦粗隆韌帶（7）
- **薦髂骨間韌帶**（顯示為關節表面凹陷處上兩個一半形狀的白色片狀）：形成薦髂韌帶深層，向外連結到髂骨粗隆，向內連結到第一薦椎和第二腰椎的前孔，又稱為**軸向韌帶**。

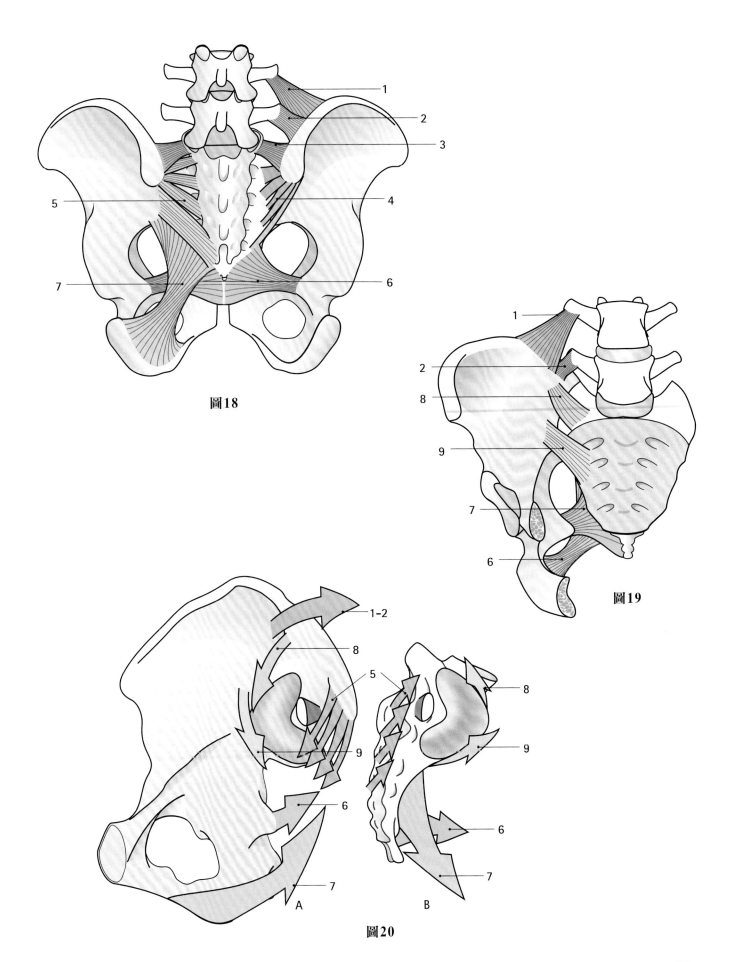

圖18

圖19

圖20

薦髂關節的前點頭和後點頭

在研究薦髂關節動作之前，最好記住它們的活動範圍很小，而且會根據不同的情況和對象而有所不同。這解釋了不同作者之間關於這個關節的功能和它在生產期間動作的相關複雜性。1851 年 Zaglas 和 1854 年 Duncan 首次描述了這些動作。

點頭和反點頭的傳統古典理論

在薦椎前點頭動作的過程中（**圖 22**），薦椎（紅色箭頭）圍繞**骨間韌帶**所形成的軸（黑色十字）旋轉，使薦椎隆凸**向下和向前**移（S2），而尾椎尖部則**向後**移（d2）。

在這一**傾斜**動作中，可發現骨盆入口（PI）前後徑相比縮短了 S2 的距離，而骨盆出口（PO）前後徑增加了 d2 的距離。與此同時（**圖 21**），髂骨的翼部兩側彼此靠攏，而坐骨粗隆向兩側分開。**薦粗隆韌帶（6）和薦棘韌帶（7）以及前點頭制動器（即薦髂前韌帶的前後束（8）和前下束（9）的張力限制了前點頭動作**（見**圖 20**，P.59）。

在**骨盆腔冠狀切面上（圖 23）**顯示了在前點頭動作中，**骨盆入口（PI）和骨盆出口（PO）的加寬**，而髂嵴在髂前上棘水平位置會互相靠近。

後點頭（圖 25）則涉及相反方向的動作。薦椎靠著骨間韌帶產生樞軸動作（黑色十字）並調整自身，使其隆凸**向上和向後**移動（S1），其頂點和尾骨尖部向下和向前移動（d1）。

當薦椎本身進入後點頭動作時，骨盆入口前後徑（PI）增大 S1，骨盆出口前後徑（PO）減小 d1。與此同時（**圖 24**），**髂骨的翼部互相分開，而坐骨粗隆互相靠得更近**。

後點頭受到薦髂前韌帶（5）和薦髂深韌帶（4）張力的限制（**見圖 20**）。作為指導原則，骨盆出口前後徑的變化，可根據 Bonnaire、Pinard 和 Pinzani 認為可達到 3 公釐，而根據 Walcher 可達到 8–13 公釐。盆腔出口前後徑的變化範圍若根據 Borcel 和 Fernström 可達 15 公釐，而根據 Thoms 可達 17.5 公釐。Weisel 最近證實了髂骨翼部和坐骨粗隆的橫向位移。

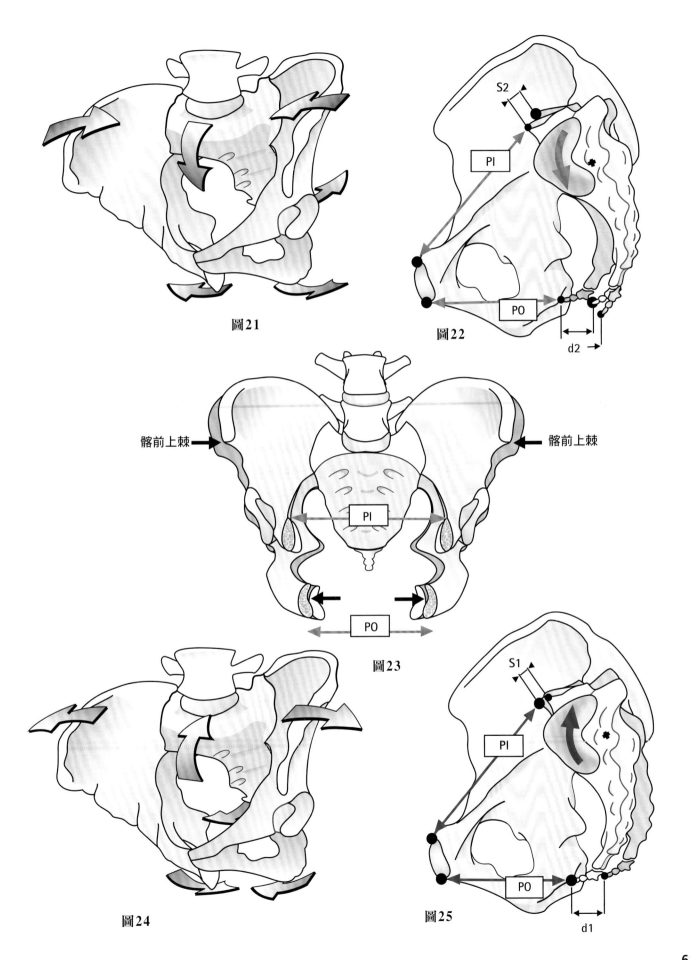

圖21

圖22

S2

PI

PO

d2

圖23

髂前上棘

髂前上棘

PI

PO

圖24

圖25

S1

PI

PO

d1

前點頭的各式理論

根據 **Farabeuf 的古典理論**（**圖 26**），如之前所描述，發生傾斜的薦椎 **R** 會繞著由骨間韌帶形成的軸，發生角位移和隆凸向下和向前沿著在耳狀關節面後方的圓中心（＋）弧線動作。

根據 Bonnaire 的理論（**圖 27**），薦椎是繞軸心（＋）傾斜，會通過博納爾結節，是位於兩個耳狀關節面的交界表面處。因此，這個角度運動（R）的中心是在關節內的。

Weisel 的研究提供了另外兩種可能的理論：

- **純平移理論**（**圖 28** 的 T）指出：薦椎沿耳狀小面關節的尾端軸滑動，這意味著是一個線性位移，是相應的薦椎隆凸和薦椎尖部共同位移的結果。

- 另一種理論基於**旋轉動作**（**圖 29** 的 R）：是繞著一條位於薦椎前下方的垂直軸。這個旋轉中心的位置因人而異，並隨所涉及的運動類型而異。

現有的各種理論表明，**要分析小範圍的動作是多麼困難**，並提出了不同類型的動作可能發生在不同的人身上的可能性。這些想法不僅具有抽象的意義，**因為這些動作參與生產生理學，因此在實際上也很重要**。

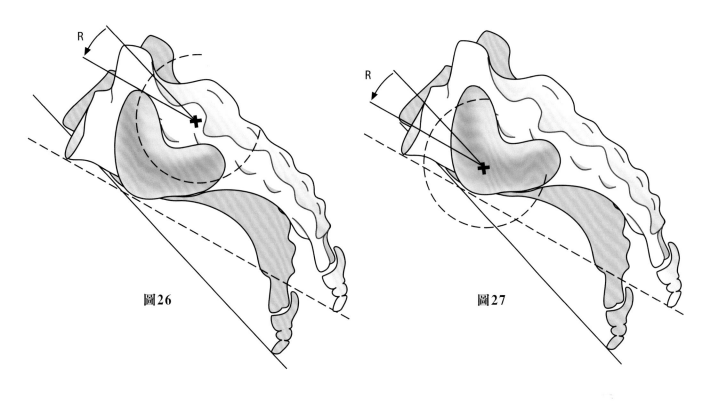

圖26

圖27

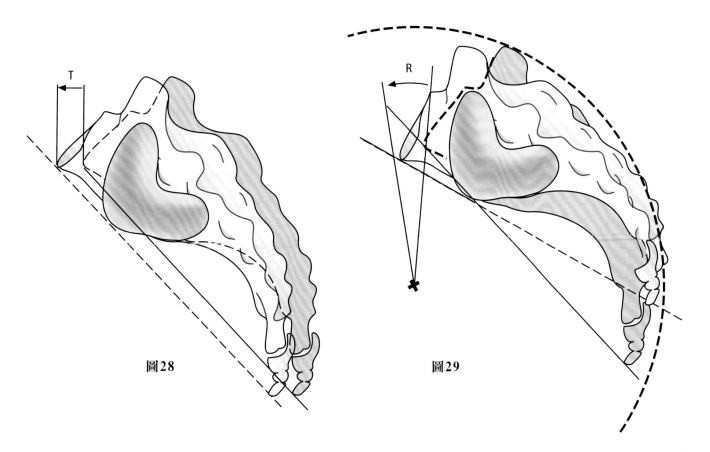

圖28

圖29

恥骨聯合和薦尾關節

恥骨聯合是一種**微動關節**，屬於次級軟骨小關節，即使有活動範圍也很少。儘管如此，在懷孕末期和分娩期間，它的軟組織**吸水性**允許兩個恥骨**互相滑動和分開**，在齧齒類動物中，這些動作反而有較大的範圍。

水平切面（圖30）顯示了兩個恥骨的末端內側，它們由軟骨（10）沿軸向排列，並由**骨間韌帶**（11）連接，具有一個纖維軟骨盤，中間有一個細小的裂隙（12）。在恥骨聯合的**前表面**有一個厚實的纖維韌帶（7-8-9），其結構將在後面介紹。在恥骨聯合**後表面**上有**後恥骨韌帶**（5）。

打開恥骨聯合關節的**內側視圖（圖31**，右側），可看出恥骨的關節面出現橢圓形，斜長軸走向是向上與向前，上方有覆蓋的**腹直肌肌腱**起點（1）。恥骨聯合前方被很厚的**前恥骨韌帶**（3）鎖住，在前視圖清楚地看到分成橫向和斜向纖維**（圖34）**。這些纖維包括：

- **腹外斜肌**腱膜插入（8）。
- **腹直肌**（7）和**錐肌**（2）的肌腱起點。
- **股薄肌和內收長肌**的肌腱起點（9）。

所有這些纖維在恥骨聯合前交叉形成密集的纖維織物，形成**前恥骨韌帶**。

關節的後側面（圖33）有**後恥骨韌帶**（5），它是與骨膜相連的纖維膜。還可見三角形腱膜束，其基部位於恥骨聯合的上緣和腹直肌深部，而其斜向纖維在不同程度上插入白線的中線，它被稱為**腹白線**（6），即白線的強化結構。

冠狀切面的垂直切面（圖32）顯示了關節面的組成部分：

- 兩恥骨骨骼中間的**透明軟骨**（10）。

- **纖維軟骨盤**（11）。
- **纖維軟骨盤內的薄裂隙**（12）。

恥骨聯合上緣由**上恥骨韌帶**（13）加強，上恥骨韌帶是一個粗而密的纖維束。恥骨聯合下緣由弓形的**下恥骨韌帶**加強，它與骨間韌帶相連，在恥骨弓頂點周圍形成一個稜角分明的拱門。**恥骨弓的肋拱頂**（4）的厚度和強度在矢狀切面上清晰可見**（圖31）**。這些強大的關節周圍韌帶使**恥骨聯合成為一個非常強壯的關節，很難脫臼**。在臨床實際中，外傷性脫位很少發生，一旦發生很難治療癒合，這對於正常情況下明顯固定的關節來說是令人驚訝的。

連接薦椎和尾椎的**薦尾關節**也是微動關節，它的關節面是橢圓形，其長軸走向是水平的。**側面圖（圖37）**顯示薦椎凸面和尾椎凹面相接，關節由類似於椎間盤的**骨間韌帶和關節周圍韌帶**連接，分為前、後和外側三群。**前視圖（圖35）**顯示**尾椎**（1）、**薦椎**（2）、位於薦椎前表面**前韌帶**及**脊椎前縱韌帶**（3）。**尾椎**（1）是一個退化的尾巴，是由**四個尾椎骨融合**。脊椎前縱韌帶（3）是前薦尾韌帶（4）的延伸。前視圖還可看到三個**外側薦尾韌帶**（5、6和7）。**後視圖（圖36）**顯示薦椎正中嵴上的**退化韌帶**（8），它與**後薦尾韌帶**（9）相連。

薦尾關節僅有**屈曲伸直動作（圖37）**，而且僅為**被動動作**，只發生於**排便和生產**過程中。在薦椎前點頭的過程中，薦椎尖部的後傾可透過**尾骨向下和向後的延伸而擴大，這增加了骨盆在分娩胎兒頭部的出口前後徑**。

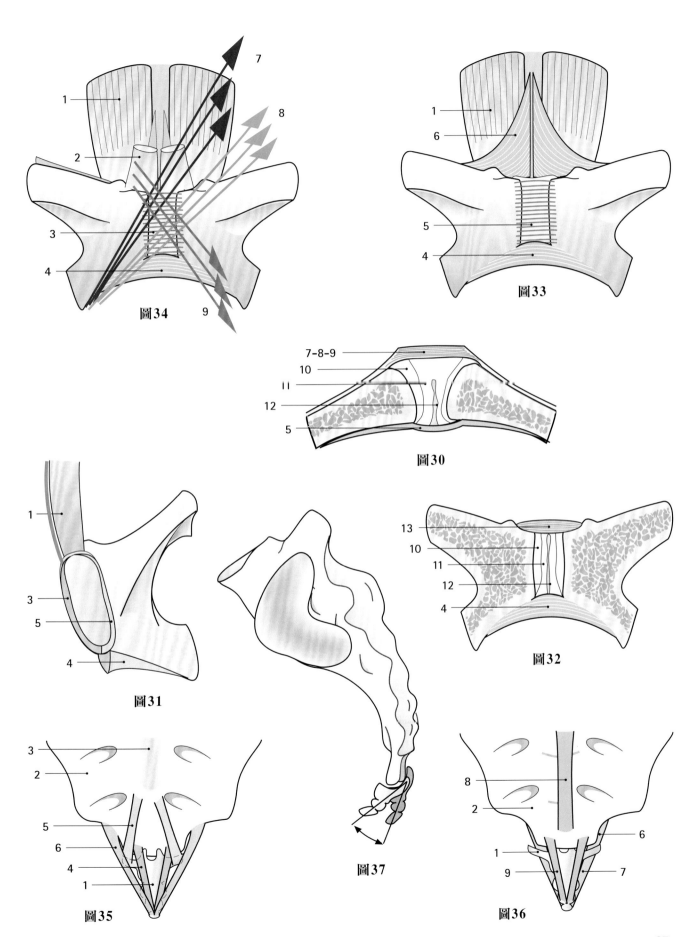

圖34

圖33

圖30

圖31

圖32

圖37

圖35

圖36

這裡的標號適用於所有的示意圖

姿勢對骨盆帶關節的影響

在**對稱的直立姿勢**下，骨盆帶的關節受到身體重量作用，這些力的作用方式可以從側面圖來分析**（圖 38）**。在側面圖中，髂腰肌被隱藏，所以可以看到股骨。

脊柱、薦椎、髖骨和下肢形成一個協調的關節系統，有兩個關節：髖關節和薦髂關節。軀幹重量（P）作用於薦椎並降低隆凸，然後使薦椎發生**前點頭動作**（N2），但它很快被前薦髂韌帶（**前點頭動作的制動器**）、**薦棘韌帶**和**薦粗隆韌帶**所限制，從而阻止薦椎尖部離開坐骨粗隆。

同時，**地面的反作用力**（R）通過髖關節的股骨傳遞，與身體重量形成旋轉力偶，導致髂骨向後傾斜（N1）。骨盆的向後傾斜**增加了薦髂關節的前點頭動作**。這個分析討論的是動作，但它應該討論的是力量，因為**韌帶非常強大**，會立即停止所有的動作。

圖 40 顯示，在對稱的直立姿勢下，**身體重心**（G）位於 S3 與恥骨（P）連接線的中間，接近**髖關節的高度**，這樣的狀態使骨盆穩定及達到平衡位置。

在單腿站立姿勢下（圖 39），每一步的地面反作用力（R）是通過肢體支撐傳遞和提升相應的臀部，而另側臀部則因為肢體重量而下降（D），這導致**在恥骨聯合產生剪切力**，在支撐側提高恥骨（A）和降低另一側恥骨高度（B）。通常恥骨聯合的穩定可以應付各種

動作，但當它脫臼時，恥骨的上緣在行走時就會錯位（d）。同樣地，我們可以想像**薦髂關節**在走路時會朝向**相反方向**，這系統對動作的阻抗依賴於**強健的韌帶**，但薦髂關節一旦脫臼後，每走一步都有疼痛動作發生，**因此站立和行走都依賴於骨盆帶的機械強壯性**。

在仰臥位時，薦髂關節不同程度地參與，這取決於髖部是彎曲還是伸直。

- **當髖部是伸直時（圖 41）**，**髖屈肌**的拉力（如圖中可見的腰肌）將骨盆向前傾斜，而使薦椎尖部向前推，這縮短了薦椎尖部和坐骨粗隆之間的距離，並使薦髂關節旋轉成後點頭。這一姿勢位置對於分娩的早期，後點頭狀態動增大了骨盆入口，有利於胎兒頭部下降到骨盆內。

- **當髖部是屈曲時（圖 42）**，大腿膕旁肌群的拉力（如圖所示）傾向於使骨盆相對於薦椎向後傾斜，即**前點頭**，這減少了骨盆入口的直徑，增加了骨盆出口的直徑。這一姿勢，採取在**生產階段的排出時期**，因此有利於**分娩胎兒頭部**通過骨盆出口。

- 從髖部伸直到髖部屈曲的位置變化過程中，**薦椎隆凸的平均位移範圍為 5.6 公釐**。因此，大腿位置的變化明顯改變了骨盆腔的尺寸，以便在分娩時方便胎兒頭部的通過。當大腿在骨盆上彎曲時，腰椎前凸會變平**（圖 41）**，而手便不能滑進背部下方（綠色箭頭）。

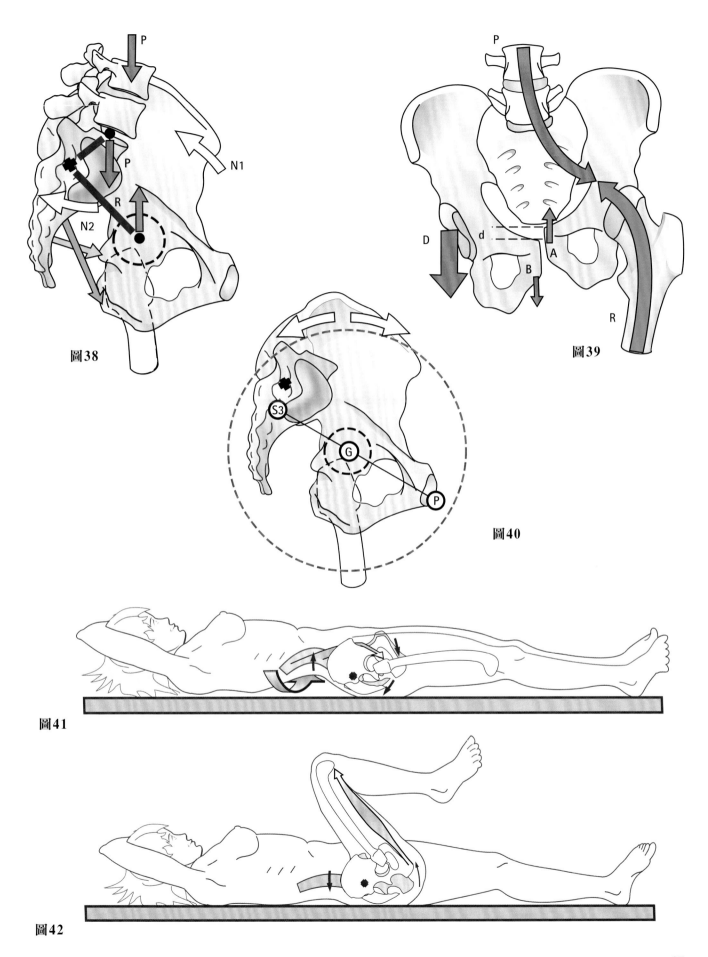

圖38

圖39

圖40

圖41

圖42

67

骨盆壁

右側半骨盆的內側圖（**圖 43**，左髖骨移除後）僅顯示右側髖骨和薦椎，並有兩條韌帶：

- 薦棘韌帶（1），從薦椎外側延伸到坐骨棘邊緣。
- 薦粗隆韌帶（2），從薦椎和尾椎外側邊界下緣延伸至坐骨粗隆，並發出鐮狀式擴張（3）到坐骨恥骨支。

　　這兩條韌帶連接髖骨和薦椎，形成兩個孔（即上坐骨大切跡孔 [s] 和下坐骨小切跡孔 [i]），這些孔連接骨盆腔和下肢。

　　右側半骨盆內側視圖（**圖 44**）也包含通過這兩個孔而離開骨盆後到下肢的兩條外轉肌（見第二冊）：

- **梨狀肌**（4）起源於骨盆腔薦椎前表面，大約在第二和第三薦椎孔邊緣，走向是穿過坐骨大孔後終止於大轉子，上面是臀動脈（紅色箭頭），下面是坐骨神經（黃色箭頭）。
- **閉孔內肌**（5）來自**閉孔**邊緣和外四邊形表面（q）。在小坐骨切跡後緣呈弓狀彎曲，走向是向前向外，類似孖肌群走向，最後附著於大轉子，坐骨動脈（紅色箭頭）也通過坐骨小孔。另外一提，閉孔是老名字，是繼承了古典學者的矛盾，因為這個孔不能關閉。這兩條肌肉也是下肢的外轉肌（見第 2 冊）。

右側半骨盆的另一個內側視圖（**圖 45**）

也包含了下肢的兩條屈肌，它們離開骨盆時穿過恥骨支上的腹股溝韌帶（il）下。屈肌如下：

- **髂肌**（6），它有一個廣泛的起源，含括整個髂骨表面的髂窩。
- **腰大肌**（7），起源於腰椎的橫突。

　　這兩塊肌肉連接形成**髂腰肌**，然後由共同肌腱接到小轉子。

　　骨盆壁的骨骼肌肉（**圖 46，內視圖**）。骨盆壁提供了**提肛肌**（8）很好的附著點，提肛肌位於**骨盆橫膈**中線兩側對稱處，並形成骨盆壁下側邊緣。圖 46 從前到後排列有以下結構：

- 恥骨骨盆表面（未顯示）
- 拱起閉孔的閉孔筋膜
- 連接薦椎外部邊界到坐骨棘的提肛肌腱弓
- 薦粗隆韌帶的骨盆表面
- 薦椎外側緣與尾椎外邊界的下半部分
- 從尾椎尖端到肛門（a）的肛尾韌帶

　　解剖學家描述這個廣泛的肌肉層是由許多肌束組成，形成了**骨盆橫膈，它可固定並支持所有的腹部和盆腔臟器**，可防止內臟管道排出體外。這個橫膈被**重要的管狀結構**穿過：男性有兩個管狀結構（**肛門**和**尿道**），而女性有第三個管狀結構（**陰道**），也因此常見一些會陰的問題！

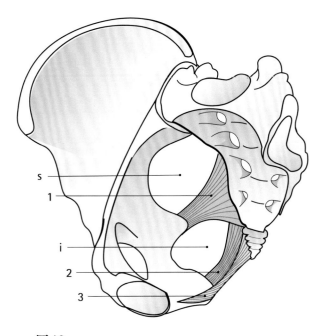

s
1
i
2
3

圖43

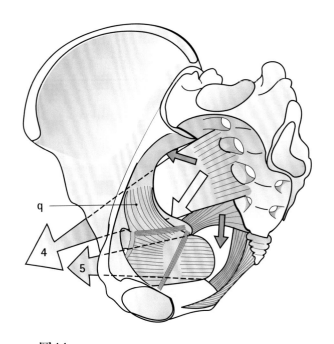

q
4
5

圖44

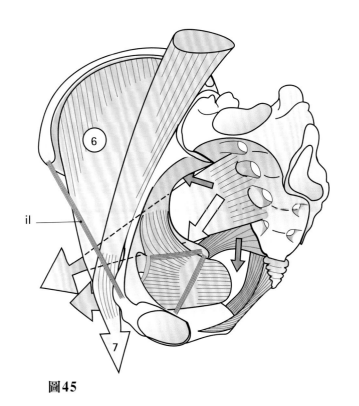

6
il
7

圖45

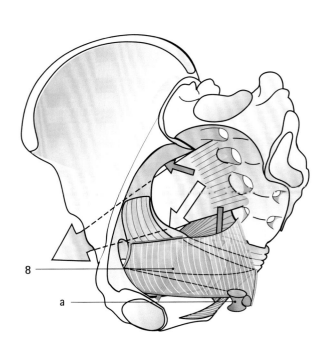

8
a

圖46

骨盆橫膈

　　從後面、下面和外面拍攝的骨盆圖（圖47），清楚地顯示了肛門（a）周圍的提肛肌及各部分形成的寬肌層。

　　這個肌肉橫膈**（圖48）**可以跟***胸廓橫膈做完美對應***，都具有類似的功能（**即分離和保留內臟**），還包括**重要器官的通道**。

　　因此在女性中它還包含一個大的裂口，即**泄殖裂隙（圖49，c）**。然而，無論男女，肛門位於後側部分，被一種特殊的吊帶所包圍，即**提肛肌**（8）。提肛肌的纖維與肛門括約肌的纖維部分相混合，對於***肛門禁制和排便機轉***有重要的作用。

　　冠狀切面（圖50）顯示該隔膜不是水平而是**斜向**且呈**漏斗形**，開口在泄殖裂隙 c 之下。此外，有更低和更淺層的**第二個橫膈**即**會陰（P）**協助，會陰呈水平且因不同性別結構有所不同。

　　後視圖（圖51）顯示兩個平面：

- 深部平面：提肛肌及其後束（8）和前束（8'）。
- 淺層平面：會陰（P）向外附著於坐骨恥骨支，集中成束於肛門括約肌（as）和肛尾韌帶（ac）。

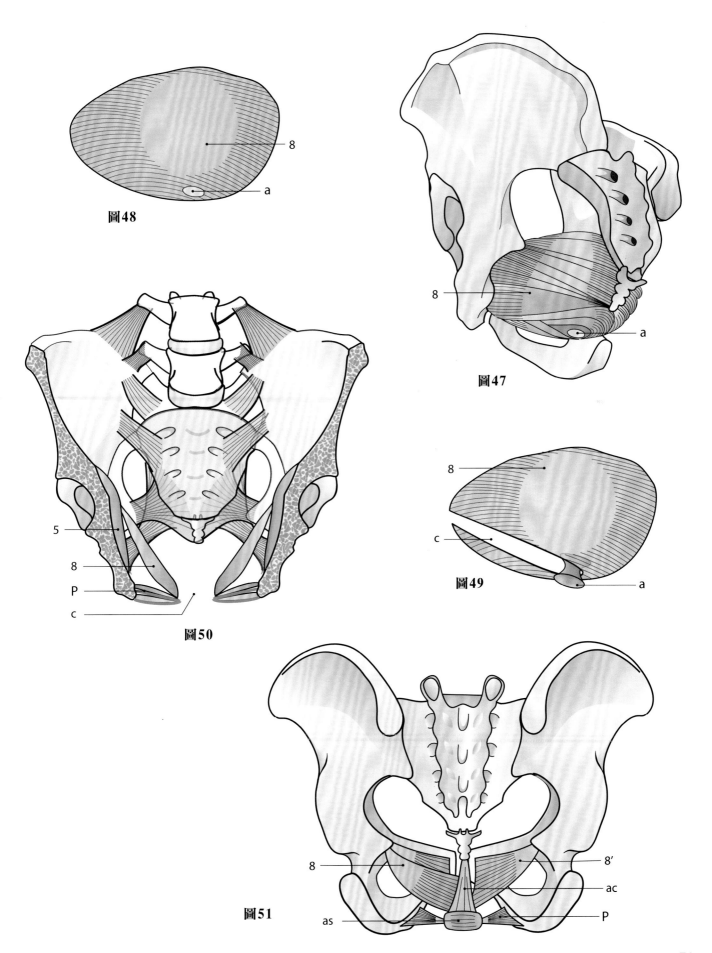

圖48

圖47

圖49

圖50

圖51

女性會陰

左側女性骨盆圖（圖 52），從後面、下面和外面可以清楚地看到女性會陰的兩個平面：

- **淺層平面**：是由**會陰淺橫肌**（1）組成，走向是水平，介於兩個坐骨恥骨支和兩個括約肌之間。這兩個括約肌是圓形的而且可以控制解剖孔道的口徑，相當於一個水龍頭或水閘，類似臉部的口輪匝肌。
    - 前方有**尿道陰道括約肌**（4），圍繞在陰道口（v）。
    - 後方有**肛門括約肌**（5），它在肛門（a）周圍形成一個肌肉環。
- **深層平面**由以下幾個部分組成：
    - **會陰深橫肌**（2）組成，附著點與走向跟肛門括約肌相同。
    - **坐骨海綿肌**（7）包圍著海綿體，它起源於坐骨恥骨支，在恥骨聯合下與它的對應部分相會合，環繞陰蒂。它的作用是壓縮海綿體，與海綿體平行。

- 這兩個平面被泄殖橫膈的上、下筋膜層（3）分隔，它向後延伸（3'），剛好在橫肌群的後面。
- 在這個結構的中心，所有的肌肉纖維及其筋膜緊密地交織在一起，形成會陰體（6），這是女性會陰穩固性的重要元素，它被肛尾韌帶（8）向後延長，並連接尾椎尖端到肛門括約肌。

所有這些結構都可以在**婦科檢查時的姿勢位置上**看到（圖 53），也可以在透視圖中單獨看到（圖 54）。

從會陰表面和提肛肌的角度觀察（圖 55），可以看出它們之間的關係，與男性會陰相比，女性會陰部容易受到嚴重的創傷，尤其是在生產時，當胎兒強制通過由提肛肌（L）的前內側纖維所支撐的泄殖裂隙時，這些創傷可以破壞骨盆的靜力平衡而導致泌尿生殖器官脫垂。

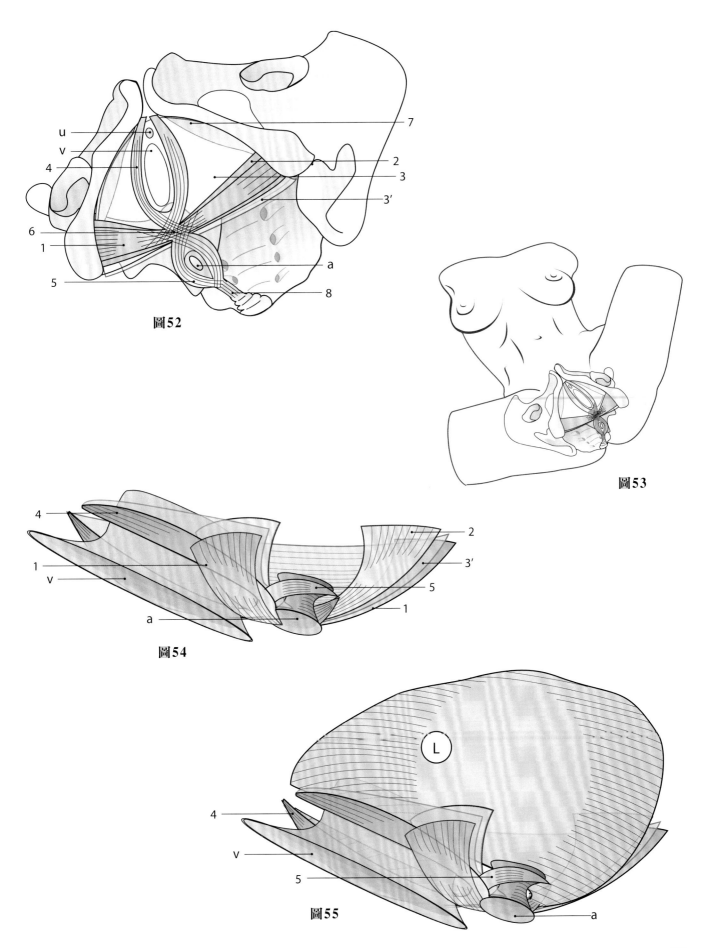

圖52

圖53

圖54

圖55

腹腔和骨盆腔容積

前後對比圖（圖 56）顯示了合併的腹腔的虛擬容積，這整體容積被骨盆入口（紅色）分成上下兩個，**下骨盆可以看到有三個開口（圖 57）**。

骨盆入口與骨盆環相吻合，**它是一條連續的環形線，從薦椎隆凸（即第一薦椎上表面凸出的前緣）到恥骨聯合的上緣**，它穿過兩側髂骨的**耳狀線**。

這些開口的空間大小在懷孕期間有相當的重要性，它們可以相對容易地用放射學方法測量。

圖 56 顯示**腹部的容積**（清晰透明區），嚴格地說是位於骨盆入口上方，明顯大於下方的**真骨盆**區（藍色）。

圖 57（透視）顯示了另外兩個對胎兒頭部在分娩過程中通過非常重要的開口。

- **中間開口**（綠色線），由四個標記物隔開：
  - 恥骨聯合的下緣
  - 坐骨嵴
  - 薦椎的骨盆表面
- **骨盆腔出口**（藍色虛線），也由四個地標劃分：
  - 恥骨聯合的下緣
  - 尾椎的尖端
  - 坐骨粗隆的骨盆表面

當胎兒從腹部轉移到骨盆腔位置時，它進入了所謂的**產道（圖 58）**，是可以通過這三環所形成的一個前凹的大管通道。

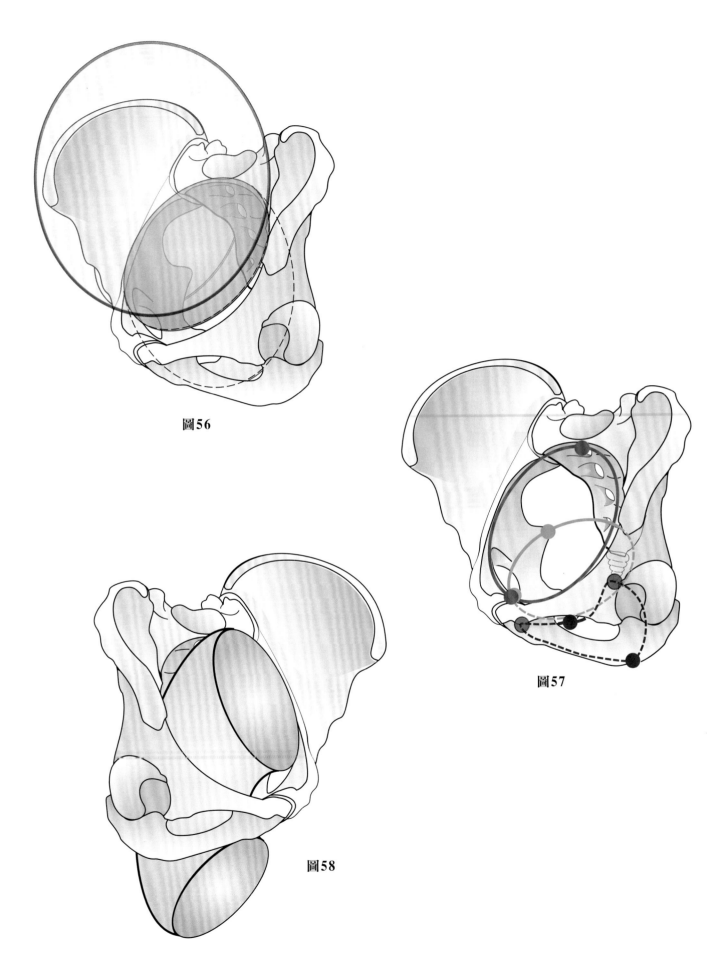

圖56

圖57

圖58

分娩

這不是一本產科教科書，也無意詳細描述正常分娩的機轉，也不談異常分娩。

然而，分娩生理過程在這裡是有興趣的，因為它取決於**眾多的器官**例如骨骼、腹部和骨盆的關節與肌肉。在妊娠期之後，**分娩**緊隨其後，需**通過途徑**產出胎兒。必須強調的是，胎兒的分娩是一個**自然的生理過程**，而為了確保人類的生存，它已經發生了上億年。因此，產科是一門研究正常和異常分娩機轉的科學，其最終結果被稱為「開心的事」。在分娩開始時，母親的整個身體被稱為**「行動站」**，胎兒通過產道是一系列好的協調過程的結果。首先**（圖 59）**腹肌**收縮推動胎兒頭部通過骨盆入口**，使其進入真骨盆。當仰臥位下肢平放時（見**圖 41**，P.67）有利於透過**後點頭機轉**打開骨盆出口。

強而有力的子宮肌肉**（圖 60）**由**圓形、斜向和縱向纖維**所組成，會開始有**節奏地**收縮，子宮頸口開始擴張，宮縮是**分娩**的信號。

盆腔直徑的增加是由恥骨聯合的強化所促進的**（圖 62）**。

懷孕後期的激素狀況導致恥骨聯合軟化，恥骨可以分開 1 公分，從而增加骨盆直徑，從骨盆入口開始。當子宮頸口完全擴張，開始排出，需要進一步增加骨盆出口直徑，這是透過前點頭機轉實現的，正如我們之前了解的，**前點頭機轉**透過大腿在骨盆上的屈曲來增強（見圖 42，P.67）。

古代的生產姿勢，至今仍被人類使用，是**手臂懸吊的姿勢（圖 63）**，採髖部屈曲**促進前點頭**，從而打開骨盆出口。垂直體位會增加**腹部的推力**，這是由於內臟重量、**橫膈向下位移和腹肌收縮**所造成的**（圖 61）**。最有效的肌肉在這個過程不是腹直肌，而是大而平坦的肌肉，例如腹內斜肌和腹外斜肌，特別是**腹橫肌**，因為這些肌群可推子宮回脊椎和**產道軸線**，更協助恥骨聯合向前傾斜，以利胎兒生產。

著名產科醫生 Bernadette de Gasquet 最近發表的論文顯示，髖部的某些位置，尤其是股骨的某些位置，在分娩過程中扮演重要角色作用。她提出股骨的內轉或外轉對骨盆的幾何形狀以及骨盆入口和骨盆出口的尺寸有深遠的影響，在分娩過程中需要成功穿越。

在第一階段（**分娩期**），**股骨的外轉**（圖 62-2，股骨處紅色箭頭）會產生後點頭機轉，是經由調整一些肌肉和韌帶的張力，導致**髂骨向外傾斜**（上藍色箭頭），擴大骨盆入口，通過經由**薦椎隆凸向後位移**（上層中央藍色箭頭）和協助嬰兒的頭部進入骨盆。

相比之下，在第二階段（**產出期**），**股骨的內轉**（圖 63-2，股骨處紅色箭頭）會產生前點頭，是通過肌肉和韌帶的反作用的效果：髂翼靠得更近（上綠色箭頭），尤其是坐骨粗隆更分開（較低的綠色小箭頭），髂骨向後移動從而擴大了骨盆出口和有利於胎兒的推出。股骨的內轉很容易做到，方法是將小腿相對於膝蓋向外移動使膝向內。相同地，將小腿移向身體中線會產生股骨的向外旋轉。

這種方法被越來越多的人使用，通過縮短分娩時間來減少胎兒窘迫的程度和排出胎兒的痛苦。

女性會陰的解剖學和功能性特徵會因為一些女性**衰老**和**多胎妊娠**而導致功能障礙。然後泄殖裂隙可能為骨盆腔臟器（如膀胱、尿道和子宮）的下降提供了可能的路徑，從而導致**泄殖器官脫垂**。

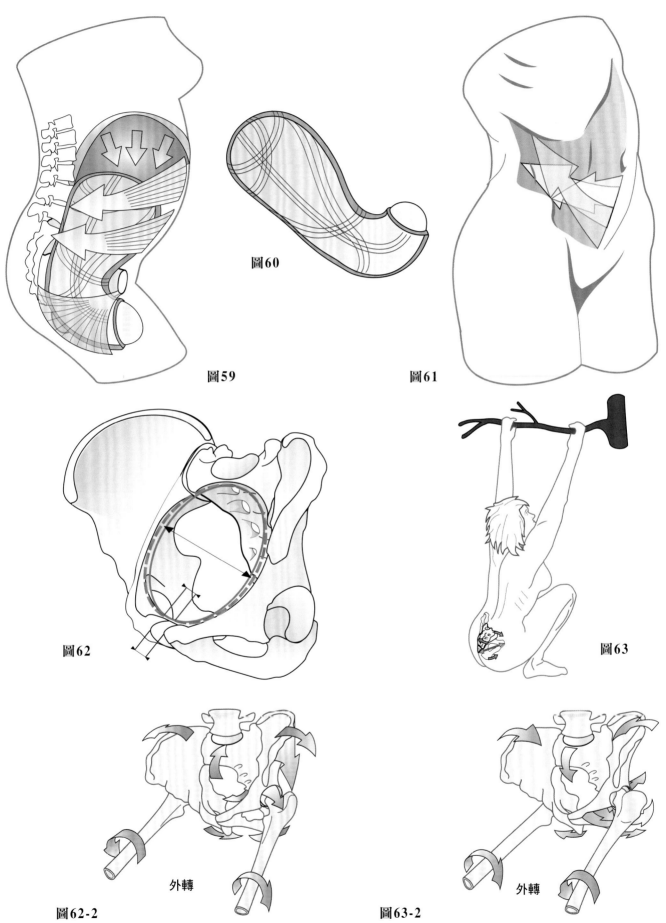

圖60

圖59

圖61

圖62

圖63

圖62-2　　外轉

圖63-2　　外轉

女性排尿與排便

會陰肌能控制**排尿、排便和勃起**等基本過程。

讓我們看看女性會陰在排尿和排便中的作用，在兩性情況都會發生。首先，我們將考慮排尿禁制和排尿的機轉。

排尿控制

膀胱是一個**水庫，可容納由腎臟不斷形成的尿液**，並允許有意識的排尿。膀胱內有布滿觸發排空的感受器。

排尿禁制和隨意控制排尿對個人的自主性至關重要。

女性排尿禁制（圖 64）允許膀胱（b）的逐漸充滿，而膀胱是骨盆最前面的器官。只要由平滑肌組成的**尿道內括約肌**（1）收縮，就不會有漏尿。**尿道外括約肌**（2）由隨意橫紋肌組成，位於會陰淺層。尿道外括約肌的隨意收縮可阻止在非常強烈地想要在錯誤時間排尿的衝動。

排尿（圖 65）取決於四種機轉：

- **非隨意**尿道內括約肌放鬆。
- 膀胱壁平滑**逼尿肌**的收縮。
- 尿道外括約肌放鬆。
- 腹部肌肉的收縮，排尿時須橫膈（d）及**腹肌收縮**，特別是腹內斜肌（5）和腹橫肌（6）。

排便控制

糞便積聚在直腸，直腸是大口徑乙狀結腸末端部分，當直腸（r）充滿糞便，排便的感覺出現。

大便禁制（圖 66）由兩種肌肉控制：

- **提肛肌**（3），其最深的纖維向後交叉穿過肛門管，並通過向前拉使肛門管以銳角角度彎曲。
- **肛門外括約肌**（4），由隨意的橫紋肌組成，位於會陰淺層，接於肛門內括約肌下游，它收縮控制糞便滯留及放鬆控制排便。

排泄（圖 67）取決於四種機轉：

- 放鬆提肛肌（3），允許肛門管再次變得筆直。
- 直腸壁（r）之平滑肌收縮，特別是縱向束和圓形束，以一種蠕動方式收縮，將糞便向下游推送。
- 肛門外括約肌放鬆（4）。
- 腹肌的收縮，有助於腹部肌肉在排便的力量作用，包含橫膈（d）和腹部肌肉，特別是腹外斜肌（5）及腹橫肌（6）。

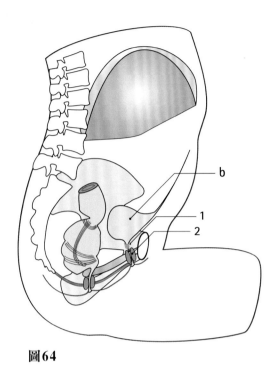

圖64

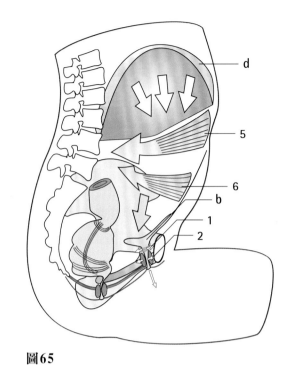

圖65

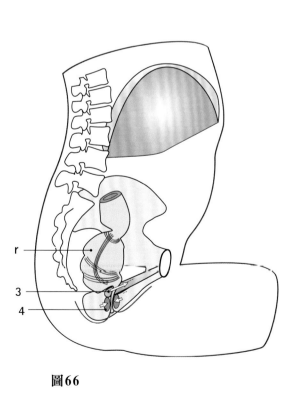

圖66

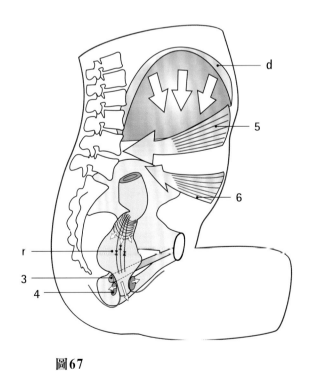

圖67

這裡的標號適用於所有的示意圖

男性會陰

不同於女性會陰部，男性會陰部是直的，沒有分娩功能，沒有脫垂和尿失禁問題，除了可能有術後問題。另一方面，因**前列腺疾病**，男性容易出現尿液瀦留。

在解剖學上，**男性會陰（圖 68）**與女性會陰具有一些**相同的結構**組成，但有一個關鍵的區別，是**沒有泄殖裂隙**。

男性會陰由兩個平面組成：

* 深部**會陰橫肌**（1）。
* 表淺**會陰橫肌**（2）。

這些平面被以下分隔：

* **中間會陰韌帶**（3），它填充整個會陰前三角。
* **肛門括約肌**（4），經由**肛尾韌帶**（5）附著於尾椎。
* **尿道外括約肌**（6）。

所有這些結構在**會陰體**的中線處會合（7），泄殖裂隙被由**三個勃起體**組成的勃起物所代替，這些勃起物充當海綿，在**會陰動脈**供血時膨脹。沿坐骨恥骨支還發現兩個**陰莖海綿體**（8），它們被**坐骨陰莖海綿體肌**（9）包圍，並在恥骨聯合下方中線處會合，形成陰莖背側。

尿道（u）穿過會陰嵌入**尿道海綿體**（10），尿道海綿體周圍由**球尿道海綿體肌**（11）所包圍，由會陰韌帶沿著中線懸吊，與海綿體融合，有助於**陰莖**（p）的形成。這三種勃起結構由**無法延展的陰莖深筋膜**包圍，供陰莖勃起時作為束鞘。男性尿道在龜頭尖端的外尿路口結束。

尿路控制（圖 69）依賴於與女性相同的結構，但有一個額外的結構前列腺（P）。前列腺位於膀胱底部環繞尿道，它的作用是分泌精液，使精子處於懸浮狀態。

正常情況下，當**膀胱**充滿兩個括約肌，可確保排尿禁制：

* **非隨意尿道內括約肌**（2），環繞前列腺尿道的第一部分
* **隨意尿道外括約肌**（3），在前列腺頂端，**確保尿路的隨意控制**。

當有**結節性的前列腺增生**時，增大的前列腺會向前列腺尿道的第一部分突出，阻礙膀胱排空，膀胱因尿液瀦留而擴張，並在恥骨上方形成一個圓頂（g，虛線）。

排尿（圖 70）是**逼尿肌收縮的結果，而尿道內括約肌（2）和尿道外括約肌（3）則放鬆。**通常不需要腹部的用力，除非有尿液瀦留。

勃起使陰莖變硬，使用一個汽笛來理解。這是一個管狀的彩帶，一端封閉，一端裝有彈簧，使它可以自己捲起來**（圖 71）**。當你從開口吹氣**（圖 72）**，它就會膨脹，變長、變硬。在勃起過程中，由於會陰動脈的血液流入，而靜脈流出被阻塞，使得陰莖海綿體和尿道海綿體像彩帶狀隆起，變硬。

這個過程的一個**實驗示範**可以用一個橡膠指套（或保險套）連接到一個有流入和流出水龍頭的底座上**（圖 73）**。當流出的水龍頭關閉時，對應於會陰靜脈的關閉，而流入水龍頭會導致指套腫脹**（圖 74）**。此外，如果手指在其基部收緊**（圖 75）**，模擬坐骨陰莖海綿體肌和球尿道海綿體肌收縮，其體積和硬度就會增加。坐骨陰莖海綿體肌和球尿道海綿體肌的痙攣將在尿道中的精子急速射出而為**射精**，並導致**高潮**。

性高潮的愉悅是對個體進行基本行為的「獎賞」，通過生殖行為來保證個體的延續。持續不自主的陰莖勃起稱為**陰莖異常勃起**，這是一種非常痛苦的狀態。

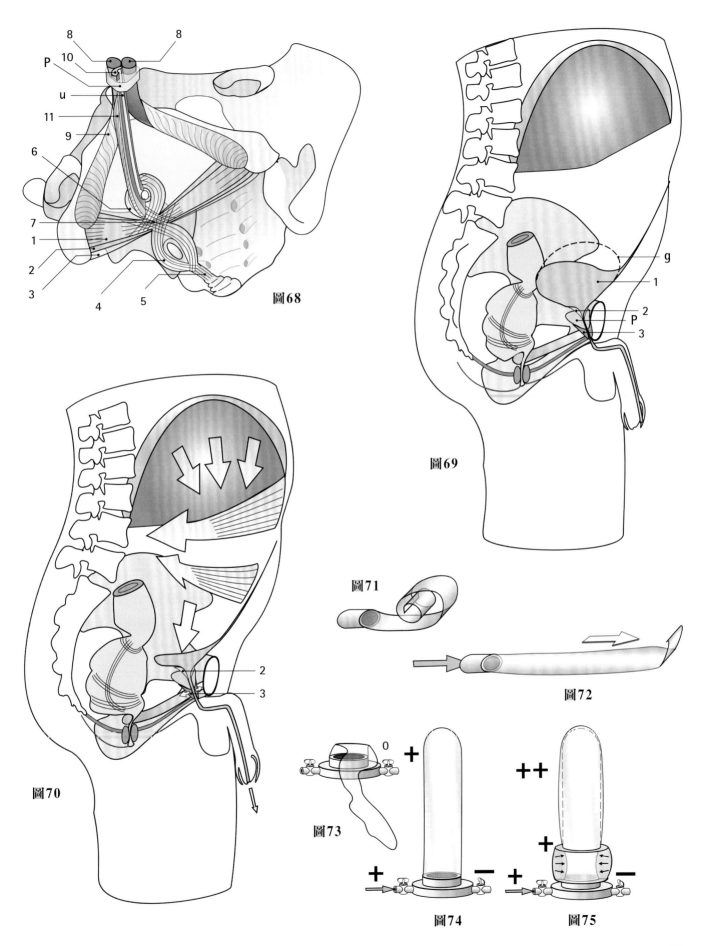

圖68

圖69

圖70

圖71

圖72

圖73

圖74

圖75

骨盆外在的骨骼標記：
Michaelis菱形和Lewinneck平面

除了或多或少複雜的放射學檢查，一個簡單臨床檢查使用前後標記可以幫助了解骨盆的結構。

在人的背部（圖76）有容易檢測到的脊溝中線，它位於椎旁肌肉之間，與棘突間線相對應。它止於薦椎的底部，**Michaelis 菱形**突出在該處，有四個尖頂：

* 中線旁兩側為**薦窩**。

* 上面為**脊溝的下肢段**。

* 下面是**臀溝的頂部**。

因此，Michaelis 菱形在中線上有一**垂直的長軸**，與脊溝平行，在薦窩之間有一**短的橫軸**，與前者垂直。**短軸的長度是固定的**，而**長軸的長度是變化的**，所以菱形看起來或多或少是扁平的，這取決於個人差異。

從希臘古典時期開始，**雕刻家**和**畫家**就一直在他們的作品中包含這個菱形，在他們所有**繪畫和雕塑作品**中都可以看到。一些現代藝術家也知道這個名稱，但在醫生中只有產科醫生熟悉這個名字。這不是偶然的，因為 **Gustav Adolph Michaelis（1798–1848）** 是一位德國婦科醫生，**在放射成像技術出現之前**，他將 Michaelis 菱形作為識別**可能導致難產的骨盆畸形的一種方法**，而**放射線照相技術**可使人們知道什麼結構與菱形相對應。

前視圖（圖77），使用鉛標記（小的白色圈圈）來識別四個頂點，顯示如下相關性：

* 與兩個**薦窩**相對應的尖部，結論是側位鉛標記常覆蓋於**薦髂關節上部**。

* 上端的位置在第四腰椎和第四到第五腰椎之間變化。

* 下端位置也能在第三薦椎上稍微移動一下。

這個菱形位於一個極具美學價值的地區，因此被稱為「神聖的菱形」。它與薦椎和腰薦交界處相對應，並引起外科醫生和免疫風濕病學家的極大興趣。

事實上，有三個標記有助於區分這個**腰薦區域（圖78）**：

* **介於第四腰椎和第五腰椎之間的空間**，在這裡嵴間線（髂骨之間）穿過中線。

* **兩個薦窩**，在這裡可以注射進入薦髂關節。

* **第一上後薦孔**，通過它的硬膜外注射很容易操作，例如注入坐骨神經。**它位於（深藍色）第四到第五腰椎以下兩指幅處，距中線兩指幅處**。當**表面組織被麻醉**，就很容易用一根相當長的針去尋找薦孔，當這根針與薦椎失去接觸，給人的印象是沒有阻力時，就可以找到它，然後小心地把針推進 1 公分，注射就可以開始了。

在骨盆前表面（圖79），兩個髂前上棘和恥骨嵴分隔了 **Lewinneck 三角，它於俯臥姿時支撐骨盆（圖80）**。這個三角形是電腦引導骨盆手術的立體定位標誌。

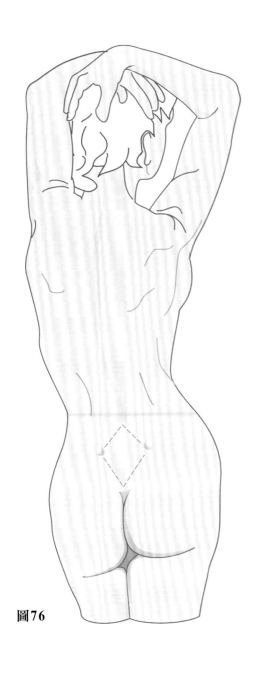

圖76

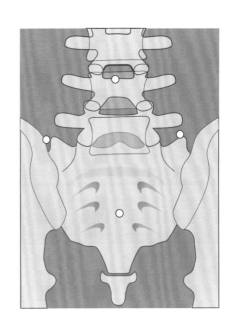

圖77

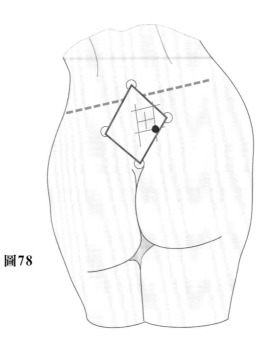

圖78

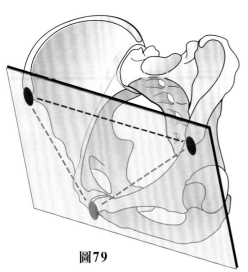

圖79

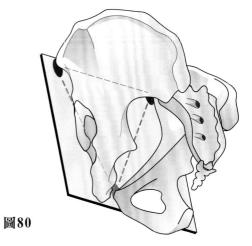

圖80

第3章

腰椎

腰椎位於骨盆上方，與薦椎間以關節相互連接。另外，腰椎也支撐著和胸廓及肩胛帶相連的胸椎。腰椎是僅次於胸椎最具**活動性**，也是主要**支撐**軀幹重量的脊椎。因此相對於其他的脊椎，腰椎也容易發生各種病痛，包括骨關節疾病中最常見的**下背痛**與第二常見的**椎間盤凸出**。

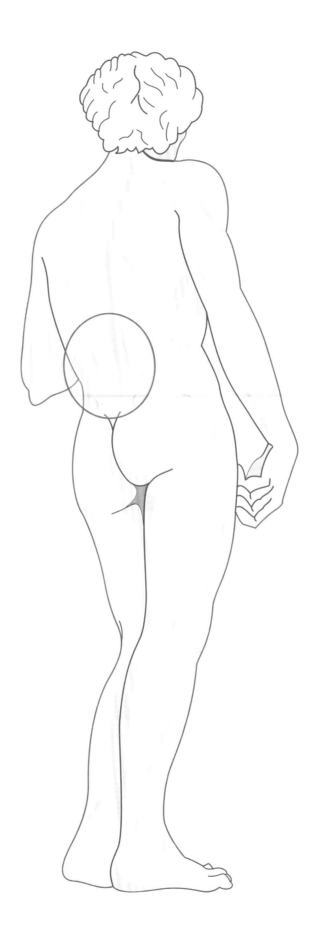

腰椎之綜觀

透過 X 光**前視**圖（**圖 1**）可以看到腰椎相對於**棘突間線**（m）是筆直且對稱的，椎體的寬度及橫突的寬度自頭部方向往下**規律遞減**。經過兩邊髂嵴頂點的**水平線**（h）走過第四及第五腰椎中間，沿著薦翼外緣往下的椎直線（a 及 a'）大致經過**髖臼的底部**。

從**斜視**圖（**圖 2**）來看腰椎在靜態狀態下**腰椎前凸**之結構，由 de Sèze 來定義以下：

- **薦椎角**（a）由水平線及穿越過第一薦椎上緣的線夾角形成，平均 30°。
- **腰薦角**（b）由第五腰椎的軸與薦椎軸夾角形成，平均 140°。
- **骨盆傾斜角**（i）由水平線及從薦椎隆凸延伸到恥骨聯合上緣的線夾角形成，平均 60°。

- **腰椎前凸的弧度**（**f**）可以透過連結 L1 後上緣到 L5 後下緣來完成，並與弧的**弦線**（c，橘色虛線）相對應。這個垂直於弦線的距離通常在 L3 的位置最長，而隨著前凸更加明顯時這個距離會增加，當腰椎是筆直時則幾乎消失。它很少變成反曲的情況。
- **向後彎曲**（箭頭 r 所指處）呈現的是 L5 後下緣與通過 L1 後上緣的垂直線之間的距離，可以是：
    - **零**，如果垂直線與腰椎前凸的弦線重疊。
    - **正數**，如果腰椎向後彎曲。
    - **負數**，如果腰椎向前彎曲。

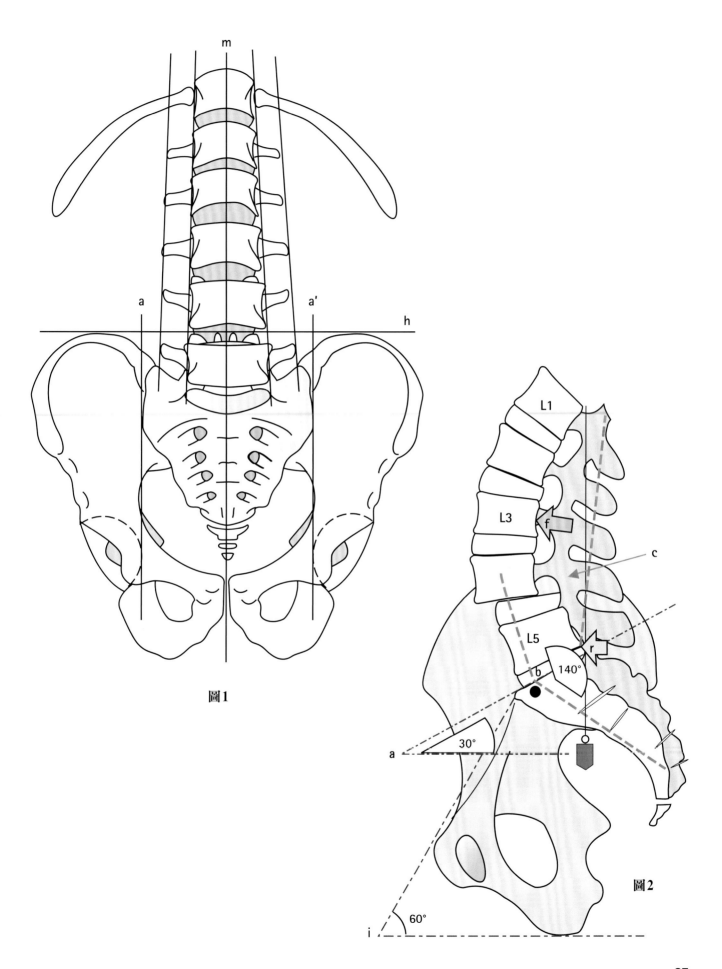

圖1

圖2

腰椎之結構

將腰椎獨立圖解（**圖 3**）來看，可以看到腰椎的各部組成：

- **腎形的椎體**（1），側邊較前後徑寬大，整體寬度也比高度高。其周圍像**扯鈴**般微凹，只有後方才較為平坦。

- 後方由**兩塊椎板**形成（2）。這兩塊椎板位置較高，並向後、向中間延伸，並與水平面形成斜角。

- 兩塊椎板在中線相連結，並向後延伸形成粗大、矩形的棘突，末端接近**圓珠狀**（3）。

- **橫突**（4），或稱為肋突。實際上這是連結在關節突上未發育成熟的肋骨，斜斜地由後方往側邊發展。如果你從後面觀察腰椎的話，會在橫突和關節突的交會處，發現副突（圖中未顯示），部分學者認為，這和胸椎的橫突，是同源的結構。

- **椎足**（5）是將椎弓外上側連結椎體的一段很短的骨結構。這段結構，定義了相鄰椎間孔的上界與下界，也讓關節突能藉此連結在後方。

- **上關節突**（6）位於椎板匯入椎足處的上緣，向外、向後方傾斜，覆蓋軟骨的關節面則朝內、朝後方。

- **下關節突**（7）則從椎弓內緣、靠近椎板與棘突交會處發出，向內向中線走，其覆蓋軟骨的關節面則面向外側和前方。

- 椎孔位在椎體後側與椎弓之間，形狀接近等腰三角形。

圖 4 為一節典型的腰椎將各部組裝好的樣子。其中有幾節腰椎有特定的外觀。由圖得知，第一腰椎的橫突並不像其他節腰椎明顯。而第五腰椎的椎體，前面高且寬、後面低且窄，形狀近乎楔形，甚至是梯形。比起其他節的腰椎，第五腰椎的下關節面間更加分離。

將每一節腰椎沿著垂直方向分離（**圖 5**），就能清楚了解上層腰椎的下關節突和下層腰椎的上關節突如何向後、向中間方向緊密結合（**圖 6**）。這樣每一個腰椎才能從外側穩定上方的腰椎，**關節突之間才能形成像是扶壁一樣的穩固結構**。

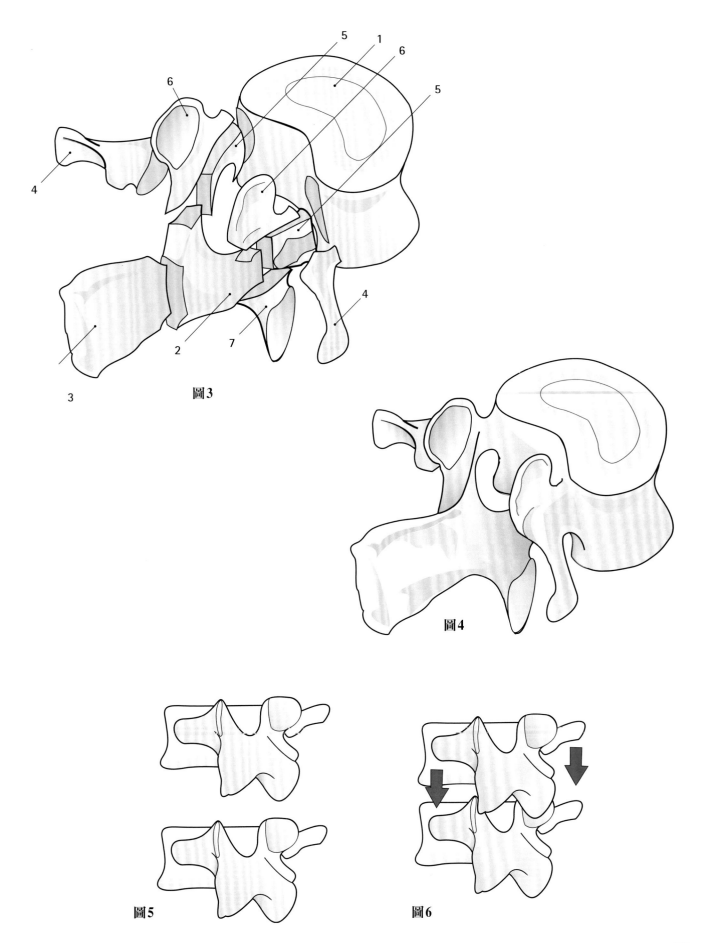

圖3

圖4

圖5

圖6

腰椎韌帶複合體

我們可以從**矢狀**切面（**圖 7**，移除左側椎板之後）或是**冠狀**切面（**圖 8**，穿過椎足與椎體後方）來了解韌帶複合體。後半部旋轉 180° 後（**圖 8**），可以由前往後看到椎弓和上方分離的椎體，值得注意的是，在**圖 8** 及**圖 9** 中的相對位置，可以看到兩側殘餘的椎足。矢狀切面（**圖 7**）可以非常清楚地看到兩組韌帶：

- 延伸整條脊椎的**前縱韌帶**（1）與**後縱韌帶**（5）
- **椎弓間的節段韌帶**

前縱韌帶（1）是一條長而厚實、珍珠白色的韌帶。從枕骨基部的突起發出，走在椎體前方，延著脊椎，延展到薦椎。前縱韌帶由起始點到終點的長纖維，和每個椎骨前短的弓狀纖維組成。這些短纖維深入**椎間盤前方**（3）及**椎體前方**（2）。因此每一節椎體的前上角和前下角會產生兩個潛在空間（4），椎骨關節炎時此處就容易形成骨刺。

後縱韌帶從枕骨基部的突起發出，直到薦管。後縱韌帶的側邊像是布了**蕾絲裝飾**一樣，兩側的**弓狀纖維**（6）橫向地深入每一塊椎間盤。另外，後縱韌帶並沒有直接附著在**椎體後方**，於是留下一個空間（7），讓椎間靜脈叢穿入。弓狀纖維間的空洞，都能對應到相對的椎足（10）。

矢狀切面（**圖 7**）可以看到，椎間盤中的**纖維環**（8）及**髓核**（9）。

如**圖 7** 所示，節段韌帶連結各椎弓。每一段椎板藉由厚且強而有力的**黃韌帶**（11）相互連結。黃韌帶會深入下方椎板的上界內側，以及上方椎板的下界內側。黃韌帶的內側邊緣與對側韌帶在中線會合（**圖 9**）並在脊椎後方將**椎管**完全閉合（13）。**前內側韌帶**覆蓋了椎骨關節的前方、側面與關節囊（14），使椎骨關節前內側邊緣與椎間孔後緣是齊平的。

棘突（12）由強而有力的**棘突間韌帶**（15），與位於後側連結各棘突末端的**棘上韌帶**（16）所串連起來。這些韌帶在腰椎區段，因與腰背肌群交錯的纖維會合，因此外觀上較為不明顯。

橫突間韌帶（17），在腰椎區段相當發達，位於副突上，相連鄰近的兩側橫突。

在**椎弓的前視圖**（**圖 9**）中，切開**黃韌帶**（13），便可以將上方的椎體分離。將第二頸椎和第三頸椎間的黃韌帶切開，即可看到相接的關節囊，也就是**椎骨關節面的前內側韌帶**（14）及相鄰椎弓之間的棘突。

總而言之，上述兩種韌帶在相鄰的椎體間形成強而有力的連結，同時也將脊椎整合成一體。只有極為嚴重的創傷，能斷開這樣的連結。

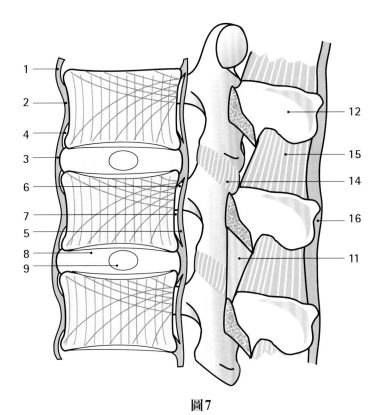

圖7

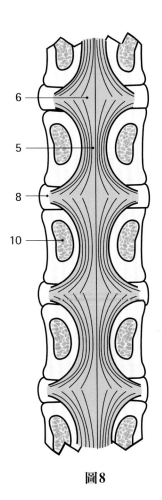

圖8

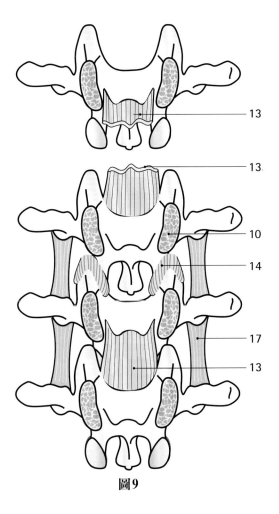

圖9

腰椎的屈曲 ── 伸直與側屈動作伸直

身體向前**屈曲**時**（圖 10）**，位於上方的椎體會略微前傾，並往箭頭（F）的方向滑動，纖維環前端的厚度會被壓縮，後方則會微微變厚。此時椎間盤會變成楔形，基底向後、髓核向後移動，纖維環的後方纖維也被牽拉。

此時，上椎體的下關節突向上滑動，試著脫離下椎體的上關節突（黑色箭頭）。椎骨關節囊、包覆關節面的韌帶與椎弓的韌帶，包括有椎弓上的黃韌帶、棘突間韌帶（2）、棘上韌帶及後縱韌帶，將大幅度牽拉。最終靠這些韌帶，才能限制過度牽拉。

身體向後**伸直**時**（圖 11）**，位於上方的椎體會翹起，並朝著箭頭 E 的方向，向後方移動。椎間盤的後方會被壓平，前方變厚，變成楔形，基底向前。髓核被往前擠壓、纖維環前方的纖維和前縱韌帶會被牽拉。另一方面，後縱韌帶相對放鬆，上下椎體的關節突鎖得更加緊密，棘突甚至會相互接觸。因此，脊椎的伸直，會受到椎弓的骨性結構與前縱韌帶的限制。

身體往**側屈**時**（圖 12）**，上方椎體會向屈曲側傾斜（箭頭 1），椎間盤會變成楔形，另一側的椎間盤會變厚，並伴隨髓核移位。此時對側的橫突間韌帶（6）會被拉伸，而同側的韌帶（7）則相對放鬆**（圖 13）**。**後側觀（圖 13）**可以看到相鄰的關節突如何滑動：上方椎體的關節突在凸出側（8）被抬起，在凹陷側（9）被下壓，同時凹陷側的黃韌帶和椎骨關節囊韌帶也較為放鬆，並牽拉對側的相同結構。

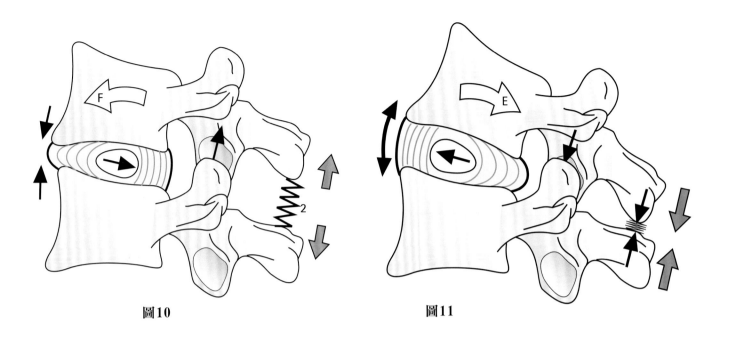

圖10　　　　　　　　　　　　圖11

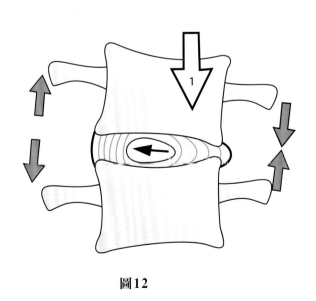

圖12

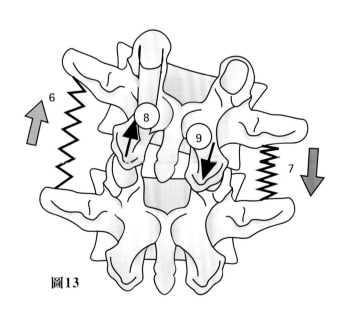

圖13

腰椎如何旋轉

　　上面觀（**圖 14、15**）可以看到腰椎的***上關節面***朝向**後側**和**內側**。關節面並不是扁平的，而是***橫向有凹凸面***，但***縱向保持垂直***。就幾何結構而言，腰椎就像一個圓柱一樣，幾何中心則位於後方，棘突底部附近（**圖 16**）。

　　以**較高位置的腰椎**為例（**圖 14**），圓柱體的幾何中心，大概正好落在關節突匯入椎體後側位置的後方。但位於**較低位置的腰椎（圖 15**），圓柱體的徑向更寬，因此幾何中心會更往後偏移。這裡必須特別強調，圓柱體的幾何中心和椎間盤的中心點並未重疊，所以當上方椎體在下方椎體的上方旋轉時（**圖 18 與 19**），椎間盤中心周邊旋轉的動作，只與上方椎體和下方椎體的滑動有關（**圖 16**）。因此椎間盤（D）不僅會軸向旋轉，也可能會滑動或受到剪力作用，得到更大的活動範圍（**圖 16、17**）。也因為這樣，無論是每一節腰椎或是全體腰椎的軸向旋轉幅度，都相當有限。

　　根據 Gregersen 和 Lucas 認為，第一腰椎和第一薦椎之間的軸向旋轉，左右最大角度可以各達到 10°，這樣每一節腰椎約轉動 2°（假設每節腰椎的旋轉角度平均分布），那每節腰椎單側旋轉的程度大約 1°。很顯然，**腰椎的設計並不適用於軸向旋轉**，大大地受到椎關節面的侷限。

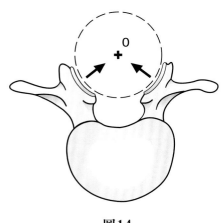

圖14

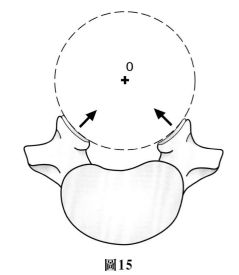

圖15

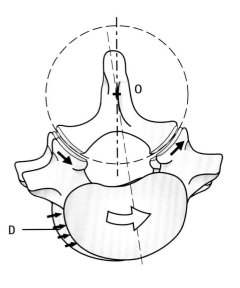

圖16

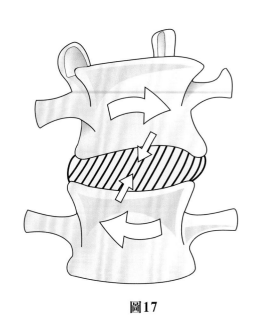

圖17

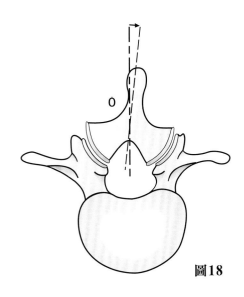

圖18

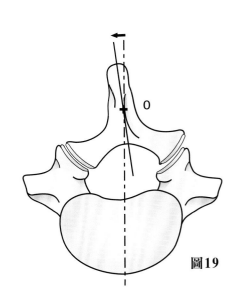

圖19

腰薦鉸鏈與脊椎滑脫症

腰薦鉸鏈是脊椎的脆弱點。

從**側面觀（圖 20）**可以看到，由於第一薦椎的上表面有些傾斜，使第五腰椎往下、向前滑動。這股力量（P）可拆成兩股分力：

- 一股垂直於第一薦椎上表面的作用力（N）。
- 一股平行於第一薦椎上表面，並向前拉動第五腰椎的作用力（G）。

這種向前滑行的傾向，因為第五腰椎的椎弓像錨一樣強而有力地固定著，所以沒有發生。**上面觀（圖 22）**可以看到，第五腰椎的下關節突與第一薦椎的上關節突緊密接合，滑動的力量（G'）將第五腰椎的關節突，緊緊壓在薦椎的上關節突上，使兩側產生反作用力 R。

這些作用力，終將穿過脊椎峽部**（圖 21）**，這是椎弓介於上下關節突的一個點。當峽部骨折或破裂時，如在此圖所示，這樣的情形稱為**椎板斷裂症**。這時椎弓不在薦椎上關節突的後方，**第五腰椎往下、往前滑動時**，導致**脊椎滑脫**。此時唯一能將第五腰椎留在薦椎上，防止進一步滑脫的結構是：

- **腰薦椎間盤**，其斜向纖維被拉緊。
- **脊椎旁肌肉**，脊椎滑脫可能會造成這些肌肉，永久性的痙攣和疼痛。

滑脫的程度可以用第五腰椎相對第一薦椎前緣凸出的程度來加以量化。

透過 X 光拍攝斜位照可以看到**（圖 23）**，經典的「蘇格蘭狗（Scottie dog）」：

- 橫突像是口鼻。
- 椎弓根像是眼睛。
- 上關節突像是耳朵。
- 下關節突像是前腳。
- 椎板和對側上關節突像是尾巴。
- 對側下關節突像是後腳。
- 同側椎板的圖片像是身體。

最重要的一點是，「蘇格蘭狗」的頸部正好對應到脊椎峽部。當峽部斷裂時，如同狗的脖子被截斷，能藉此診斷脊椎滑脫。另外也必須檢視斜位照中第五腰椎前滑的情況。

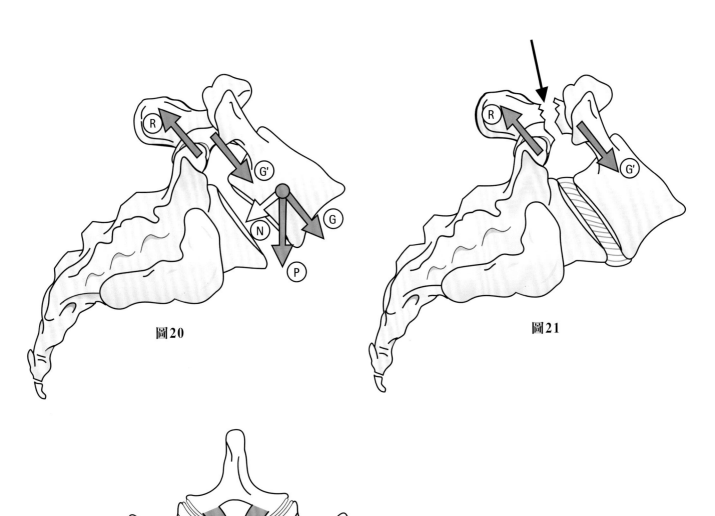

圖20

圖21

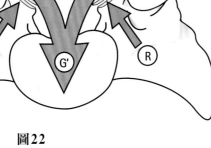

圖22

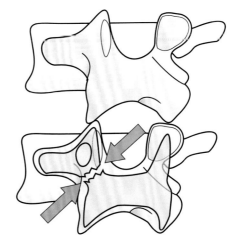

圖23

髂腰韌帶與腰薦鉸鏈周邊活動的關係

　　腰薦鉸鏈的前側觀（**圖 24**）可以發現最後兩節腰椎，藉由**髂腰韌帶**，直接與髖骨融合成一體，形成下列結構：

- **上束**（1），起點附著在第四腰椎橫突的末端，並向下、向外、向後延伸，終於髂嵴。
- **下束**（2），起點附著在第五腰椎橫突的末端與下緣，終於髂嵴，**上韌帶的前內側**。

　　有時候，甚至只能區分出兩條或是更少的韌帶：

- 明顯的**髂骨**束（2）。
- **薦椎**束（3），相較於髂骨束，更加垂直，並微微向前，終止在遠端薦髂關節的前側平面和薦椎翼的最外側。

　　這兩條髂腰韌帶，會依據腰薦鉸鏈的活動，收緊或放鬆，有助於限制下列動作：

- 當身體**側屈**時（**圖 25**），對側髂腰韌帶拉緊，第四腰椎相對薦椎中心僅轉動了 8°，同側韌帶相對放鬆。
- 當身體從正中位置 N 開始**向前屈曲或向後伸直**時（**圖 26**，側視圖，透視髖骨）：
  - 當身體向前屈曲的（ F ）走向，髂腰韌帶的上束會拉緊（紅色），這條韌帶會走向下、向外、向後的斜向路徑。反過來說，這條韌帶會在**伸直**（E）的時候相對放鬆。
  - 另一方面，髂腰韌帶的下束（藍色）在身體向前屈曲時鬆弛（F），因為下束微向前走，身體伸直的時候，反倒被牽拉（E）。

　　總體而言，**髂腰韌帶**強而有力地限制了腰薦關節的活動性。綜合所有因素，**韌帶對側屈的限制，遠大於對身體前後屈曲和伸直的限制**。

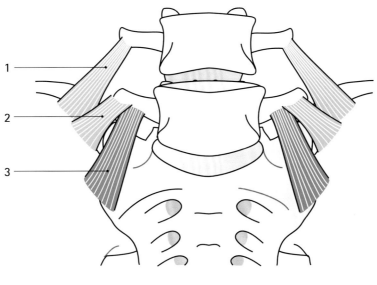

圖24

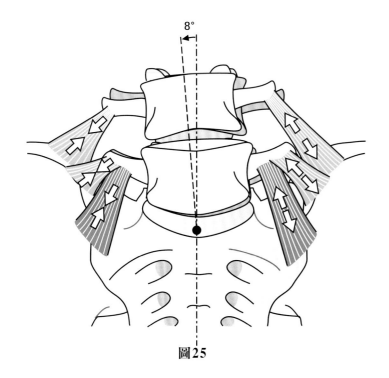

8°

圖25

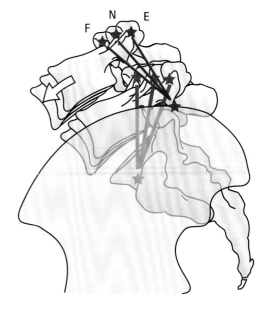

圖26

從水平切面來檢視身體的肌肉

圖 **27** 是通過第三腰椎高度的水平切面。可以清楚看到三個肌群，位於脊椎後方、脊柱旁的肌肉，可分為三個層面。

深層肌肉，如下：

- **橫突棘肌**（1），在棘突的矢狀切面與橫突的冠狀切面間，形成一個類似的立體角，並緊緊地包覆椎板。

- **最長肌**（2），蓋在橫突棘肌上，並向側邊延伸。

- **豎脊肌**（3），位於最長肌外側，相當肥大的肌肉。

- 最後是**棘突間肌**（4），附著於棘突上，並位於橫突棘肌和最長肌的後方。

這些肌肉在脊椎與兩側棘突間的溝槽，形成一大塊肌群，因此稱為脊椎旁肌群。這些肌肉被腰椎溝隔開，而腰椎溝對應了棘突間線。

中間層，由**後上鋸肌**及**後下鋸肌**組成（5）。

表淺層，在腰部的區域僅由**闊背肌**（6）組成。闊背肌由非常厚的**腰筋膜**（7）發出，部分連結到棘突間線。闊背肌（6）在整個腰部後外側，形成了厚實的一塊肌肉。

外側的深層椎旁肌肉總共有兩條：

腰方肌（8），形成一大片肌肉，附著在最下方的肋骨、腰椎橫突與髂嵴。

腰大肌（9）是一塊很長的肌肉，埋在椎體外側緣和橫突間所形成的立體角內。

腹壁的肌肉可分成兩大群：

- **腹直肌**（13），位於身體中線兩側。
- **大片腹部肌群**，構成了深層到淺層的***腹部前外側壁***，由**腹橫肌**（10）、**腹內斜肌**（11）及**腹外斜肌**（12）組成。

以上這些肌肉，在前方形成腱膜，最終變成腹直肌鞘和白線。

- 腹內斜肌腱膜在腹直肌外側緣，分裂成兩片筋膜，一片走在**深部**（14），另一片走在**表淺處**（15），包覆腹直肌。這兩片筋膜在中線交會，形成了一道相當**堅固的縫**：也就是**白線**（16）。

- 腹直肌前後的筋膜片在後側由腹橫肌筋膜加強、在前側則由腹外斜肌腱膜加強。這樣的現象只出現在上腹部；稍後我們會看看下腹部的情形。

- 外側的深層脊椎旁肌肉會和大型的腹部肌群圍住腹腔，延續連接到**腰椎**（20）和**大的脊椎旁血管**，即主動脈和下腔靜脈（未在圖中顯示）。

- 真正的**腹腔**（18）是被**腹膜**（21）（紅色）圍住的空間，腹直肌的後方、大腹肌群和後腹壁的深處，同時也連接到腹膜後器官，例如腎臟，就深埋在由疏鬆孔隙的脂肪所構成的後**腹膜空間**（19）中。腹膜與腹壁有一層薄薄的纖維層，即**腹橫肌筋膜**（17）。

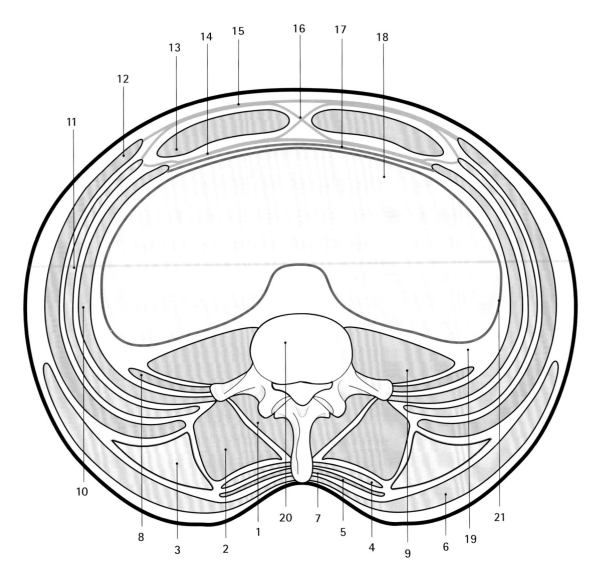

圖27

軀幹後側肌群

這些位於軀幹後側的肌肉，由深到淺可分為三層。

深層肌肉

深層肌肉由直接附著在脊柱的脊椎肌群構成（**圖 28、29**），又稱為脊椎旁肌群。越深層的肌肉，肌纖維越短。

- **橫突棘肌**（1），就像磁磚緊貼外牆一樣，緊貼著椎板。如圖所示（自 Trolard 的啟發），只包覆了一組椎板，斜向的肌纖維，往外、往下從某一節脊椎的椎板開始，止於下方四節椎體的橫突。根據 Winckler 認為，從上方椎體的椎板與棘突會發出一組共四條的肌纖維，連接到下方椎體的橫突上。
- **棘突間肌群**（2），在中線的兩側，連結相鄰棘突。圖中只畫出了其中一組的肌肉。
- 梭狀的**棘肌**（3），位於棘突間肌群側邊和橫突棘肌的後側。從最上方的兩塊腰椎及最下方兩塊胸椎內側開始，向上連接到前十節胸椎的棘突。越深層的肌纖維，長度就越短。
- **胸最長肌**（5），位於棘肌外側的長型肌肉。從胸壁後側發出，連接到下方十節肋骨（其外側或肋骨纖維）或深入腰椎與胸椎的橫突（其內側或橫向纖維）。
- **髂肋肌胸段**（6），是一條稜形的厚實肌肉。位於上述所有肌肉的外側與後方。髂肋肌走在胸廓後方，並分支止於最後十支肋骨的後角。這些肌纖維與頸最長肌的纖維重疊，頸最長肌則向上走，止於最後五節頸椎的橫突（見 P.259，圖 95 中的 11）。

這些肌肉最後在軀幹下方**匯集成腰椎總肌群**（6）（見圖 29 中右方），這些肌肉止於一層厚實腱鞘的深處，最終表淺化，形成**闊背肌的腱膜**（7）。

中間層

如**圖 29** 所示，這層只由一條肌肉構成。例如**後下鋸肌**（4）就緊接在脊椎旁肌群後方和闊背肌前方。後下鋸肌由最上方的三節腰椎與最下方的兩節胸椎發出，往斜上方和外側走，終止於最後三到四節肋骨的下外側緣。

表淺層

這層由**闊背肌**（7）組成（見第一冊，P.73 的圖 115）。闊背肌由非常厚的腰腱膜發出，強韌且斜走向的肌肉纖維，向上、向外覆蓋了所有的脊椎旁肌群，製造了一條向下、向外的斜線。

腰腱膜沿著垂直線為長軸，形成了**菱形狀**外觀。由此發出的肌肉纖維，形成了一片寬大的片狀肌肉*覆蓋了胸廓下方後外側*，並繼續延伸，最後止於肱骨。

後側肌肉群的主要功能是讓**腰椎伸直（圖 30）**。因為腰椎在薦椎上相當穩固，使得這些肌肉能強而有力地藉著腰薦鉸鏈和胸腰鉸鏈，將腰椎和胸椎向後拉動。

這些肌肉甚至能讓腰椎前凸（**圖 31**）更加明顯，因為它們作為弦能將腰椎前凸的弧度部分或完全地延展。這些肌肉並不會拉直腰椎，而是將腰椎向後拉，來讓腰椎更加彎曲。我們稍後就能看到這些肌肉在吐氣時所扮演的重要角色。

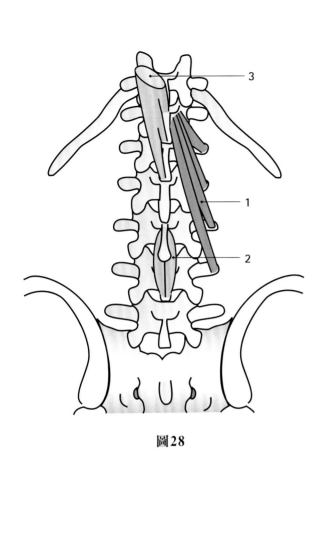

圖28

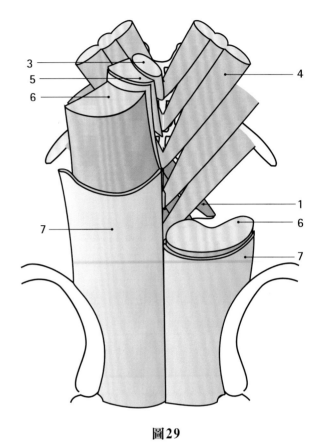

圖29

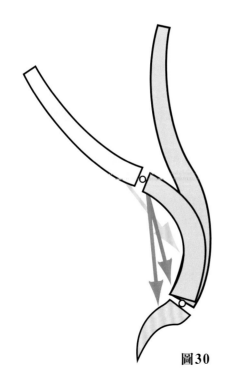

圖30

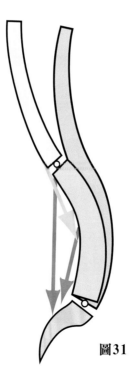

圖31

第三腰椎和第十二胸椎的角色

A. Delmas 發現某幾節椎體對於人體維持直立姿態，有特定功能（**圖 32**、**圖 33**）。眾所周知，因為第五腰椎的形狀為楔形，可以擔任類似橋樑的作用，使薦椎和脊椎相接處更加（或減少）水平。第三腰椎則最近才開始受到關注（**圖 32**）。第三腰椎後方的椎弓因為相對發達，因此形成下列肌肉之間的中繼站：

- 一側的**胸最長肌的腰段纖維**，起於髖骨，止於第三腰椎的橫突。
- 另一側的**胸棘突間肌纖維**，起於上方胸椎，往下止於第三腰椎的棘突。

再者（**圖 33**，脊柱，如圖所示），第三腰椎（L3）被**薦椎及髂骨上的肌肉向後拉**，能夠導引胸廓肌群作用的方向。所以第三腰椎既是樞軸椎的關鍵角色，也是脊椎重要的中繼站。第三腰椎與腰椎凸出的頂點結合越緊密，上下平面就越相對水平。第三腰椎是第一個具有活動性的腰椎，而第四腰椎和第五腰椎則牢牢地固定在髂骨及薦椎上，讓脊柱和骨盆間更加穩定，減少活動。

相對地，**第十二胸椎（T12）則是*胸椎曲線與腰椎曲線之間的反曲點*，成為鉸鏈椎**，例如第十二胸椎的椎體較椎弓更為重要，因為椎體位於脊椎旁肌群前方，脊椎旁肌群僅從旁邊經過，而沒有止於椎體上。Delmas 認為第十二胸椎是脊椎真正的旋轉軸心。

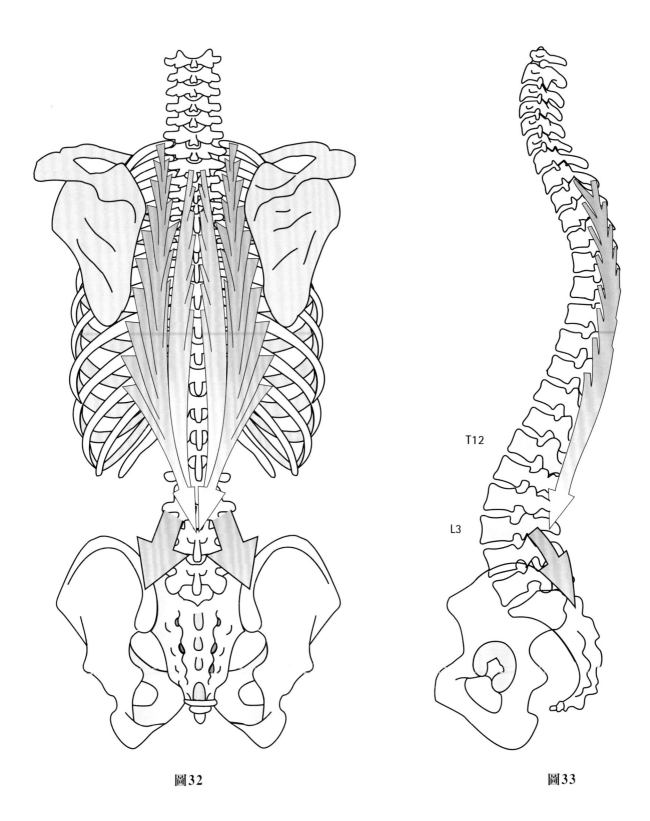

圖32   圖33

軀幹外側肌群

軀幹外側肌總共有兩條：腰方肌和腰大肌。

腰方肌（**圖 34**，前視圖），顧名思義，為**四邊形**的片狀肌肉。腰方肌覆蓋了最後一根肋骨、髂嵴和脊柱，外側緣為游離端。主要由三組肌纖維組成（如圖片右側）：

- 最後一根肋骨到髂嵴之間的肌纖維（橘色箭頭）。
- 最後一根肋骨到五節腰椎橫突的肌纖維（紅色箭頭）。
- 第一至第四節腰椎橫突到髂嵴的肌纖維（綠色箭頭），這些肌纖維會繼續和橫突棘肌（紫色箭頭）並行，走在橫突間的空隙中。

上述腰方肌的這三組肌纖維，也各自分成三層：後層由筆直的髂肋纖維構成、中間層由髂椎纖維構成，前層由**肋椎纖維**（1）構成。當腰方肌**單側收縮**時，腹內斜肌和腹外斜肌也會相當程度地一起幫忙，使同側的身體跟著彎曲（**圖 35**）。

腰大肌（**圖 36** 的 2）位於腰方肌前側，由兩塊不同的片狀肌肉形成腰大肌的梭狀肌腹。

- **後層**（**圖 34**，綠色箭頭），附著在腰椎橫突上。
- **前層**（**圖 34**，紫色箭頭），附著在第十二胸椎、第一腰椎到第五腰椎的椎體上。

後層的肌纖維附著在上下兩塊椎骨相鄰的邊緣，以及椎間盤的側緣。這些肌肉之間以腱弓相連。梭狀的肌腹，前後扁平，由下往外斜斜地沿著骨盆邊緣走在**髖骨的前邊緣**，最後止於**小轉子的末端**。

如果將腰大肌固定在股骨，那麼髖部就會被髖關節周邊的肌肉拉住而維持穩定，腰大肌會在腰椎上施加很大的力量（**圖 37**），做出同側側屈和對側旋轉。

另外，因為腰大肌附著在腰椎前凸的頂點（**圖 38**），因此，也可讓骨盆上的**腰椎屈曲，增加腰椎前凸的曲度**。當身體仰躺、下肢靠在某個平面上時，就能清楚地了解這個情境（P.67 的圖 41）。

整體而言，這兩條外側的肌肉收縮時，能讓**軀幹側屈**。雖然腰方肌對腰椎前凸的效應不大，但腰大肌在轉動脊柱向對側時，會明顯增加腰椎前凸程度。

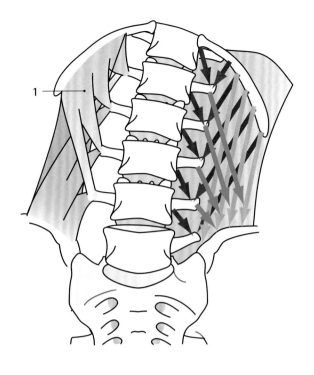

圖 34

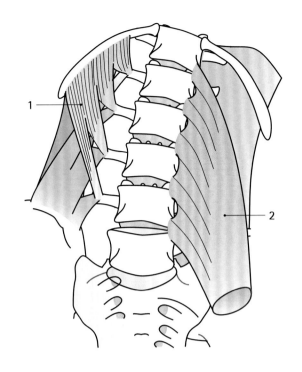

圖 36

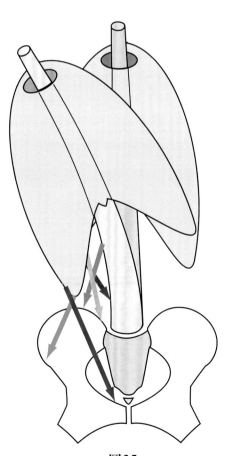

圖 35

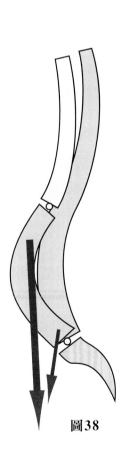

圖 38

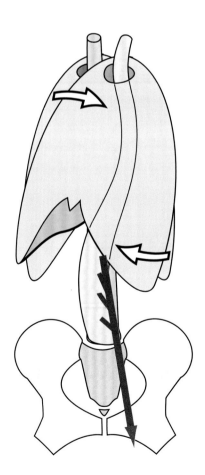

圖 37

腹壁的肌肉：腹直肌和腹橫肌

腹直肌

兩條直肌（**圖 39** 為前視圖、**圖 40** 為側視圖）在前腹壁、中線兩側形成兩道條狀肌肉。

這兩條腹直肌止於（*第五、第六、第七根肋骨的前側面與軟骨*）上，最終（***止於劍突***）。離開止點後，腹直肌逐漸變窄，並受到***腱劃***干擾：在肚臍上方有兩條，還有一條與肚臍齊平、一條在肚臍下方，因此腹直肌是多肌腹的肌肉。肚臍下方的腹直肌更是明顯窄化，最終變成強韌的結締組織，肌肉起點則附著在恥骨上緣和恥骨聯合，末端少量肌纖維通向對側與大腿內收肌群連接（P.69 的圖 43）。

另外，兩道腹直肌中間、肚臍上方有條橫跨中線，且相當寬大的韌帶，稱為**白線**。白線位在**腹直肌鞘**內，而腹直肌鞘是由腹壁大型的腹肌腱膜匯集而成（見 P.100）。

腹橫肌

兩側的**腹橫肌**形成腹壁大型肌群的最深層（**圖 41**，前側觀，僅包括左側的腹橫肌；**圖 42**，側面觀），腹橫肌自後方腰椎橫突端點發出。

水平走向的肌纖維沿著腹腔，往外、往前走，並在順著腹直肌外緣處匯聚成腱膜纖維。這道腱膜會和對側腱膜於中線會合。這道腱膜位於腹直肌的最深層，形成了後層的腹直肌鞘。但在過了肚臍後，這道腱膜較腹直肌表淺，讓腹直肌穿過腱膜往更深的位置走。這裡會看到腹直肌鞘上的弓狀線，標記了腹直肌往深處走的位置，過了弓狀線，腹橫肌腱膜會匯入腹直肌鞘的前方。

從圖中可以清楚地看到，只有腱膜中間的纖維是水平走向的，較上方的肌纖維，由上斜向中間走；下方的肌纖維，則由下斜向中間走。最下方的肌纖維則止於***恥骨聯合***和恥骨上緣，並匯入***腹內斜肌***，形成**聯合腱**。

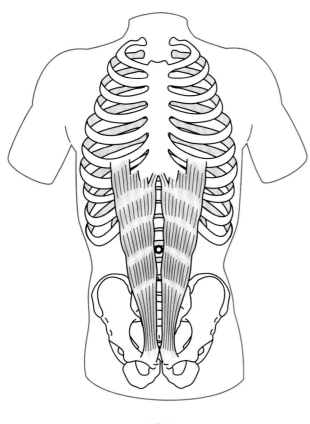

圖39

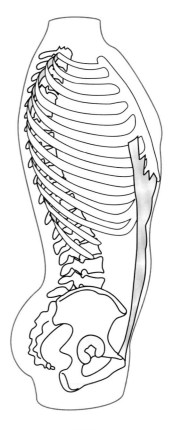

圖40

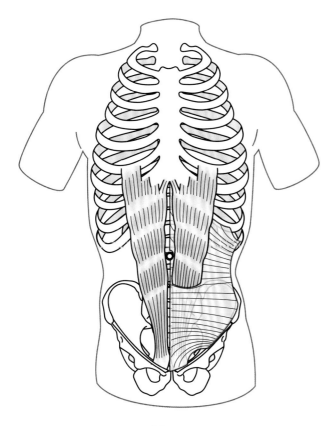

圖41

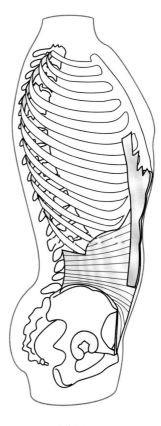

圖42

腹壁的肌肉：腹內斜肌與腹外斜肌

腹內斜肌

腹內斜肌（**圖 43 與圖 44**）組成腹壁肌肉的中間層，由上內側往下外側斜走，附著在髂嵴上。腹內斜肌的肌肉纖維在腹壁側面，形成一片肌肉壁：

- 部分肌纖維止於第十一及第十二對肋骨。
- 其他的肌纖維，藉由腱膜匯入一道，從第十一對肋骨的頂端開始沿著腹直肌邊緣垂直向下走的線。

上述的腱膜纖維止於第十對肋軟骨及劍突。這些腱膜也形成了腹直肌鞘的前表面，因此也與對側類似的肌纖維混合形成**白線**。

腹內斜肌最下方的肌纖維，直接附著在腹股溝韌帶的外側。一開始是水平走向，然後變成向下向內斜走。這些肌纖維匯入腹橫肌，形成**聯合腱**，然後終止於**恥骨聯合**的上緣和**恥骨嵴**。因此，聯合腱與部分腹股溝韌帶的內側緣，形成深腹股溝環的邊界。

腹外斜肌

腹外斜肌（**圖 45 與圖 46**）形成腹部**表淺**的大肌群，身形較健美的人，甚至能清楚看到腹外斜肌的肌束。腹外斜肌的肌纖維通常從外上方往內下走。肌纖維方向起自**最後七根肋骨**向上向外覆蓋肋骨，然後匯入**前鋸肌**。腹外斜肌的肌束形成了一部分的腹壁，並在交界線處產生了一條腱膜，這條線一開始是直向而平行於腹直肌外緣，然後往下、往後斜走。此腱膜形成了腹直肌鞘的前表面，與對側纖維在中線形成**白線**。

源自第九對肋骨的腹外斜肌肌纖維，止於恥骨處，腱膜則繼續延伸到同側與對側的大腿內收肌群。源自第十對肋骨的腹外斜肌肌纖維，止於**腹股溝韌帶**。這兩道結締組織共同形成**淺腹股溝環**。淺腹股溝環的開口呈三角形，頂點朝外上方，下內側的底部則由恥骨和恥骨嵴組成，也就是**腹股溝韌帶**穿過的位置。這些肌肉形成了前側腹壁，也是脊椎前方重要的運動肌，有兩點相當重要：

- 位於腹壁前側的腹直肌，形成兩道肌肉束，這兩道肌肉束連結胸腔底部和骨盆環前方，在遠離脊椎的位置作動。因此這兩道肌肉束是軀幹中最有效率的屈肌。
- 腹側的大肌肉群是由三層纖維交織而成為一個結合組織：深層肌肉的走向**橫向**延伸，為腹橫肌；中間層肌肉**向外向內**走，為腹內斜肌；表淺層**向下向內**走，為腹外斜肌。除了屈曲和旋轉的功能，這些肌肉對內臟的**支撐**也相當重要。

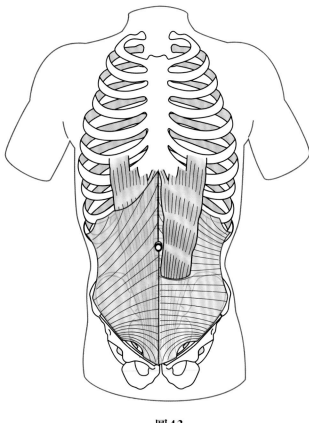

圖43

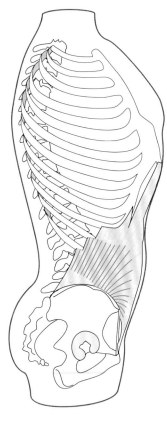

圖44

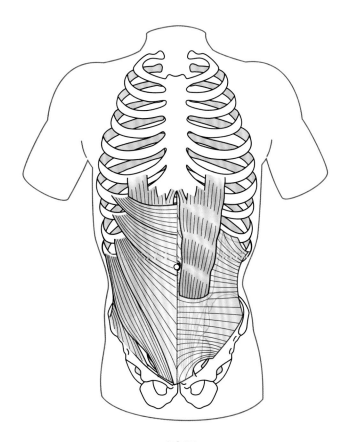

圖45

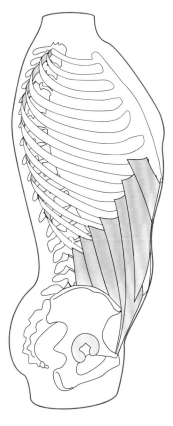

圖46

腹壁的肌肉：腰部的曲線

　　大型肌群的肌纖維和腱膜，交織在一起，形成了環繞腹部的保護腰帶（**圖 47**）。事實上，腹外斜肌會和對側的腹內斜肌相互交錯，反之亦然。總體而言，腹斜肌群會由上到下形成菱形（而非直角）的交錯，套一句縫紉的術語，也就是斜角切。這種交織的方式，形塑了我們的腰身：我們可以說，正是因為肌肉斜角交織，才讓腰部能夠凹陷。

　　運用簡單的模型，就能示範下列觀念：

- 如果兩個圓圈之間（**圖 48**），我們加上幾道以圓心連線為軸，平行此軸的線或彈性帶。那麼我們會得到圓柱的側表面。
- 如果上方的圓圈相對下方的圓圈（**圖 49**），以圓心連線為軸轉動，邊緣的線還是很緊，走向會變斜，那麼外表面會被雙曲線包圍，形成堅固的**雙曲面圓柱體**。

　　這樣的機制完美地詮釋了為什麼我們會有腰身，腰身越明顯，表示**腹斜肌群的張力**越強，而**皮下脂肪越薄**。因此重建腹斜肌的張力，就能重建腰身（**圖 50**）。

　　由於這些肌群會形成一個完整的環帶（或肚兜）環繞腹部，因此連下腹部的曲線也取決於這些肌群（**圖 50**）。這個環帶的效果，並非取決於直肌，而是以下這些肌群的張力：

- 腹外斜肌（淺綠色箭頭）
- 腹內斜肌（藍色箭頭）
- 腹橫肌（黃色區塊）的下半部

　　這些肌肉，對於分娩時的施力是非常重要的。

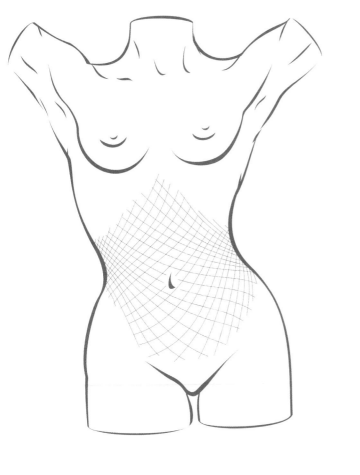

圖47

圖48

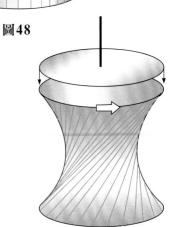

圖49

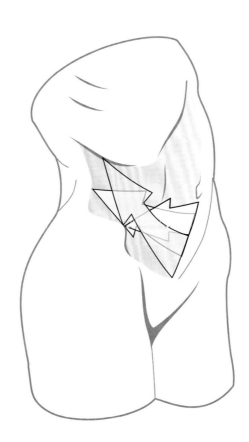

圖50

腹壁的肌肉：軀幹旋轉

脊椎的旋轉是由**脊椎旁肌群**及**大腹部肌群**所共同參與的。

相鄰兩節腰椎的**上側圖（圖 51）**可以發現，單側的脊椎旁肌群收縮，僅能產生微弱的旋轉力，但最深層的**橫突棘肌**（TS）可以有效地扭轉脊椎。橫突棘肌拉住下方椎體的橫突，將上方椎體的棘突往外側拉，讓椎體周邊，產生一個以棘突基部為中心（黑色十字），與拉力方向相反的旋轉。

軀幹旋轉過程中（圖 52），腹斜肌群扮演舉足輕重的角色。由於腹斜肌群在腰部的走向為螺旋狀斜走，加上腹斜肌群在胸廓上的附著點遠離脊椎，所以能夠同時影響腰椎和下段胸椎。為了將軀幹向左旋轉**（圖 52）**，**右腹外斜肌**（EO）和**左腹內斜肌**（IO）必須同時收縮。值得注意的是，這兩條肌肉以相同的方向環繞腰部**（圖 53）**，所以肌肉纖維和腱膜朝著**相同的方向**。因此，這兩條肌肉旋轉身體時，互為**協同肌**。

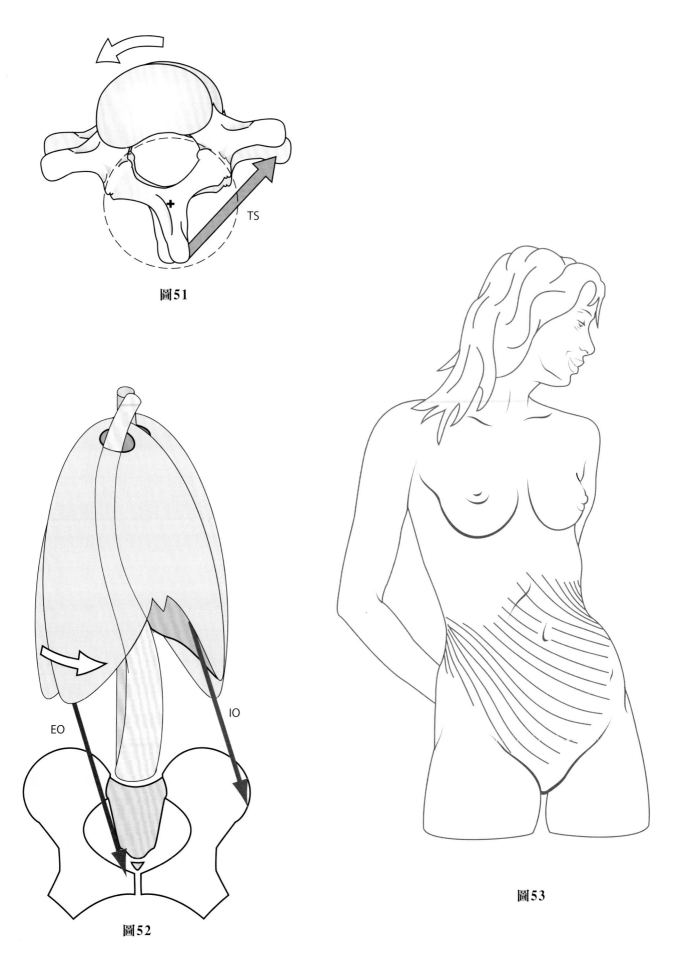

圖51

EO

IO

圖52

圖53

腹壁的肌肉：軀幹的屈曲

　　腹壁的肌肉是**軀幹強而有力的屈肌（圖 54）**。這些肌肉位於*脊柱中軸的前方*，可藉由腰薦鉸鏈與胸腰鉸鏈，將整條脊椎往前拉。要產生這麼大的力量，有賴於下列兩個**長力臂**：

- **下力臂**對應到薦椎隆凸和恥骨聯合間的距離。**上力臂**對應到胸椎和劍突間的距離。也就是圖中胸椎上有個三角形框起來的地方，剛好也是胸腔下方較寬的位置。

　　腹直肌（RA）與劍突和恥骨聯合相連，是脊柱上的強壯屈肌，並受到腹內斜肌（IO）與腹外斜肌（EO），這兩條連結胸廓下緣與骨盆帶的肌肉協助。由此可見，*腹直肌負責直向施力；腹內斜肌負責向下、向後的斜向施力；腹外斜肌則是負責向下、向前的斜向施力*。依據斜向的程度，這些腹斜肌群也可以當作**支撐帶**使用。

　　這三塊肌肉，都具有雙重作用：

- 一方面，向前屈曲軀幹（F）。
- 另一方面，強力將腰椎前凸拉直（R）。

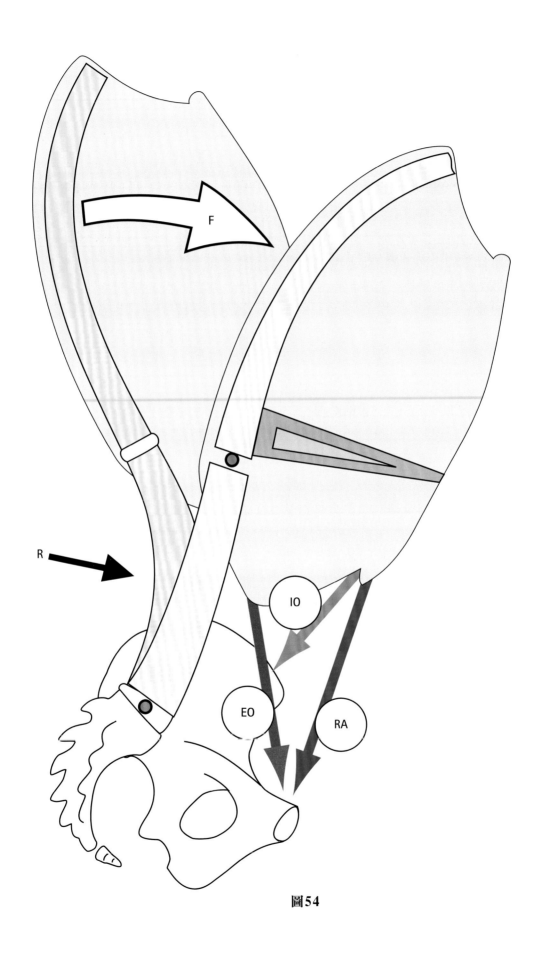

圖54

腹壁的肌肉：拉直腰椎前凸

拉直腰椎前凸不僅取決於腹肌群與脊椎旁肌群的張力，也與某些附著在骨盆的**下肢肌肉**有關。

做出**無精打采**的姿勢（**圖 55**）時，腹肌群（藍色箭頭）會相對放鬆，脊椎以下三處彎曲都會增加曲度。

- **腰椎前凸**（L）
- **胸椎後凸**（T）
- **頸椎前凸**（C）

也因此頭部會向前傾（b）、**骨盆前傾**（白色箭頭），髂前上棘與髂後上棘的連線也斜向下、向前傾。

腰大肌（P）能夠拉彎骨盆上的脊椎，使**腰椎前凸更加明顯**，使肌肉張力增加，讓畸形更加惡化。這種無精打采的姿勢，經常在活力較差、沒有衝勁的人身上可以看到。

妊娠晚期的孕婦，脊椎也會有類似的變化，是因為**骨盆和脊椎的力學顯著地被腹壁肌群拉扯**，以及因為胎兒發育，使身體重心向前移動的關係。

若要保持脊椎相對挺直，意即回復到較挺拔的姿勢（**圖 56**），可以先從調整**骨盆的水平高度**開始。

骨盆前傾一般可以透過**髖部伸肌群**來矯正：當**膕旁肌群**（H）和**臀大肌**（G）收縮時，會使骨盆向後傾斜，並使髂嵴連線恢復水平。將薦椎垂直立起，減少腰椎前凸的程度。

要修正腰椎過度前凸，最關鍵的還是腹肌群，尤其是**腹直肌**（RA）。腹直肌藉由兩個長力臂來作用：一個在胸骨上、劍突的高度，另一個在骨盆上、恥骨的高度。

因此雙側臀大肌和腹直肌收縮，對於拉直腰椎前凸相當關鍵。

由此可知，當腰椎的脊椎旁肌群（S）收縮以伸直脊椎時，會將第一腰椎向後拉：

- 背側胸廓肌群收縮時會使**胸椎曲度的程度較平坦**。
- 另外，頸椎的脊椎旁肌群收縮時會使**頸椎曲度的程度較平坦**。

總而言之，當脊椎彎曲的位置變平，脊椎長度（h）會**增加**約 1–3 公釐（Delmas 指數中的數據又較為偏高）。

以上是較古典的理論，但「測斜儀」（Klausen，1965）研究理論認為，脊椎運作的原理像是**起重機**伸出前臂時的驅動軸。另一研究（Asmussen & Klausen 1962）則是透過同步的肌電圖，觀察軀幹後側肌群和腹肌群。發現 80％的受測者是透過姿勢反射的下意識控制，僅藉軀幹後側肌群的張力活動，就能維持直立站姿。當受測者上半部的脊椎負重，例如將重物放在頭頂或舉起重物時，只要懸臂稍微向前彎曲，腰椎曲度會變平，而胸椎曲度則會增加。此時，脊椎旁肌群的張力會增加，以對抗懸臂的效應。因此，腹肌群並未參與下意識控制脊椎，讓人維持直立的活動，只有在**刻意要拉直腰椎曲度**時才會有所作用，例如：當立正或是舉起重物時。

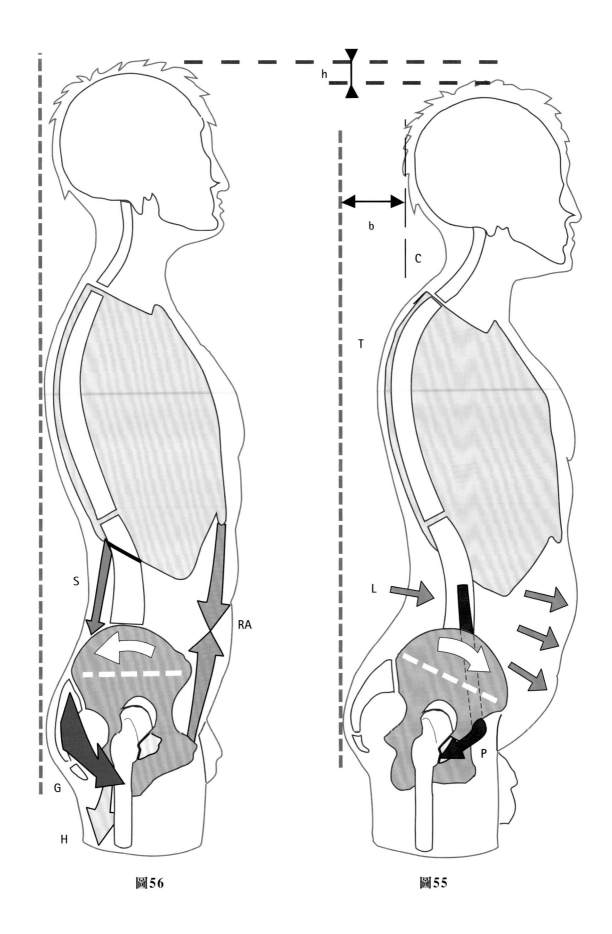

圖56　　　　　　　　　　　圖55

人體軀幹是可充氣的結構：
努責現象（Valsalva maneuver）

當軀幹向前彎曲時，腰薦區段椎間盤上承受極大壓力**（圖 57）**。實際上，上半部軀幹和頭部的**重心**（P）會偏移到第十二胸椎的前方。這個重量（P1）會作用在長力臂的末端，支點則位在第五腰椎到第一薦椎髓核的高度。為了抗衡這個力量，第一薦椎的肌肉作用在只有長力臂約 1/7 到 1/8 長的短力臂上，因此必須產生比 P1 大七到八倍的作用力。作用在腰薦區段椎間盤的力量，大約等同於 P1 + S1，而且會隨著**軀幹屈曲程度或手中重量的增加而增加**。

為了要能舉起 10 公斤重的東西，在膝關節彎曲、軀幹保持垂直的狀態下，第一薦椎的肌肉需施力約 **141 公斤**；但抬起同樣的重量，如果膝關節伸直且**軀幹向前屈曲**，則需要約 **256 公斤**的力；如果再將**雙臂前伸**，第一薦椎則需要 **363 公斤**的力，此時，髓核上所承受的力約 **282 到 726 公斤**，甚至高到 **1200 公斤**，後者明顯超過椎間盤所能承受的力量，通常 **40 歲前約能承受 800 公斤，老年人則為 450 公斤**。

這個顯然矛盾的狀況，可從兩方面來解釋：

- 第一，上述施加在椎間盤上的作用力，並不完全施加在髓核上。Nachemson 發現只要測量髓核內壓力就可以知道，當椎間盤受力時，**髓核只承受約 75% 的荷重**，而纖維環承受約 25% 的負重。
- 第二，使用努責現象（Valsalva maneuver），能夠讓軀幹將腰薦區段和下段腰椎椎間盤承受的壓力分散出去**（圖 58）**。努責現象會**關閉聲門**（G）和肛門、膀胱括約肌等所有**腹部的開口**（F）。這時，胸腔與腹腔形成**封**

閉空間（A + T），並維持吐氣肌持續收縮，特別是腹直肌（RA）等**腹肌群**。隨著腹腔壓力上升，腹直肌會像是一道位在**脊柱前堅實的樑柱**，並將壓力傳到骨盆帶和會陰。

這種機制又稱做「丹田用力」，是舉重選手相當常用的技巧，能夠減輕 50% 第十二胸椎到第一腰椎椎間盤上的壓力、30% 腰薦椎椎間盤上的壓力。同理，也減少第二薦椎肌肉將近 55% 的作用力。

儘管這個方式，能夠有效減輕脊柱上的壓力，但只能短暫使用。因為完全暫停呼吸，可能會顯著影響循環系統：

- **腦部靜脈高壓**
- **心臟靜脈回流減少**
- **肺泡微血管血流量減少**
- **肺部血管阻力增加**

因此如果聲門和腹部各開口能夠封閉，也表示腹腔帶的肌群是完好的。

靜脈回流到心臟的血液會分流到**脊椎靜脈叢**，使腦脊髓液分壓跟著上升。因此，提重物的強度很強，只能維持**短暫的時間**。

為了減少椎間盤的壓力，舉起重物時最好維持**軀幹直立**，避免身體前彎，形成較長的施力臂。椎間盤凸出的患者必須特別注意。

有一種稍微不同的努責現象**（圖 59）**，潛水員會捏住鼻子、閉緊嘴巴（N），來平衡兩側鼓膜的壓力。這樣的方式並不關閉聲門，但讓腔內壓力增加。此時做出吞嚥動作，會打開耳咽管（E）、增加中耳的壓力，以**平衡施加在鼓膜上的外部壓力**。

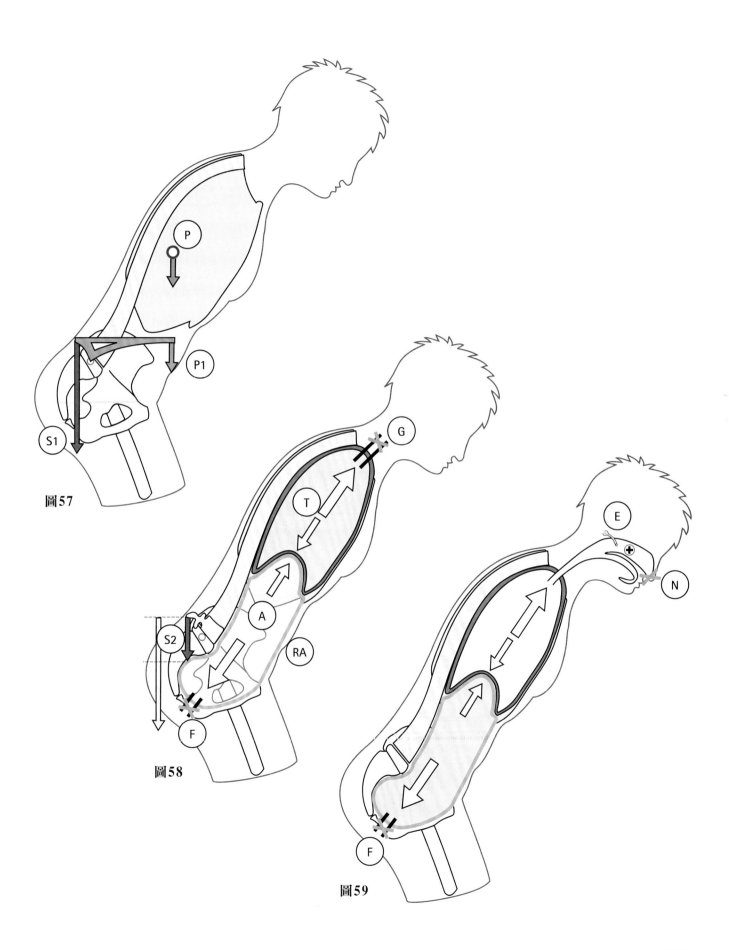

圖57

圖58

圖59

靜止站立時腰椎的狀態

當身體將重量平均分散在雙側下肢時，**腰椎的側面觀（圖 60）**可以清楚看到腰椎凹陷的現象，稱為**腰椎前凸**（L）。在這個狀態下，腰椎的後側觀是筆直的**（圖 61）**，但如果僅靠單腳站立**（圖 62）**，脊椎在支撐腳這一側會凹陷、骨盆（P）傾斜，支撐的這一側髖部會比懸空的一側高。

為了抵銷腰椎側屈，胸椎會彎向對側。也就是朝向懸空肢體的這個方向，而通過肩膀的連線（Sh）則會斜向支撐腳的那一側。

最後，**頸椎**會凹向支撐腳的那一側，意即和腰椎的曲度一樣。

姿勢對稱地站立時**（圖 61）**，肩膀的連線（Sh）會維持水平，和總是通過薦孔的髂嵴連線（P）平行。

Brügge 對肌電圖的研究發現，當軀幹**屈曲**時**（圖 63）**，**胸椎**（TH）的**脊柱肌群**最先強烈收縮，其次是**臀肌群**（G），最後是**膕旁肌群**（H）和**小腿三頭肌**（T，圖中未標示）。完成脊椎屈曲的最後，脊椎是被動地由**脊椎韌帶群**（L）維持穩定，就如同**膕旁肌群**（H）固定骨盆，阻擋骨盆前傾一樣。

當**軀幹伸直（圖 64）**時，肌肉則是以相反的順序啟動，先是**膕旁肌群**（H），然後是**臀肌群**（G），最後是**腰椎**（L）和**胸椎**（TH）的**脊柱肌群**。

在**直立位置**時**（圖 60）**，微向前傾的傾向，會被身體後側肌肉收縮抵銷。也就是**小腿三頭肌**（T）、**膕旁肌群**（H）、**臀肌群**（G）、**胸椎**（TH）和**頸椎**（C）的脊柱肌群。相反地，前側腹肌則維持放鬆（Asmussen）。

有時，就像前面所敘述的樣子（P.119，**圖 55**），人們會在海灘上看到年輕女孩們，個個無精打采的樣子**（圖 65）**。因為腹肌放鬆，所以腹部突出（1）、胸部變得扁平（2）、頭部往前伸（3）。脊柱所有的曲度都更加彎曲：也由於腰椎過度前凸（4），腰窩更加凹陷；胸椎過度後凸（5），因而駝背；因為頸椎過度前凸，使得後頸部（6）凹陷。其實，有個非常簡單的補救方式：增加肌肉張力！使膕旁肌群收縮，收緊臀部，拉緊背部肌肉，將肩膀往後拉，且平視地平線……看起來就不那麼有氣無力了！

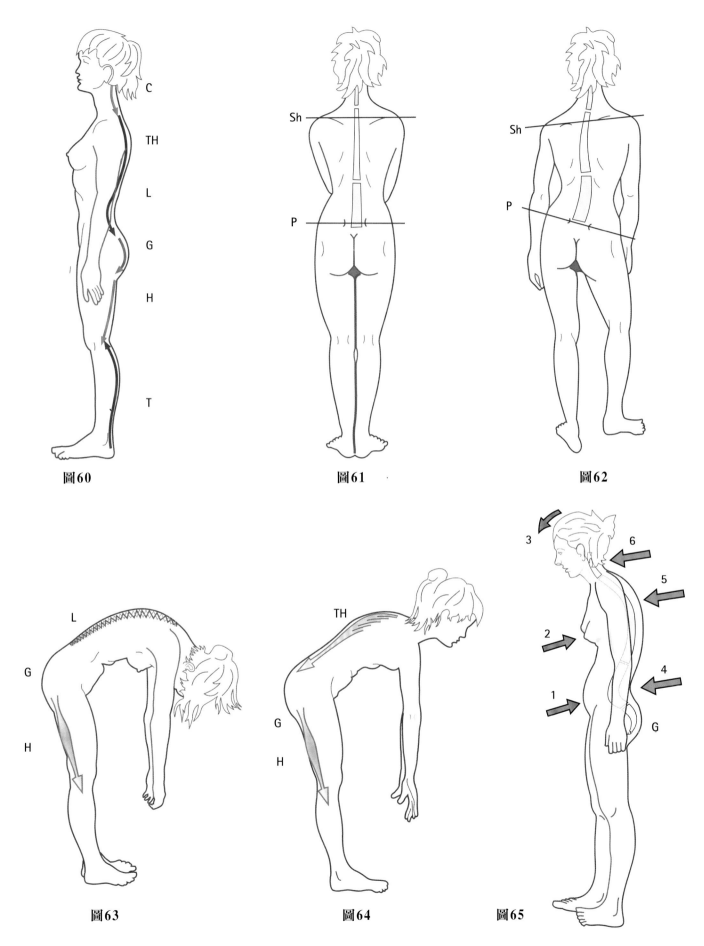

圖60

圖61

圖62

圖63

圖64

圖65

坐姿和左右不對稱的站姿：音樂家的脊椎

古希臘雕像從站姿左右對稱、直挺挺的**年輕男性（圖 66）**（源自埃及），發展到**普拉克希特利斯的阿波羅（圖 67）**，有極顯著的變革，這些雕像靈動的姿態，讓大理石和銅製的雕像更加栩栩如生。這位天才雕刻家，發明了**普拉克希特利斯式站姿**，即為單腳站立的不對稱站姿，大大地啟發了雕刻這門藝術。這位古希臘雕刻家，甚至比我們的軍隊，還要更早發明立正與稍息呢！

普拉克希特利斯式站姿，在日常生活的各種活動中相當常見，對於藝術家和音樂家更為熟悉。多數**小提琴家（圖 68）**演奏時的姿勢，骨盆左右對稱，但肩帶則須維持不對稱的姿勢，將頸椎維持在非常不正常的姿勢。因此，這些音樂家常常很有可能因為某些疾患，對他們的職業生涯造成重大影響，甚至需要高度專科化的復健專家。

彈奏所有的弦樂器，幾乎都需要維持不對稱的姿勢。當**吉他手（圖 69）**左腳踏在楔形踏板上時，不僅肩帶左右不對稱，骨盆也左右不對稱。**鋼琴師**也需要讓他們骨盆適度休息，因此，正確調整琴椅位置相當重要：

- 如果琴椅處於**正確的高度且距離合宜（圖 70）**，脊椎的曲度維持正常，肩帶的位置應該能讓上肢無須任何伸直與施力，就能碰到鍵盤。

- 如果琴椅離鋼琴**太遠（圖 71）**，脊柱會處在異常的位置，胸椎後凸和腰椎前凸的程度會加大，好讓手可以碰到鍵盤。手與座位的距離過遠，也會讓**肩帶容易疲勞**。

就算琴椅的位置調整好了，鋼琴師也必須知道如何控制他們的腰椎**（圖 72）**，畢竟腰椎過度前凸，可能會導致腰痛。

總而言之，在休息的時候，適度地運動，以正確控制脊椎，對音樂家來說（特別是彈奏弦樂器的樂手），是非常基本且重要的事情。事實上，長期的姿勢不良，也會影響他們的工作和藝術成就，即便由**專科物理治療師**長期復健，也往往難以完全矯正。由於肩帶常常維持在不對稱的位置，脊柱對支撐**肩帶**的功能扮演重要角色，長期姿勢不良，可能會帶來災難性的後果。因此，音樂家必須要特別注意自己的脊椎健康。

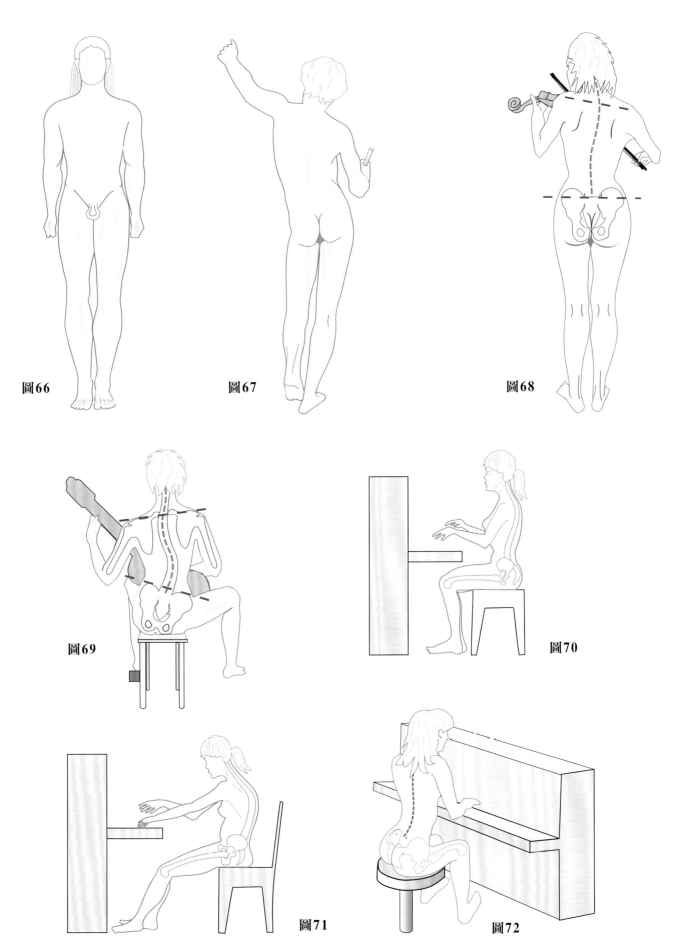

圖66

圖67

圖68

圖69

圖70

圖71

圖72

坐姿和臥姿時，脊柱的狀態

坐姿

如果坐著的時候，只有坐骨的支撐（圖73），就如**打字員**在打字的時候，沒有將背靠在椅背上時，軀幹的重量會全部由坐骨承受，骨盆會處在不穩定狀態，往前傾斜，三個脊椎彎曲的地方，曲度也會增加。肩帶的肌肉（尤其是將上肢連結到肩帶的斜方肌），也會參與穩定脊柱。長期來看，這個姿勢會導致打字員症候群，造成劇痛，又稱為**斜方肌症候群**。

如果坐著的時候，有坐骨和股骨的支撐（圖74），像馬車夫一樣，軀幹前屈，即便有時透過手臂支撐在膝蓋上，仍常是由**坐骨粗隆及大腿後側面來支撐**。骨盆向前傾斜、胸椎曲度增加、**腰椎曲度被拉直**。手臂用最少的肌肉穩住軀幹，甚至不小心還會睡著（就像馬車夫一樣）。這個姿勢可讓**脊椎旁肌群放鬆**，甚至**脊椎滑脫患者**也會直覺地採取這個姿勢，**減少了腰薦椎間盤間的剪力，讓後側肌肉也跟著放鬆**。

如果坐著的時候，用坐骨和薦椎支撐（圖75），整個身體會被**向後拉**，就像靠在椅背上一樣，由**坐骨粗隆**、薦椎和尾椎的後表面支撐。此時**骨盆後傾、腰椎曲度變平**、胸椎曲度變得更凸、胸廓上方的頭部前凸，而頸椎曲度會往後。這也是**休息**時的姿勢，雖然這樣也可以**睡著**，但因為頸部彎曲，頭部重量靠在胸骨，可能會造成**呼吸障礙**。另外，這個姿勢也能**減少第五腰椎向前滑動**、放鬆腰椎後方肌群，**減輕脊椎滑脫症所引起的疼痛**。

臥姿

仰躺，下肢伸直的姿勢（圖76）最常用於休息。此時腰大肌會被拉直、腰椎過度前凸、腰部會出現空隙。

仰躺，下肢屈曲的姿勢（圖77），此時**腰肌群放鬆**、**骨盆後傾**且**腰椎曲度被拉直**，**腰部直接靠在支撐平面上**，脊椎肌群和腹肌群能更好地放鬆。

所謂放鬆躺著的姿勢（圖78），通常會倚靠在一些緩衝墊或是特別設計的椅子上，支撐胸椎的區域會凹陷，使腰椎和頸椎曲度被拉平。如果**撐住膝部**，髖部會屈曲，腰大肌和膕旁肌群會跟著放鬆。

側躺時（圖79），脊柱會呈現波浪形的彎曲，腰椎曲度向下側凸出，此時，薦孔連線與肩帶連線會在身體上方交叉。胸椎會向上凸。這個姿勢通常**無法使肌肉放鬆，麻醉的時候甚至會引起呼吸困難**。

俯臥時，會因腰椎曲度過大及呼吸困難等副作用造成不適。胸廓受到擠壓、腹腔的內臟往橫膈膜擠壓、橫膈擴張範圍減少，外力、分泌物或異物使氣管分支處阻塞，都會造成呼吸困難。不過，還是有許多人以這個姿勢入睡，然後在睡夢中變換姿勢。一般認為，**不要長時間維持同一睡姿**，這是為了讓**每一塊肌肉輪流放鬆**，更重要的是**轉移受到壓迫的區塊**。我們都知道，當**某區塊受到超過三小時以上的壓迫**，很有可能會造成缺血性的壓迫，或是壓瘡，**使某區塊皮膚壞死**。

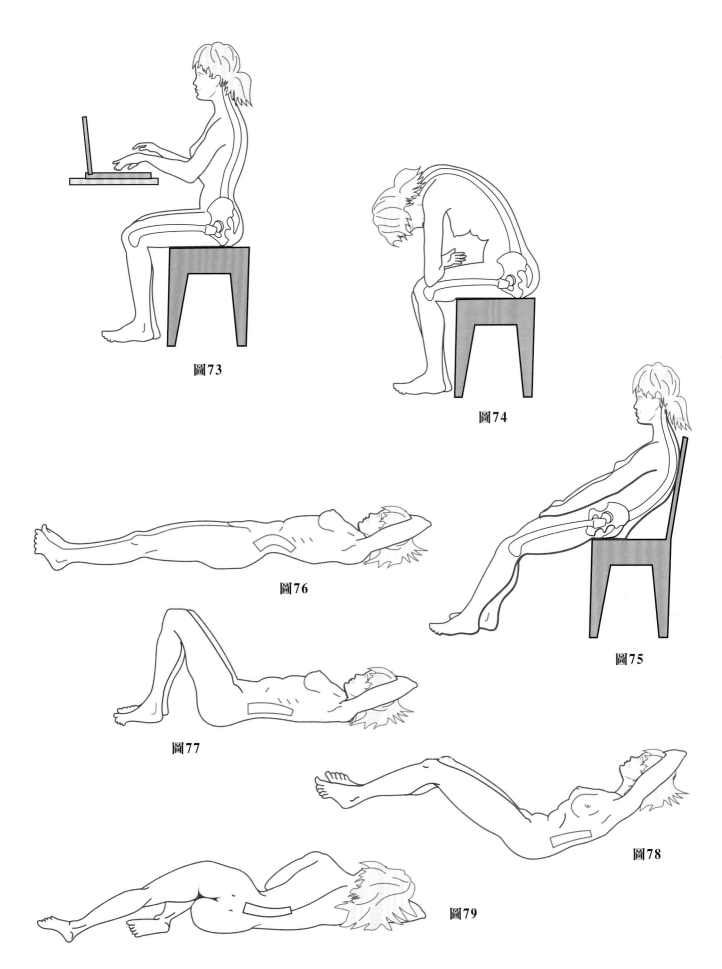

圖73

圖74

圖75

圖76

圖77

圖78

圖79

腰椎屈曲–伸直的範圍

每個人的腰椎活動範圍會隨著個體差異和年齡而有所不同。因此，下列所有數值都可能只是來自特定案例或群體平均的數值**（圖80）**：

- 腰椎**伸直**，此時腰椎過度前凸，範圍約 30°。
- 腰椎**屈曲**，此時腰椎曲度被拉直，範圍約 40°。

在 David Allbrook 所提出的表格中**（圖81）**，我們可以了解每一節脊椎，屈曲與伸直的範圍（右列數值）及累計的範圍（左列數值）為 83°（與上述提到屈曲 – 伸直的角度，總和約 70°，相當接近）。

另一方面，**屈曲與伸直的範圍，在第四腰椎和第五腰椎間最大**（24°），往上遞減；第三腰椎、第四腰椎、第五腰椎和第一薦椎之間伸直的範圍各約為 18°；第二腰椎、第三腰椎間為 12°；第一腰椎和第二腰椎間為 11°。因此，**腰椎下段比腰椎上段屈曲 – 伸直的範圍更大**。

一如預期，屈曲的範圍會隨年齡而改變（**圖82**，啟發自 Tanz）。腰椎活動度**隨著年齡增長而減少**，**2 至 13 歲時**腰椎的活動範圍是最大的，特別是**腰椎下段**第四腰椎到第五腰椎間。

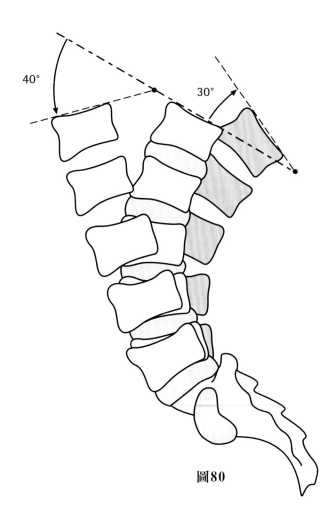

圖80

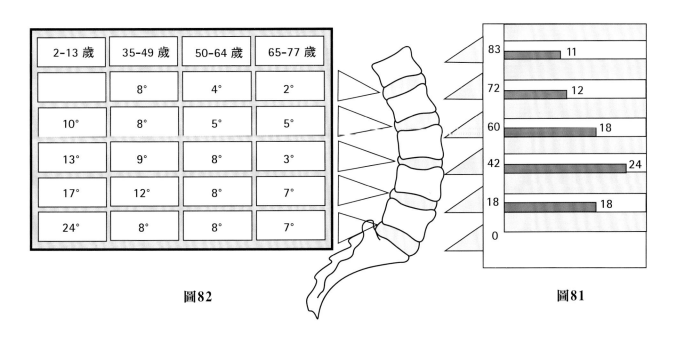

2-13 歲	35-49 歲	50-64 歲	65-77 歲
	8°	4°	2°
10°	8°	5°	5°
13°	9°	8°	3°
17°	12°	8°	7°
24°	8°	8°	7°

圖82

圖81

腰椎側屈的範圍

如同身體前後屈曲－伸直一樣，腰椎側屈的範圍（圖 83）或腰椎傾斜角度，會隨著個體差異和年齡，而有所不同。平均而言，兩側的側屈幅度約為 20°至 30°左右。Tanz 研究（圖 84）了**每一塊脊椎側屈的幅度** ，整體側屈能力會隨著年齡增長而大幅降低：

- **2 到 13 歲，側屈範圍最大**，任一側距離中線最大可以側屈達 62°；
- 35 到 49 歲，幅度下降到 31°；
- 50 到 64 歲，再次下降到 29°；
- 65 到 77 歲，只能達到 22°。

因此，即便 13 歲前，側屈範圍最大，35 至 64 歲的側屈範圍，也還能穩定保持在 30°左右，之後才會驟降到 20°。步入中年後，腰椎雙側側屈範圍為 60°，幾乎等於腰椎前後屈曲與伸直的範圍。

值得注意的是，第五腰椎至第一薦椎這一節側屈的幅度非常小，因此快速從青年時期的 7°，老年的時候只掉到剩下 1°~ 2°，甚至是零度。**第四腰椎至第五腰椎單節側屈角度最大**，青少年時期，**第三腰椎至第四腰椎**的單節側屈角度最大可達 16°，35 至 64 歲都能穩定維持約 8°，老年時降至 6°。

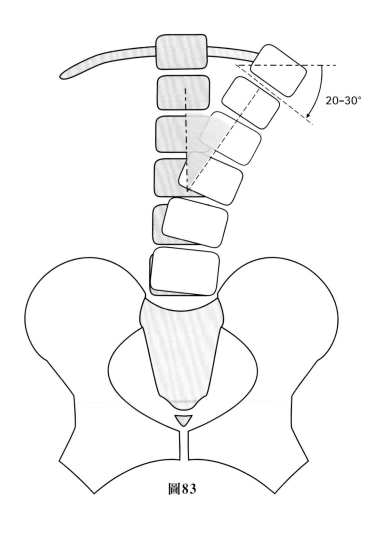

圖83

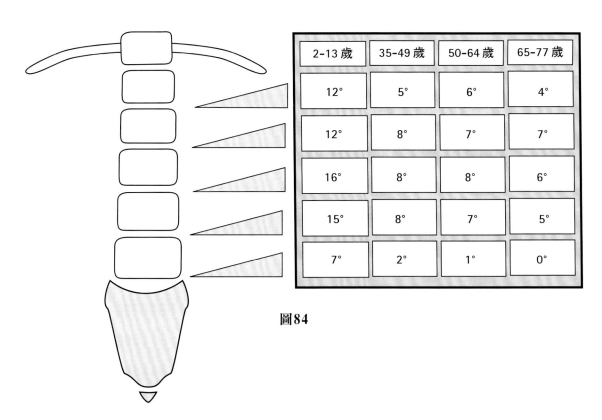

2-13 歲	35-49 歲	50-64 歲	65-77 歲
12°	5°	6°	4°
12°	8°	7°	7°
16°	8°	8°	6°
15°	8°	7°	5°
7°	2°	1°	0°

圖84

胸腰椎的旋轉範圍

很長一段時間以來，**腰椎和胸椎的單節旋轉範圍和整體旋轉範圍**，一直是個未知數。事實上，要固定骨盆來測量胸椎的旋轉，非常困難。這是因為位於胸廓上的肩帶，活動性過大，容易產生很大的誤差。近期，Gregersen 和 Lucas 終於提供了一種可靠的測量方式。研究人員在施打局部麻醉後，馬上將金屬針狀植入物，植入胸椎和腰椎的棘突，再用非常敏銳的儀器，精準地測量角位移。因此，就能測量到在步行（**圖 85**）、端坐及站立（**圖 86**）時，胸腰椎旋轉的情形。

人體步行時，第七胸椎和第八胸椎間的椎間盤保持不動（**圖 85**）（左側的 A 曲線），但上方和下方相鄰的椎間盤，則是旋轉最多的（圖的右側）。因此，在這個區段，該樞軸關節的旋轉範圍最大，然後往上往下減少。如曲線 D 所顯示，腰椎每一節減少約 0.3°、上段胸椎每一節減少 0.6°。因為**腰椎旋轉的範圍，僅是胸椎的一半**，所以我們也發現解剖構造，限縮了活動範圍。

Gregersen 和 Lucas 研究**雙向旋轉最大範圍**（**圖 87**）時發現，坐姿（S）和直立站姿（U）時的旋轉範圍，有些許的差異。端坐的時候，因為要定義冠狀切面（F），骨盆在髖部屈曲時較容易被固定，導致脊椎旋轉範圍較小。

從**腰椎**來看**雙向旋轉的總範圍**僅約 10°，即順、逆時針各 5°，每節脊椎平均 1°。

胸椎旋轉角度明顯較大，雙向旋轉範圍總共約 85°±10°或 75°左右，單向旋轉範圍約 37°，每一節胸椎**平均約 34°左右**。因此儘管有**胸廓**的存在，**胸椎整體旋轉的範圍比腰椎大了四倍**。

從兩條曲線的比較（**圖 86**）可以發現，無論是端坐或站立，雙向旋轉的總範圍是相同的。但兩條曲線間有**節段差**，例如：站立時（D）的曲線有四個**轉折點**，並特別注意到**腰椎最下方旋轉的範圍最大**。同樣的狀況也應用在**胸腰椎鉸鏈過渡區**。

實務上而言，由於不可能將金屬針植入每一個患者的棘突來了解胸腰椎的旋轉範圍，**傳統臨床手法**需要請患者端坐（**圖 87**），確認肩膀連線相對胸廓保持穩定。接著請患者將身體分別轉向兩側。脊椎旋轉的角度則大約等於肩膀連線和冠狀切面（F）的交角。此角度約為 15°到 20°，遠低於 Gregersen 和 Lucas 認為，單側最大旋轉的角度為 45°。有個實際的方法，能夠讓肩胛帶穩定在胸廓上，就是將上臂水平舉起，**靠在掃帚柄上，再把柄放在背部約肩胛骨的高度**。此時掃帚柄就等同肩膀連線。

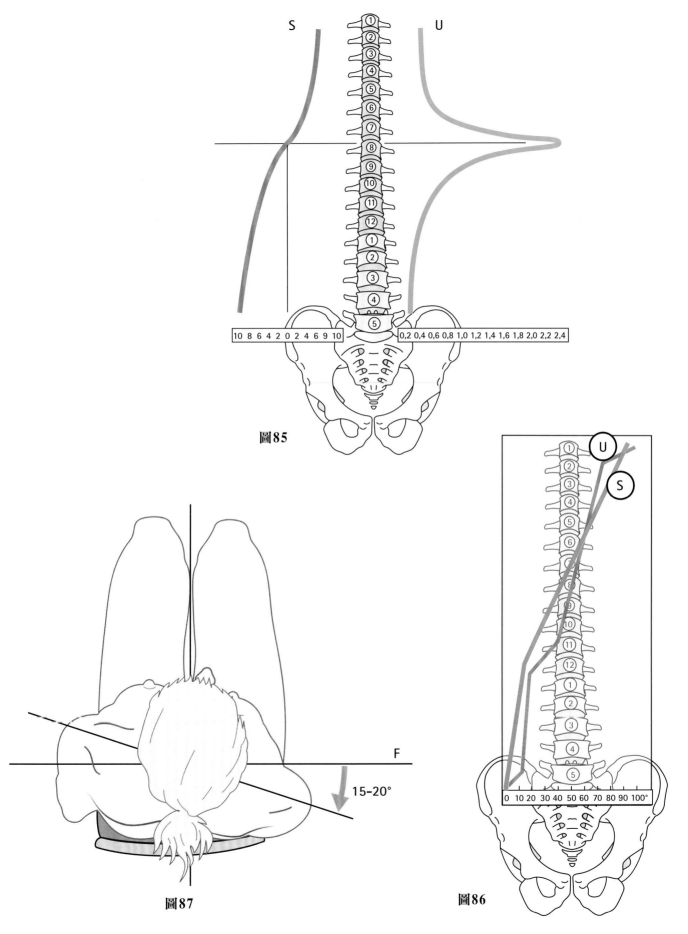

圖85

圖87

15–20°

圖86

椎間孔和神經根套

介紹腰椎功能的相關解剖學知識時，實在不可能跳過病理生理學中腰椎神經根的相關細節（尤其是腰椎膨出）。

要了解神經根病變，就必須先了解一些解剖學的預備知識。每條**神經根**（NR）都從**椎間孔**（2）穿出，離開椎管。椎間孔的位置如下**（圖 88）**：

- 椎間孔前方為**椎間盤後緣**（1），鄰近椎體。
- 椎間孔下方為**下方椎體的椎弓根**（10）。
- 椎間孔上方為**上方椎體的椎弓根**（11）。
- 椎間孔後方，**小面關節**（9）前方被**關節囊**（8）和**黃韌帶外側緣**（6）覆蓋。黃韌帶覆蓋在關節囊上方，稍微擋到椎間孔，如**圖 90** 所示。

神經根會在椎間孔穿過硬腦膜**（圖 89）**；側面圖可以清楚看到**神經根**（3）一開始從**硬腦膜囊內**（14）出發，通過硬腦膜囊（4）內層，在**神經根套**（5）處穿過硬腦膜。神經必須通過這個由**硬腦膜囊支撐的點**。

在椎管裡，**硬腦膜囊**等同硬腦膜，是神經系統最外層、最堅固的腦膜。

圖 90（上側觀），再次可以看到神經和椎管間的相對關係。**脊髓**（圖中為橫切面）位於**椎管**，中心為**灰質**，周圍被白質包圍；最外層是**硬腦膜囊**（4）。椎管被下列結構覆蓋：

- 前方為**後縱韌帶**（12）。
- 後方為黃韌帶（7）。

橫切面也可以看到在椎體前方的**前縱韌帶**（13）。**小面關節**（9）前方覆蓋關節囊，並由**關節囊韌帶**（8）和**黃韌帶（6）的延伸組織**所強化。**神經根**（NR）就靠在下方椎體（10）的椎弓根上，並穿過下列組織形成的**狹窄通道**：

- 前方，為椎間盤與後縱韌帶。
- 後方，小面關節被延伸自黃韌帶的組織所覆蓋著。

這一切都被限制在**椎間孔**裡，因此周邊組織必須相當堅實強韌，否則神經可能會被**凸出的椎間盤**壓迫，甚至因此受損。

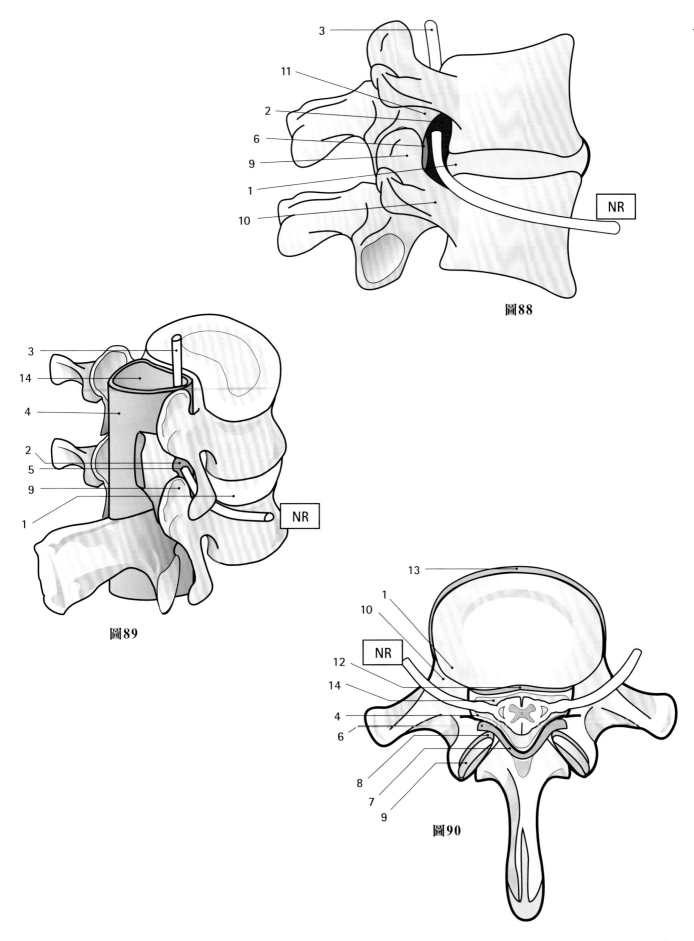

圖88

圖89

圖90

各種類型的椎間盤凸出

當髓核被垂直擠壓時，髓核裡的物質可能會往各個方向擠出去。如果纖維環的纖維夠堅固的話，當髓核內壓力上升，會導致**椎間盤的表面塌陷**，這也就是**椎間膨出（圖 91）**。

最近的研究發現，25 歲後纖維環會開始退化，導致纖維束開始斷裂。只要垂直方向受力，髓核裡的物質會從纖維環較脆弱的纖維處，以**同心圓**或是**放射狀**往外流出**（圖 92）**。髓核很少向前膨出，通常是向後，尤其是**向後外側膨出**最為常見。

當**椎間盤被壓扁**時**（圖 93）**，只有少部分髓核的物質會往前竄，比較有可能向後面流動。這些物質會流到椎間盤的後緣，並流到**後縱韌帶**下**（圖 94）**。

纖維環裂開後（A），這些物質還是會和髓核藕斷絲連，但會擠在後縱韌帶下方（B），這有可能透過身體牽拉的脊椎牽引伸直將其歸位，但更常見的是這些物質弄斷**後縱韌帶**（C），在毫無阻礙的情況下**流到椎管裡**，即所謂的**椎間盤凸出**（D）。有時候，**髓核和流出物質間的沾黏，會待在後縱韌帶下方**（E），並被纖維環的纖維所夾住，纖維環會迅速恢復原位並恢復正常。

最終，有時候髓核內物質會深入後縱韌帶的深層表面，往下或往上流動（F），為椎間盤脫垂游離。

當脫垂的椎間盤，擠壓後縱韌帶的深層表面時，也會拉扯韌帶內的末梢神經，導致**下背痛**或是背部拉傷。

椎間盤凸出壓迫**神經根**會導致神經根疼痛，不同的發生位置有不同名稱。例如：壓迫到坐骨神經時，稱為坐骨神經痛。會有**腰痛－坐骨神經痛**這個名詞，是因為坐骨神經痛往往會合併下背痛。

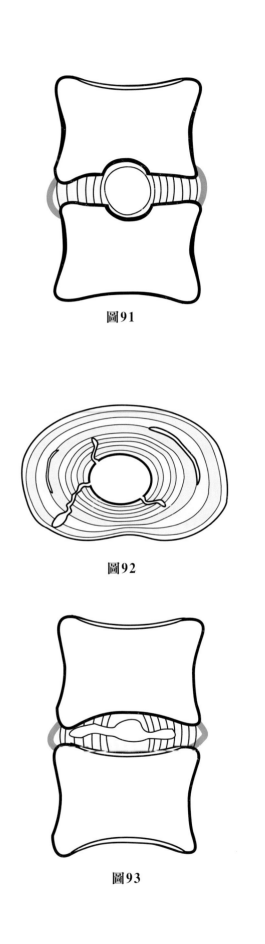

圖91

圖92

圖93

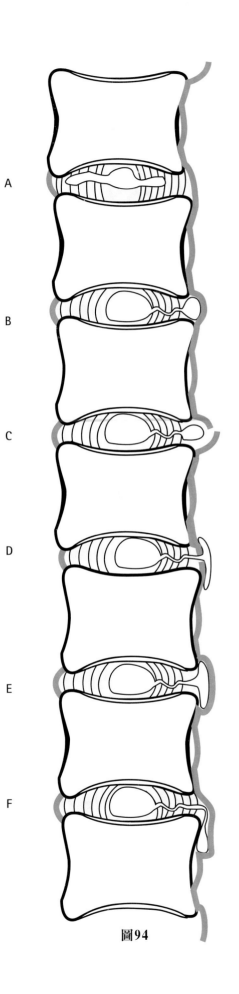

A

B

C

D

E

F

圖94

椎間盤凸出和神經根受壓迫的機制

現在一般認為椎間盤脫垂可分為**三個階段**，通常是因為椎間盤**反覆地受傷**加上纖維環**退化**時才會發生。

椎間盤脫垂往往是因為**舉重物**時，軀幹**向前屈曲**所致。

- ***第一階段（圖 95）***，軀幹向前屈曲，椎間盤前方會被壓平，加大椎體後的空隙。髓核裡的物質會往後流動，穿過纖維環之前破裂的位置。
- ***第二階段（圖 96）***，提起重物後，沿著脊椎軸向的壓力增加，壓扁椎間盤，核體內的物質被用力往後擠壓，直到後縱韌帶的深層。
- ***第三階段（圖 97）***，當軀幹回到直立時，落在椎體平面的壓力，使椎弓根與凸出的椎間盤不再相互摩擦，凸出的物質繼續留在後縱韌帶下方。這可能會導致腰部**劇烈疼痛**，這也就是**坐骨神經痛最初始的階段**。

一開始急性期的腰痛，可能會***自行緩解或在治療後緩解***，但類似的受傷一再重複，凸出部分可能會**越來越大**，並往椎管凸出越來越多。這個時候可能就會碰到其中一個神經根（通常為坐骨神經根）**（圖 98）**。

凸出部位通常從後縱韌帶最薄的**椎間盤後外側**開始，慢慢將坐骨神經根向後推，直到碰到**椎間孔後壁，就像小面關節被關節囊、前方的關節囊韌帶和外側的黃韌帶包住**。這時，受到壓迫而損傷的神經根，對應的體節會感到疼痛，甚至減弱反射（例如，壓迫第一薦椎，阿基里斯腱的反射會消失），就像**與坐骨神經痛相關的麻痺所導致的運動障礙**。

椎間盤脫垂和神經根受到壓迫的高度，決定了臨床症狀的不同**（圖 99）**。

- 第四腰椎到第五腰椎間脫垂（1），第五腰椎的神經根會受到壓迫，**大腿與膝蓋的後外側、小腿外側、足背外側及足背到大腳趾的表面，都可能會感到疼痛**。
- 第五腰椎到第一薦椎脫垂（2），第一薦椎的神經根受到壓迫，疼痛可能會傳到**大腿、膝蓋與小腿後側、足跟及足外側緣到小趾**。也有可能與阿基里斯腱的反射消失有關。

這些推論必須要進一步驗證，因為第四腰椎和第五腰椎間的凸出更靠近中線，可能會**同時壓迫到第五腰椎和第一薦椎**，偶爾只會壓到第一薦椎。基於第一薦椎神經根疼痛，做手術探查第五腰椎到第一薦椎間的空隙，可能會沒發現在更上一層的病灶。

矢狀切面（圖 99）可以發現，**脊髓到第二腰椎處終止，形成了脊髓圓錐**（CM）。脊髓圓錐下方，硬腦膜囊內只有包含在**馬尾**的神經根，這些神經根兩兩成對穿過椎間孔，通往每一個水平面。硬腦膜囊最後形成小囊，終結在第三腰椎的高度（D）。

腰椎神經叢位在第三腰椎到第五腰椎的位置（LP），會發出**股神經**（F）。薦椎神經叢（SP）由**腰薦神經幹**（LS）組成，即第四腰神經、第五腰神經與第一薦神經到第三薦神經的分支，會發出坐骨神經的兩大分支（S），即總腓神經和脛神經。

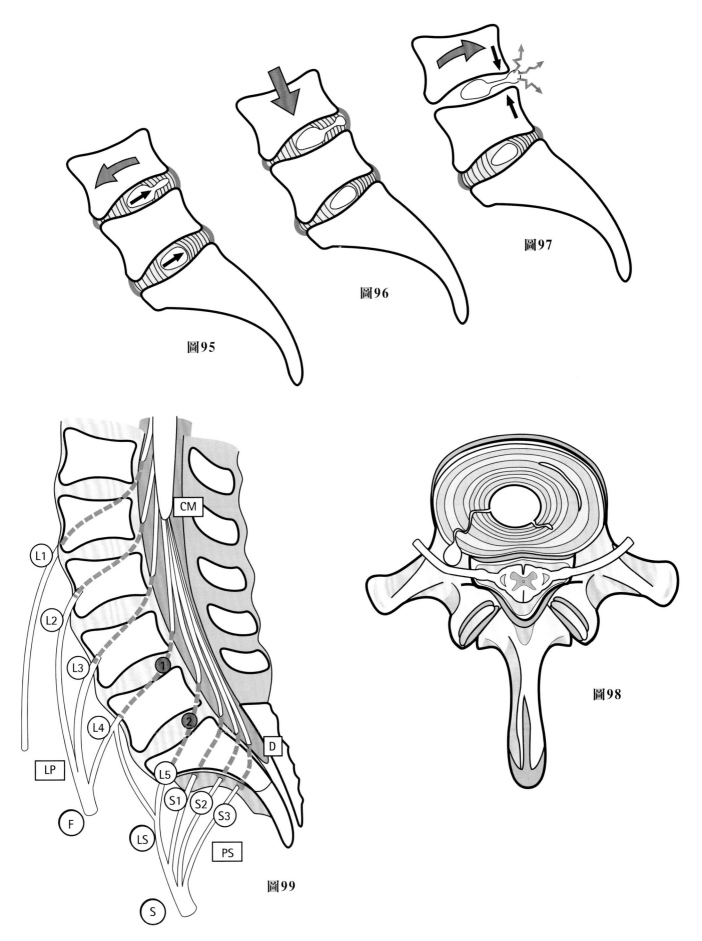

圖95

圖96

圖97

圖98

圖99

拉塞格徵象

拉塞格徵象（Lasègue's sign）指的是**牽拉坐骨神經或分支，引起疼痛**的現象。請患者仰躺並保持伸直下肢，此時緩慢地抬起下肢，就能誘發疼痛。這樣的疼痛跟患者自體感受到的坐骨神經痛相當類似，是因為兩者所影響的神經根支配區域相同。Charnley 認為原本**神經根可輕鬆地通過椎間孔**，但膝蓋挺直、抬起下肢時，在第五腰椎的位置神經根會被從椎間孔中扯出來約 **12 公釐**左右（**圖 100**）。

我們可以這樣理解拉塞格徵象：

- 當患者仰躺、下肢平放在支撐面（**圖 101**），此時坐骨神經和神經根沒有受到**任何張力**。

- 當**膝蓋屈曲、下肢抬高**（**圖 102**），坐骨神經仍然沒有承受張力。

- 但當**膝蓋伸直或是膝蓋伸直並抬高下肢**（**圖 103**），坐骨神經將會被拉長，當然就承受**越來越大的張力**。

一般人的**神經根可自由通過椎間孔**，完全不會感到疼痛；只有在下肢幾乎垂直時（**圖 104**），因為拉到缺乏彈性的膕旁肌群，**大腿後側才會開始感覺到疼痛**。此時**拉塞格測試為偽陽性**。

很顯然，當某一根神經根被困在椎間孔，或是神經經過凸出的椎間盤，任何對神經的拉扯，即便只是稍微抬起下肢，都可能極為疼痛。這就表示**拉塞格測試為陽性**，通常將下肢彎到 60° 前就會相當明顯。事實上，下肢抬起 60° 之後，就不適用拉塞格測試。因為坐骨神經**最大彎曲的程度也大約 60°**。當下肢抬高 10°、15° 或 20° 時也可能就會引起疼痛，因此可以用 10°、15°、20° 或 30° 來量化**拉塞格測試陽性**。

有一點必須要特別強調。當膝蓋保持伸直，抬起下肢的時候，作用在神經根上的應力，大約為 3 公斤重，而這些神經根最大可承受的力量為 3.2 公斤。如果神經根被困住無法移動，或是因為椎間盤凸出而變短，任何粗暴的動作，都可能會扯斷神經根內的某些軸突，導致某種程度的麻痺，這種麻痺通常是短暫的，但有時**需要較長時間才能消退**。因此，**必須謹記下列兩項預防措施**：

- 操作拉塞格測試，必須動作輕柔且謹慎，一旦患者感到疼痛，就必須馬上停止。

- **患者全身麻醉後不能進行這項測試**，因為此時患者已失去疼痛的保護機制。這常見於預計進行椎間盤復位的患者，此時患者**俯臥並趴在手術床上**，髖部彎曲但**膝蓋保持伸直**。外科醫師應該每次都親自協助患者擺位，確定髖關節和膝關節都維持彎曲，這才能讓坐骨神經放鬆並保護困住的神經根。

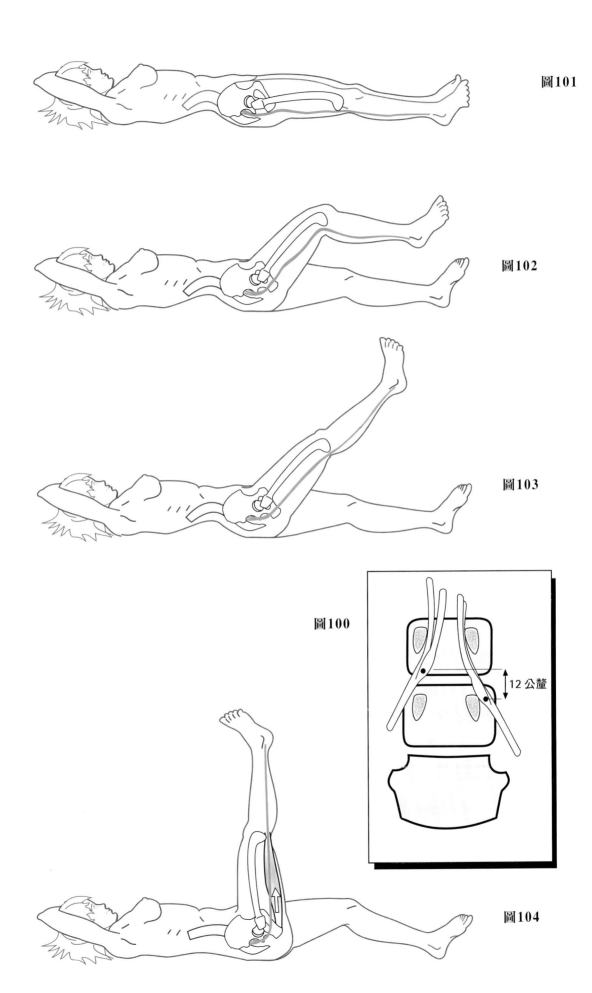

圖101

圖102

圖103

圖100

12 公釐

圖104

第4章

胸椎和胸腔

　　胸椎是位於腰椎和頸椎之間並形成上軀幹軸心的脊椎構造。它支撐著胸腔,胸腔是一個**可變容量的腔室**,由十二對與脊椎相連的肋骨所形成。胸腔作用於**呼吸**,並容納**心臟和呼吸**系統。胸壁協助胸椎支撐與**上肢**相連的**肩帶**。與外在構造相反,在旋轉方面,胸椎比腰椎**更具活動性**。它受機械應力的影響要小得多,此部位損害基本上是由後天缺陷所引起的。

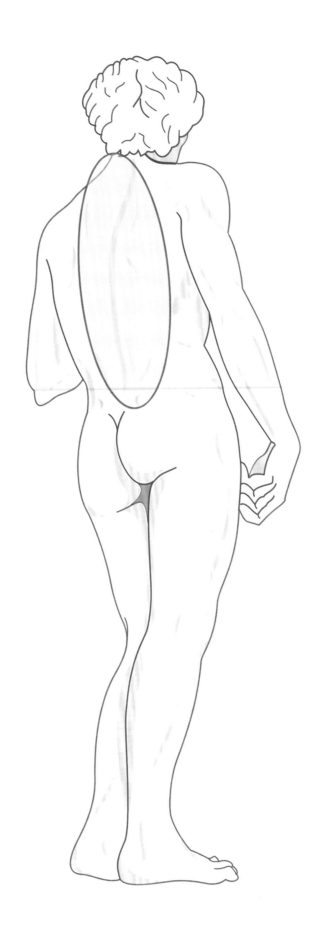

典型胸椎和第十二胸椎

典型胸椎

它的組成與腰椎相同，但在**結構和功能上存在重大差異**。

「分解」圖**（圖 1）**顯示，**椎體**（1）成比例地高於腰椎，並且其前表面和側面部位為相當空心。

上表面的後外側結構複合體上有一個**橢圓形的關節面**（13），傾斜固定並由軟骨連成線；這是上關節面，稍後我們將討論肋椎關節（請參閱 P.150）。

椎體後外側有**兩個椎弓根**（2 和 3），而上肋關節面通常侵入到椎弓根。

椎弓根的後面是椎板（4 和 5），形成了大部分的背椎弓，比它們寬高，並且像**瓦片**一樣排列在屋頂上。在椎弓根附近，它們的上邊界與**上關節突**（6 和 7）相連，每個關節突均配有一個關節小面。這些軟骨覆蓋的小面是橢圓形的，平面的或微橫向凸起，並且面向後，稍向上和向側面。在椎弓根附近，它們的下邊界與**下關節突**相連（此處僅顯示了右邊突處，為 8），這些關節帶有橢圓形，扁平或略微橫向凹入的**小面關節**（7），面朝前，並略微位於中下。每個下關節小面在小面關節處與上一個椎骨的上關節小面相連。

椎板和椎弓根在關節突處的交界處附著於**橫突**（9 和 11），側向且稍向後。它們的活動末端是球狀的，並在其前表面上有一個小面關節，稱為**橫肋小面關節**（10），與肋結節相對應。這兩個薄片在中線結合在一起，形成一個長而膨大的棘突（12），棘突在下方和後部急劇傾斜並結束為**單結節**。

所有這些成分的結合形成**典型胸椎（圖 2）**。在該圖中，兩個紅色箭頭指示上關節突的關節小面後側和稍微向上的方向。

第十二胸椎（T12）

最後的胸椎（T12）為胸椎和腰椎區域之間的橋樑**（圖 3）**，並具有一些自身特徵：

- 它只有**兩個肋關節小面**，位於上表面的後外側角，並指向**第十二肋骨的頭部**。
- 儘管其上關節突的方向（紅色箭頭）與其他胸部椎骨的方向（即後方，稍上方和側面的方向）相同，但其下關節突必須與第一腰椎一致。因此，就像所有的腰椎（藍色箭頭）一樣，它們都朝向**側面和前面**，略微橫向凸出，因為它們在空間中被描述為**類似圓柱面**，其曲率中心大致位於**每個棘突的基部**。

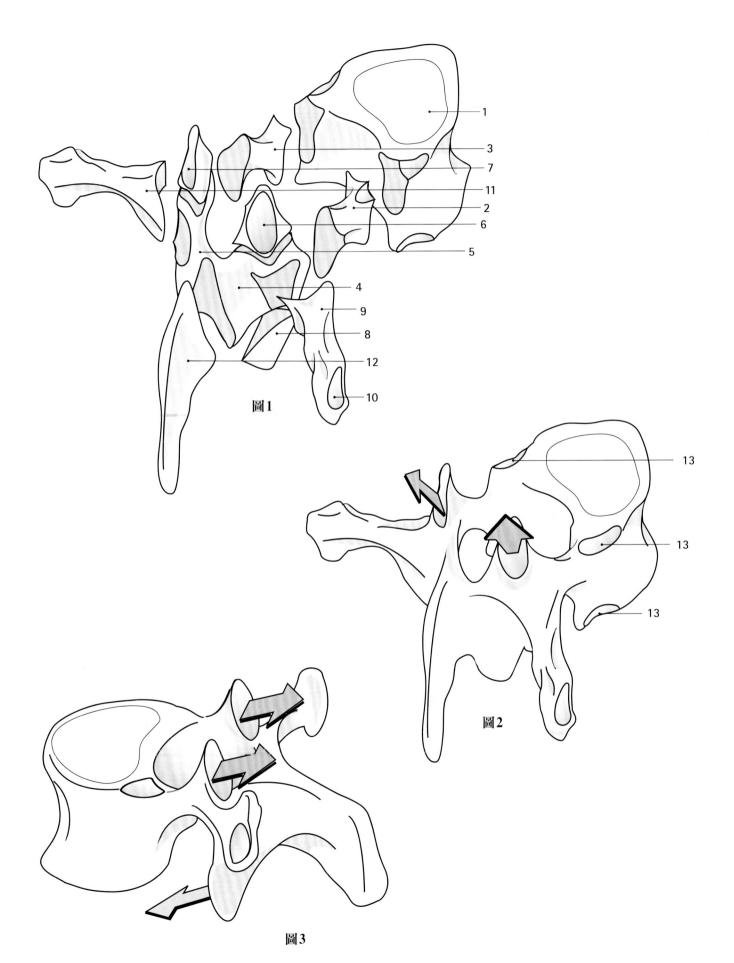

圖1

圖2

圖3

胸椎的屈曲–伸直動作和側屈動作

　　在兩個胸椎之間伸直時（圖 4），上椎骨相較於下椎骨向後傾斜，而椎間盤**向後展平並向前方變寬**，而髓核則向**前方**移動，就像腰椎那樣。伸直動作受到上**關節突（1）**和**棘突（2）**的影響，在棘突的下方和後部急劇彎曲到彼此能夠接觸的程度。此外，**前縱韌帶（3）**被牽拉，而**後縱韌帶、黃韌帶和棘突間韌帶**鬆弛。

　　相反，在**兩個胸椎之間屈曲時（圖 5）**，**椎間間隙向後偏移**，而髓核**向後**移位。關節突的關節表面向上滑動，並且上椎骨的下關節突從下椎骨的上關節突上升。屈曲動作受限於**棘突間韌帶（4）**、**黃韌帶、小面關節的關節囊韌帶（5）**和**後縱韌帶（6）**產生的張力。另一方面，**前縱韌帶則會鬆弛**。

　　在兩個胸椎之間側屈時（圖 6，後側觀），小面關節之關節面相對滑動如下：

- 在對側，其面像屈曲時一樣滑動，即向上滑動（紅色箭頭）。
- 在同側，其面則像在伸直過程中一樣滑動，即向下滑動（藍色箭頭）。

　　連接上椎骨的兩個橫突的線（mm'）和下椎骨的相應線（nn'）形成的**角度等於側屈的角度（i）**。

　　側屈動作受限於：

- 同側受**關節突碰撞影響**。
- 對側的**黃韌帶及橫突間韌帶的牽拉**。

　　但就根據單個椎骨來考慮胸椎的動作是不正確的。實際上，胸椎與胸廓或**胸腔**相銜接**（圖 7）**，並且所有胸腔骨頭均在定向和限制脊柱單獨動作中起作用。因此，在大體中，可以觀察到獨立胸椎比附在胸廓上的胸椎更具有活動性。因此，有必要研究由胸椎動作引起的胸腔變化：

- **胸椎側屈時（圖 8）**，在對側的胸腔**升高（1）**，肋間間隙**變寬（3）**，胸廓**擴大（5）**，第十肋骨的**肋膈角**張開（7）。在同側的一側，發生相反的變化，也就是說，胸腔**向下（2）**並向內**（6）**移動，**肋間間隙變窄（4）**並且**肋膈角關閉（8）**。
- **胸椎屈曲時（圖 9）**，胸腔的各個部分之間以及在胸廓與胸椎之間角度都變寬。即**肋椎角（1）**、上肋骨**（2）**和下肋骨**（3）**、**胸肋角及肋膈角（4）**。相反，在伸直過程中，**所有這些角度都呈現關閉**。

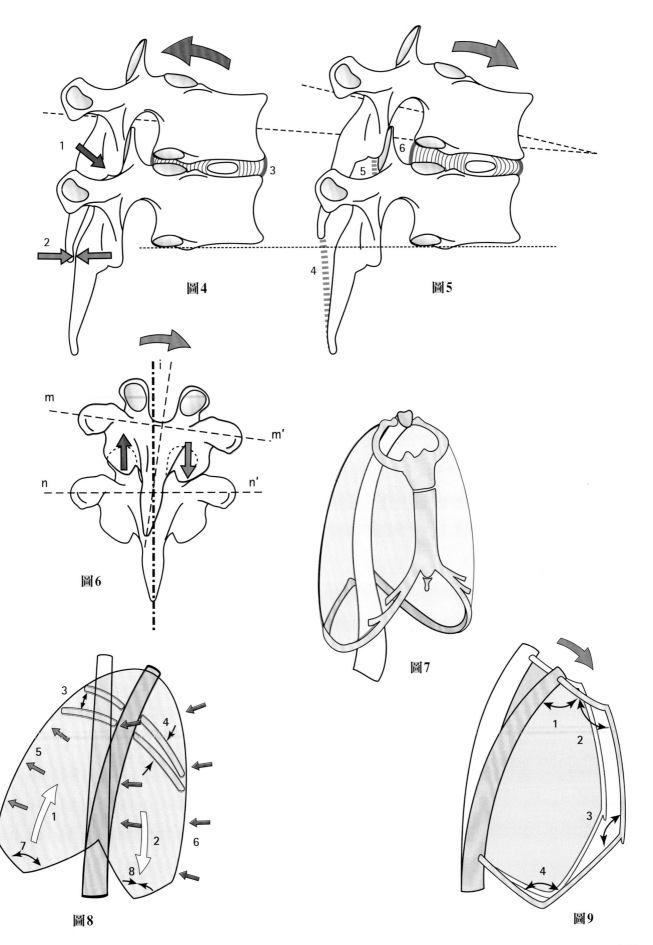

圖4

圖5

圖6

圖7

圖8

圖9

胸椎的軸向旋轉動作

胸椎相對於另一個胸椎的軸向旋轉機轉不同於腰椎。**當我們從上方觀察時（圖 10）**，小面關節的方向完全不同。每個關節空間的輪廓還形成一個***圓柱表面***（虛線圓形），但是該圓柱的軸線或多或少地**穿過椎體的中心（O）**。當一個椎骨在另一椎骨上旋轉時，關節突的關節相互滑行，而椎體圍繞著共同軸心彼此相對旋轉。接下來是**椎間盤**的**旋扭轉**，***不是指在腰部那樣椎間盤的剪力動作***。椎間盤的這種旋扭轉範圍比它自身的剪力動作還大，胸椎一椎相對於另一椎的簡單旋轉動作比腰椎**至少高三倍**。

但是，***如果胸椎沒有緊密地連接到胸腔上***，以至於脊椎每個水平的任何動作都會在**相應的一對肋骨（圖 11）**上產生相似的動作，則這種旋轉會更大。然而，這種一對肋骨與下方一對肋骨的滑動時受到**胸骨存在**的限制，胸骨通過***肋軟骨***與肋骨銜接。

因此，由於**肋骨，特別是其軟骨的彈性**，椎體的旋轉將使相應的肋骨變形。這些變形包括：

- **加重旋轉該側肋骨的凹陷程度（1）**
- **使旋轉對側肋骨的凹面變平（2）**
- **加重旋轉對側肋軟骨凹陷程度（3）**
- **使旋轉該側的肋軟骨凹面變平（4）**

在該動作過程中，**胸骨承受剪力**，並且其趨向於上下傾角用以跟隨椎體之旋轉。在胸骨部位，這種誘發式傾斜**非常小，幾乎不存在**，因此無法在臨床上檢測到，更由於多個平面的疊加，也很難進行放射檢測。胸部的慣性阻力明顯限制胸椎動作範圍。當胸腔仍靈活時，例如**年輕**時，胸椎的動作範圍較廣，但**在高齡者中肋軟骨硬化**，彈性降低，**胸腔變成很堅硬的結構而活動性降低**。

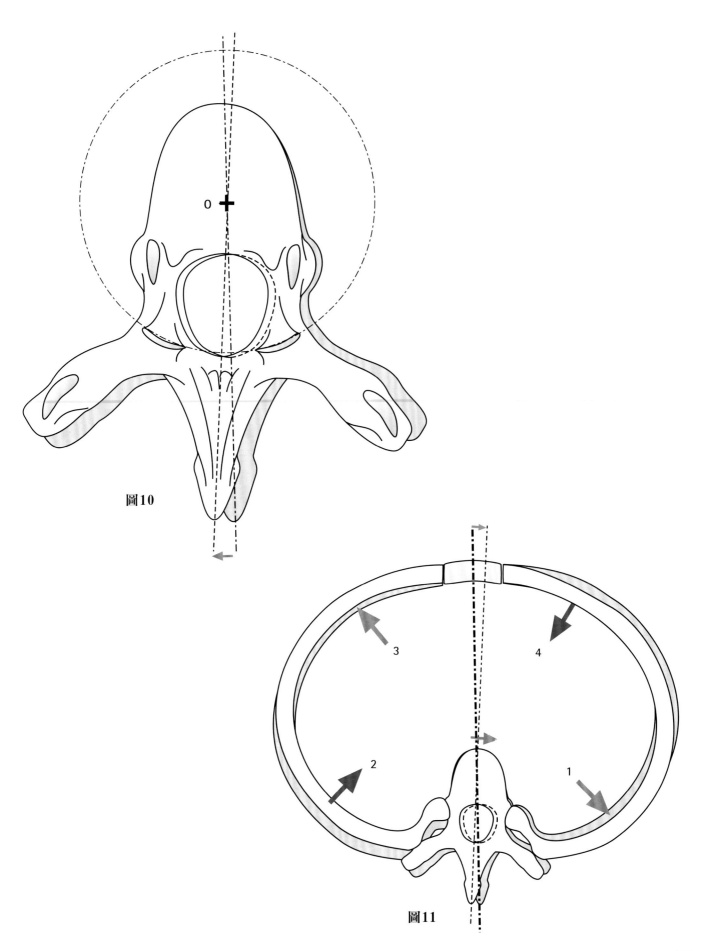

圖10

圖11

肋椎關節

在胸椎的每個位置上，都有一對肋骨通過**兩個肋椎關節**與椎體相連：

- **肋骨的頭部與兩個相鄰椎骨**的主體和**椎間盤**之間的**肋骨頭部的關節**（肋頭關節）。

- 肋結節與下面椎骨的**橫突**之間的**肋橫突關節**。

圖 12（側面觀）顯示了獨立出來的肋骨，並且有些移除韌帶以露出椎骨關節面；下方的肋骨及其韌帶則保留在原位。

圖 13（上側觀）顯示了右側肋骨的位置，但關節已打開；左肋則是與韌帶一同移除。

圖 14（椎體正面圖）穿過肋骨頭部和椎體之間的關節。另一方面，肋骨已與韌帶一同被移除。

肋頭關節是在**兩個肋關節小面**的椎骨側上組成的雙**滑膜關節**，一個在下椎骨的**上邊界**（5）上，另一個在上椎骨的**下邊界**（6）上。這些小平面形成一個立體角（在**圖 14** 中顯示為紅色虛線），其底角由**椎間盤**的纖維環（2）組成。**肋骨的頭部**（10）上略微凸出的相對小平面（11 和 12）也形成了一個**立體角**，該立體角緊貼在椎骨關節面之間的角中。

骨間韌帶（8）從兩個關節小面之間的肋骨頭部的頂端一直延伸到**椎間盤**，以**單關節囊**（9）包圍的關節分成**兩個截然不同的關節腔**，即上腔和下腔（13）。

放射韌帶為了增強關節，由三條韌帶組成：

- **上束**（14）和**下束**（15），均嵌入相鄰的椎骨中。

- 嵌入椎間盤**纖維環**（2）的**中束**（16）。

肋橫突關節也是由**兩個橢圓形關節面**組成的滑膜關節，一個位於**橫突的頂點**（18），另一個位於**肋結節**（19）。它以單**關節囊**（20）包圍，但最重要的是，它以**三條肋橫突韌帶**加固：

- 從橫突到肋骨頸部後側的**短且堅固的骨間肋橫突韌帶**（23）。

- **後肋橫突韌帶**（21），形狀為矩形，長 1.5 公分，寬 1 公分；它從橫突（22）的頂點一直延伸到肋結節的外邊界。

- **上肋橫突韌帶**（24），厚且堅固，呈平坦且四邊形，寬 8 公釐，長 10 公釐；它從橫突的下邊界一直延伸到下肋骨頸部的上邊界。

有些作者還描述了位於關節下表面的**下肋橫突韌帶**（此處未顯示）。這些圖還顯示了椎間盤及其髓核（1）和纖維環（2）、椎管（C）、椎間孔（F）、椎弓根（P）、小面關節之關節面（3）及其關節囊（4）和棘突（7）。

總結來說，肋骨通過兩個滑膜關節與脊柱連接：

- **單關節**，肋橫突關節。

- **雙關節，更牢固地互鎖的關節**，即肋頭關節。

這兩個關節由強健的韌帶支撐，沒有另一個關節就無法運動（也就是說，它們是**機械式連接**的）。

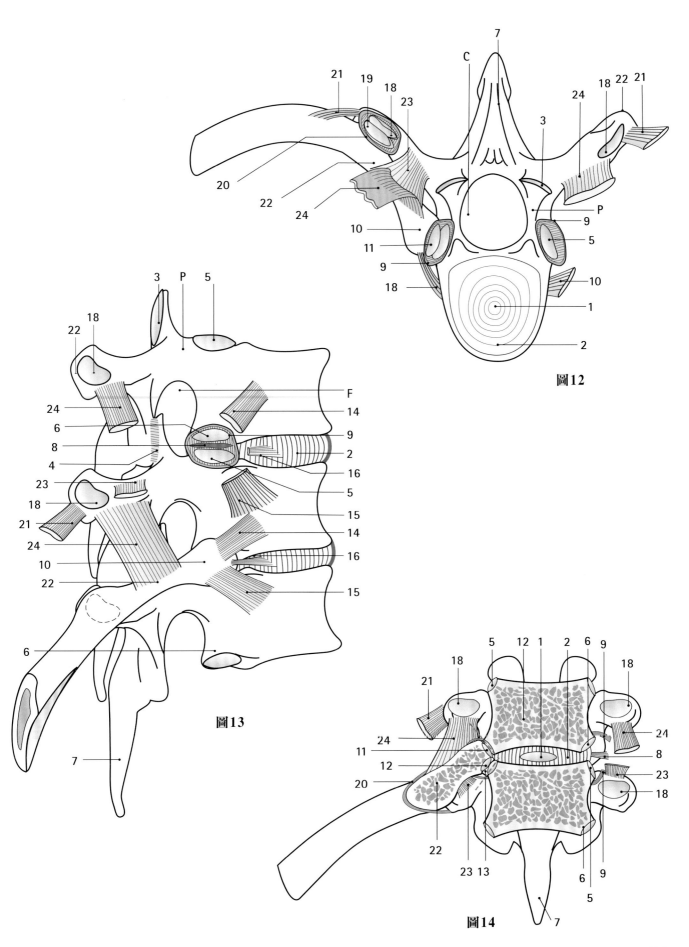

圖12

圖13

圖14

肋頭關節處的肋骨動作

肋頭關節和肋橫突關節形成**一對機械式連接的滑膜關節（圖 15）**，它們僅共同繞過每個關節中心的共同軸心**旋轉**。

以肋橫突關節的中心 o' 與肋頭關節的中心 o 接合的 xx' 軸作為肋骨的**旋轉體**，因此，實際上是懸掛於脊椎 o 和 o' 兩點。

軸相對於矢狀切面的方向決定了肋骨的動作方向。對於**下部肋骨**（左側，下部），軸線 xx' **移動接近矢狀切面**，因此肋骨的抬高使得胸腔**橫向直徑增長**成長度 **t**。也就是說，當肋骨繞著軸線 o' 旋轉時**（圖 16）**，其外邊界以 o' 為中心形成圓弧：斜度減小，**橫向逐漸增大**，

而其最外側邊界**向外**移動至長度 **t**，代表胸廓底部的**橫向半徑的增加**。

另**冠狀切面**，**上部肋骨**的軸線 yy'（**圖 15**，右側，上部）大概於控制平面內。因此，這些肋骨抬高的程度**明顯增長**了胸腔的**前後直徑**距離 **a**。實際上，當**肋骨的前端上升為距離 h 時**，它展現出一個圓弧並向前移動了**長度 a（圖 17）**。

因為如此，肋骨升高的**同時也增加了下胸腔的橫向直徑和上胸腔的前後直徑**。在胸部的中間區域，肋頭關節的軸相對**矢狀切面傾斜約 45°**，所以橫向直徑和前後直徑都增加了。

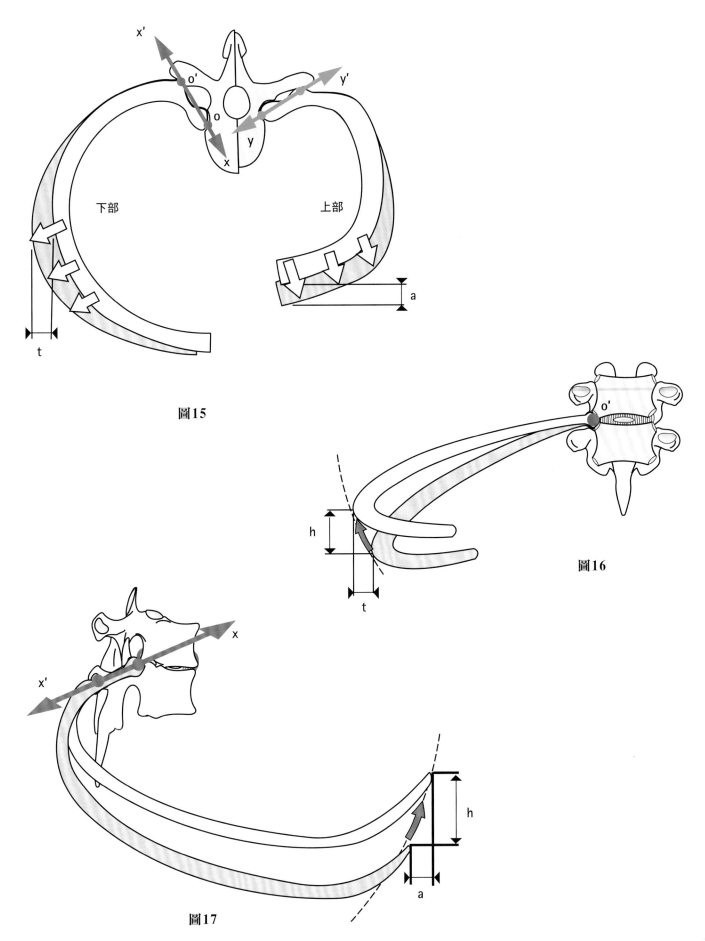

下部　　　　　　上部

圖15

圖16

圖17

肋軟骨和胸骨的動作

目前為止，我們僅考慮肋骨在肋椎關節處的動作，但是肋骨相對於**胸骨和肋軟骨的動作**也值得注意。從這些肋骨動作的**上面觀（圖18）**和**下面觀（圖19）**的比較中，我們可以清楚地看到，肋骨的最外側部分**上升 h' 的高度**並移離身體對稱軸 **t' 的長度**而肋骨的前端則上升 **h 的高度**並移離身體對稱軸 **t 的長度**。同時，胸骨上升，**肋軟骨變得更呈水平狀態**，形成一個與初始位置相較的**角度（a）**。肋軟骨

與胸骨的角度變化動作發生在**肋胸骨關節處**。同時，在肋軟骨關節產生了另一個環繞軟骨軸線的角旋轉。我們將於後面篇章討論（P.179）。

在**肋骨升高的過程中**（圖18，右側），對應於胸腔直徑增加最多的點 **m**，也是距離 **yy'** 軸最遠的點。這種幾何觀測説明了該點的位移程度是如何隨著肋骨軸線（xx'）的傾斜而在肋骨之間產生變化。

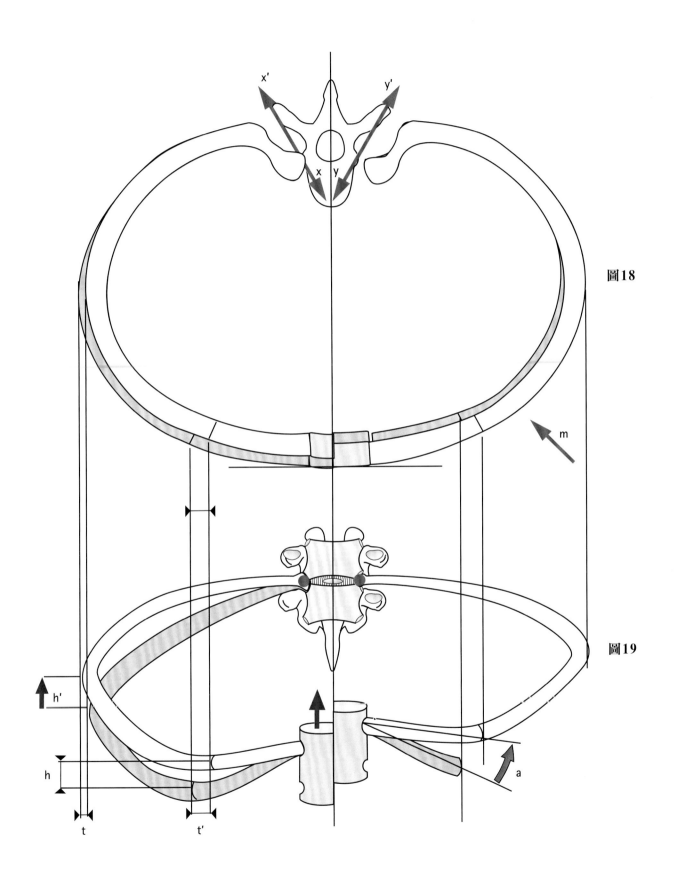

圖18

圖19

吸氣時胸腔在矢狀切面上的變形

假設脊柱在吸氣過程中維持穩定而沒有產生變形，我們則只需考慮由**脊柱（圖 20）**和**第一肋骨**形成的**彈性不規則五邊形的變形**。我們列出**胸骨、第十肋骨及其肋軟骨**在刺激期間的變化如下：

- **第一肋骨**在其肋骨頭部（O）的關節處可自由移動，如圖所示被抬高（藍色箭頭），因此前端可描繪出**圓弧形 AA'**。

- 當第一肋骨被抬高時，**胸骨也從 AB 移到 A'B'**。

- 在此動作過程中，**胸骨不與其平行**。正如我們所看到的，上胸腔的前後直徑增加得比下胸腔的多。接著是，胸骨和垂直面之間的**角度（a）**會**變得略微縮窄**，第一肋骨和胸骨之間的角度 **OA'B'** 也會隨之變窄。

胸肋角的閉合必然與**肋軟骨的扭轉**有關（見 P.179）。

- **第十肋骨**也以 **Q 為其軸心**，其前端則描出一個**圓弧形 CC'**。

- 最後，當第十肋骨和胸骨都被抬高時，**第十肋軟骨從 CB 移到 C'B'**，同時也大概與自身平行。在此動作期間，由 **C** 變化到 **C'** 處的角度為 **c 值**，該值等於第十肋骨（綠色三角形）的仰角。同時，由於軟骨在其長軸上再次扭轉，第十肋軟骨和胸骨之間的角度（**C'B'A'** 角度）略微增寬。這樣相似程度的**扭轉會發生在每條肋軟骨上**。稍後將討論它是如何與胸部彈性有關（見 P.179）。

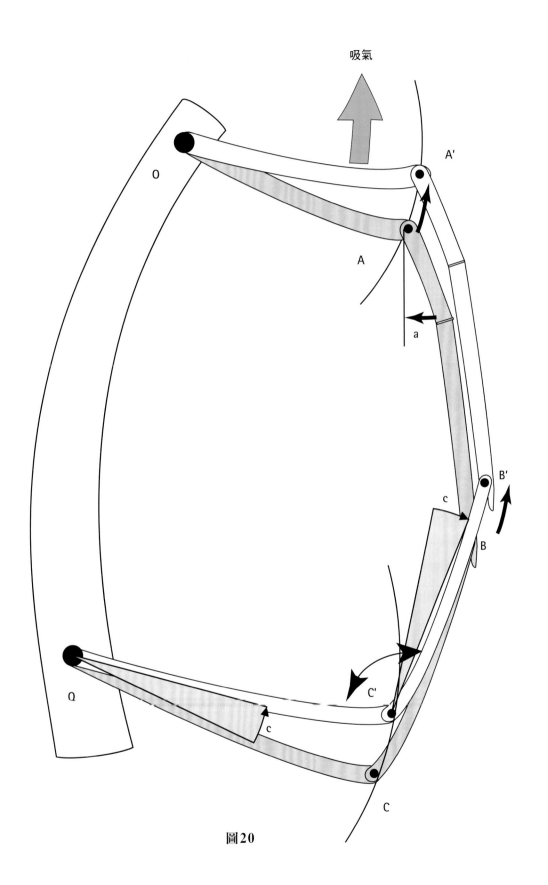

吸氣

A'

A

a

B'

B

c

O

Q

c

C'

C

圖20

肋間肌群和胸肋肌群的動作方式

肋間肌群

　　這張胸腔的後視圖僅顯示脊柱和右側的三根肋骨（圖 21），展示出三條肌肉：

- 小的**提肋肌**（LC）從橫突的頂端延伸到下方肋骨的上邊界。它們的收縮使肋骨升高，以此命名。

- **外肋間肌**（E）**斜向上內側與提肋肌平行**。因此，這些肌肉和提肋肌可**抬高肋骨**並作為**吸氣肌**。

- **內肋間肌**（I）斜向上外側伸直。它們下降肋骨及作為吐氣肌。

- **Hamberger 的圖表**很好地說明了這些**肋間肌群的動作方式**（圖 22 和 23）。

- **外肋間肌**的作用（圖 22）很容易理解，因為它們的纖維方向與由肋骨、脊柱和胸骨關節所形成**平行四邊形 OO'B₁A₁ 的長對角線**相同。當肌肉 **E** 收縮時，對角線縮短長度 r，平行四邊形產生變形，先假設 **OO'** 保持原狀，使 **A₁** 維持在 **A₂**，**B₁** 旋轉到 **B₂**。其收縮抬高肋骨，因此外肋間肌是**吸氣肌**。

- 可以用相同的方式理解**內肋間肌**的作用（圖 23），但是它們的纖維方向則與 **O'A₁** 的短對角線平行，長度為 **r'**，我們仍然假設 **OO'** 面保持放置狀態，**A₁** 旋轉到 **A₂**，然後 **B₁** 到 **B₂**。因此，其收縮下降肋骨，故內肋間肌是**吐氣肌**。

　　雖然 Hamberger 的演示與 Duchenne de Boulogne 的電刺激實驗相互矛盾，但現在已通過肌電圖研究**得到證實**。

胸肋肌群

　　胸肋肌因其位於胸骨後而被忽略，因此研究並不多（圖 24）。它完全位於**胸骨及其纖維的深層表面**，並嵌入第二至第六肋骨的軟骨中，並於**斜向下內側走**。五個相對於胸骨的肌束產生收縮，下降了相應的肋軟骨。我們可以看到（圖 19，P.155），肋軟骨在吸氣時升高，在吐氣時降低。因此，我們可以推斷出**胸肋肌是一種吐氣肌**。

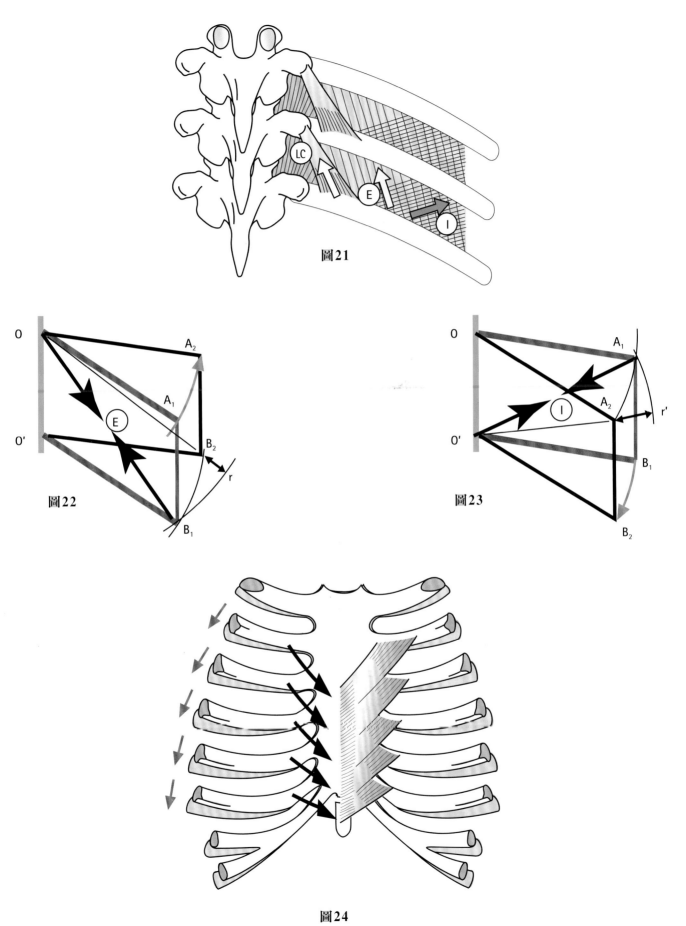

圖21

圖22

圖23

圖24

橫膈及其動作方式

橫膈是一個**肌肉肌腱性圓頂**，靠近下胸腔出口，並將*胸腔與腹腔分開*。

從側面看（圖 25），該圓頂向後延伸，其頂點為**中心腱（1）**。肌纖維束（2）從中心腱向胸腔出口邊緣呈輻射狀，並附著在*肋軟骨的深層表面、第十一和第十二肋骨的尖端*、肋弓及最後*椎體*上。**兩個小腳**如下：左小腳（3）和右小腳（4）分別附著在**腰肌上的內側弓狀韌帶（7）**和腰方肌上的外側弓狀韌帶（8）。

這在**前側觀（圖 26）**中更加明顯，在圖中，可以容易同時判別*橫膈凸處*（圖的上部）和雙腳呈水平狀的**凹處**。橫膈上的**開口**也可以看到，因為它們允許上方的食道（6）和下方的**主動脈（5）**通過。簡單起見，未展示出後腔靜脈的開口。當橫膈收縮時，*中心腱被往下拉，進而增加了胸腔的垂直直徑*。因此，可以將橫膈與幫浦內滑動的**活塞**進行比較。

然而，中心腱的下降會被**中縱膈內容物**的牽拉所遏止，不過主要還是被**腹部內臟器**的存在所阻擋。從這一刻起**（圖 27）**，中心腱成為**固定點**（大白色箭頭），從中心腱邊緣開始作用的肌肉纖維**抬高了下肋骨**。如果將 **P 點**固定，並將**肋骨繞中心 O 旋轉**，則肋骨的末端將產生 **AB 圓弧**，同時，相應的肌肉纖維會縮短成長度 **A'B**（雙白色箭頭）。因此，透過抬高下肋骨，橫膈*增加了下胸腔的橫向直徑*，同時，在胸骨的幫助下，它也*抬高了上肋骨*，進而增加了胸椎前後直徑。

所以可以說橫膈是**不可或缺的呼吸肌**，因為橫膈本身會*增加胸腔的三個直徑*：

- 它通過降低中心腱來**增加垂直直徑**，這可以**增加腸道氣體**（也可以説是**腸道脹氣**），特別常見伴隨腸道阻塞。
- 透過抬高下腳**增加橫向直徑**。
- 在胸骨的幫助下，透過升高上方肋骨來**增加前後直徑**。

其在**呼吸生理學中的意義**是確證的。**打嗝**是由於*橫膈產生痙攣、有節奏和反覆收縮*所引起的。極少數知曉其病因，可能有兩個原因：

- *中樞*原因與膈神經的刺激有關。
- *周邊*原因與橫膈圓頂的刺激有關。

打嗝通常是暫時性的問題，經過一段時間後就會減輕。但若持續過久，就很難治療。

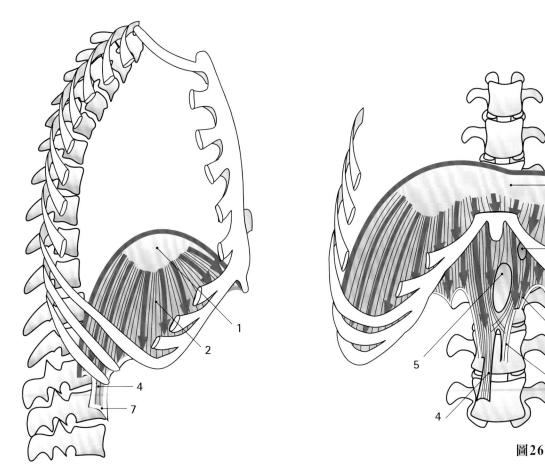

圖 25

圖 26

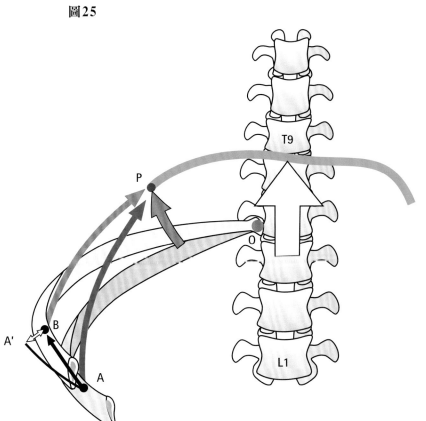

圖 27

呼吸肌群

正如我們已經看到的，呼吸肌群分為**兩類**：

- **吸氣肌**，抬高肋骨和胸骨。
- **吐氣肌**，下降肋骨和胸骨。

這兩個類別分別包括**兩組**，即肌肉的**主要組**和**輔助組**。後者僅在**異常深呼吸或強烈的呼吸運動**時才被列入。

因此，呼吸肌可分為**四組**。

第一組

這包括主要的吸氣肌群，即**外肋間肌**、**提肋肌**以及在其上的**橫膈**。

第二組

這包括以下**輔助吸氣肌群**（圖 28-30）：

- 胸鎖乳突肌（1）和前（2）、中（3）及後（4）斜角肌；這些肌肉只有當**從頸椎開始動作時**才主動協助吸氣，而頸椎必須通過其他肌肉保持固定（**圖 28**）。
- 胸大肌（4）和胸小肌（5），當它們從**肩帶和外展的上肢**開始動作時（**圖 30**，受羅丹**青銅時代**的啟發）。
- 前鋸肌的下部纖維（6）和背闊肌（10），當後者從**已外展的上肢**開始作用時（**圖 29**）。
- 後上鋸肌（11）。

- 頸髂肋肌（12），向頭顱方向連接到最後五個頸椎的**橫突**，且尾部從**上六根肋骨的肋骨角**開始。纖維方向幾乎與**提肋長肌**的方向相同。

第三組

這包括**主要的吐氣肌**，即**內肋間肌**。實際上，正常的吐氣是純粹的被動過程，這是由其骨軟骨成分和肺實質的彈性使胸部自身收縮。因此實際上，吐氣所需的能量來自吸氣肌產生並儲存在胸腔和肺部彈性元件中的**能量的回收**。我們將看到**肋軟骨**起著至關重要的作用（見 P.179）。還要注意，在直立狀態，肋骨因自身重量而下拉，重力的作用不可忽略。

第四組

這包括**輔助的吐氣肌**。縱使為附屬，它們同樣重要，並且功能強大。它們是**用力吐氣**和**努責現象**的基礎。

腹肌（圖 30），即腹直肌（7）、腹外斜肌（8）和腹內斜肌（9）**強力下降胸廓出口**。

胸腰椎區域（**圖 29**）包含其他**輔助吐氣肌**，即胸髂肋肌（13）、最長肌群（14）、後下鋸肌（15）和腰方肌（未顯示）。

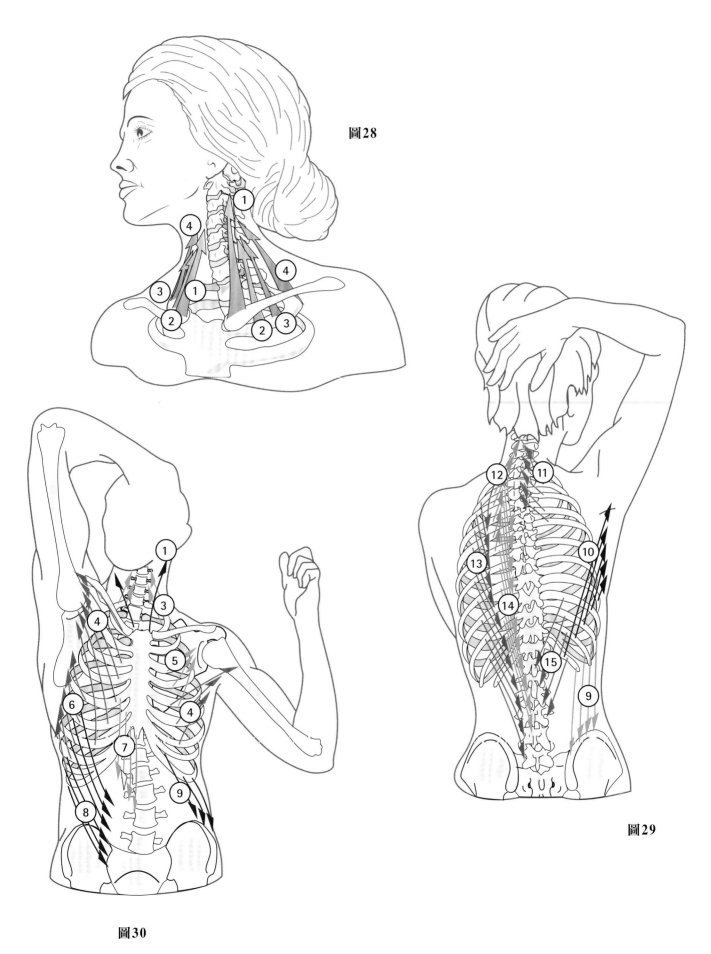

圖28

圖29

圖30

橫膈與腹肌之間的拮抗−協同作用

橫膈是主要的吸氣肌。腹肌是非常強大的輔助吐氣肌，這對於產生用力吐氣和努責現象至關重要。然而，這些似乎具有**拮抗作用**的肌群卻同時又具有**協同作用**。這似乎是自相矛盾的，甚至是不合邏輯的，但實際上它們不能獨立運行。這是拮抗 − 協同作用的一個例子。

那麼，在呼吸的兩個階段中，橫膈和腹肌之間的功能關係是什麼？

吸氣期間

在吸氣期間（圖 32，前視圖），橫膈的收縮會**下降中心腱**（紅色箭頭），從而**增加胸腔的垂直直徑**。這些變化很快被**縱膈內容物（M）的牽拉**所抵制，最重要的是受到**腹腔內臟（R）的抵抗**，而腹腔內臟的抵抗力則由**強大的腹肌群**所形成，即腹直肌（RA）、腹橫肌（T）、腹內斜肌（IO）和腹外斜肌（EO）。沒有它們，腹部內臟將往下方及前方移位，並且中心腱將無法為橫膈**提起肋骨**提供堅實的加固。因此，腹肌群這樣的**拮抗 − 協同作用**對於橫膈的效率是不可或缺。這個概念在各個疾病中得到證實，例如在脊髓灰質炎中，**腹部肌肉麻痺**會降低橫膈的呼吸效率。在**圖 31**（側視圖）中，腹部大扁平肌的纖維方向形成一個六角星形，這是腹壁「編織材質」的極簡化版。

吐氣期間

在吐氣期間（**圖 33** 側視圖和**圖 34** 前視圖）橫膈鬆弛，腹肌群的收縮使胸廓出口周圍的下方肋骨下降，**同時減少了胸腔的橫向和前後直徑**。此外，通過增加腹腔內壓力，它們**向上推動內臟**並升高**中心腱**。這**縮小了胸腔的垂直直徑**並封閉了肋橫膈隱窩。因此，腹肌是**橫膈的完美拮抗肌**，因為它們**同時減小了三個胸徑**。

橫膈和腹肌群的各個作用可以通過以下**圖像顯示**（**圖 35**）。兩組肌肉均處於永久收縮狀態，但其強直活動卻相互不同。

在吸氣過程中，橫膈的張力增加，而腹肌群的張力減小。相反，**在吐氣期間，腹肌群的緊繃度增加而橫膈的緊繃度減少**。

因此，這兩個肌群之間存在**動態平衡**，該動態平衡**以某種方式持續地轉換**，並提供了**拮抗−協同作用概念的範例**。在**聲門閉合（closed glottis）** 時主要和輔助吐氣肌群的強力收縮，會產生被稱為「腹部用力」的動作，將腹部轉變為**「氣動樑」**，這在舉起重物時非常重要（見 P.120）。

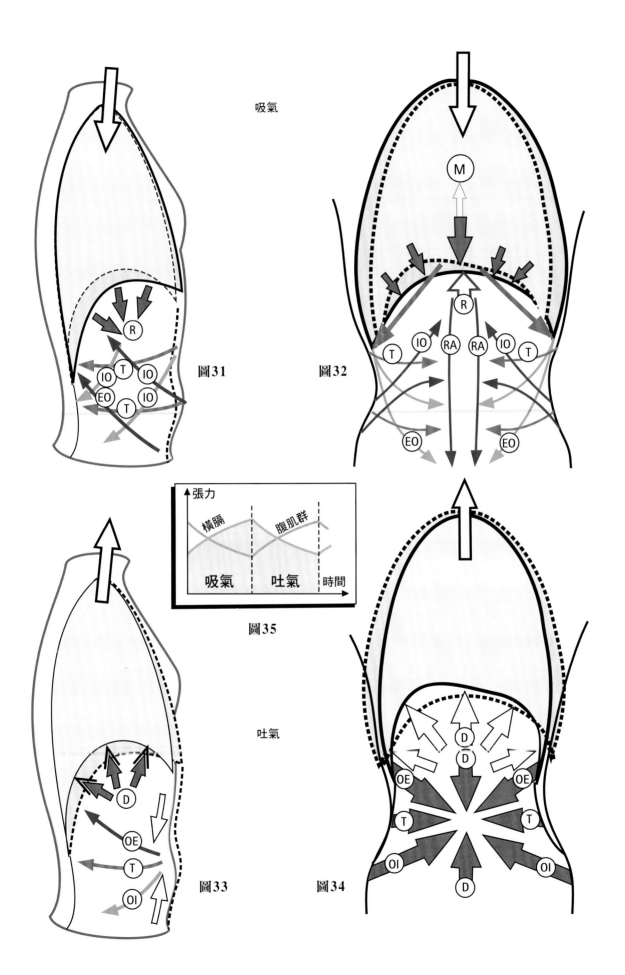

吸氣

圖31

圖32

張力

橫膈　　腹肌群

吸氣　　吐氣　　時間

圖35

吐氣

圖33

圖34

呼吸道中的氣流

Funck 的 經 典 實 驗（圖 36 和 37） 展示了呼吸道中的空氣流動。用防水彈性膜代替燒瓶的底部，並在燒瓶中放入一個橡膠氣球，該橡膠氣球通過一根穿過軟木塞的管子與外部連接。只需**移動彈性膜**，即可對氣球充氣或放氣。如果將該**膜片拉下（圖 37）**，則燒瓶的內部容積將增加容積 **V**，而內部壓力會**降至大氣壓以下**。結果，剛好**等於 V** 的空氣進入管子並給橡膠氣球充氣。**這就是吸氣的機轉。**

相反地，如果**彈性膜被釋放（圖 36）**，它會回彈而燒瓶的體積會以**相同體積 V** 減少，而內部壓力會提高且氣球內的空氣會透過管子排出。***這就是吐氣的機轉。***

因此，呼吸取決於胸腔容積的**增加或減少（圖 38）**。如果最初將胸腔視為具有基部 ACBD、橫截面直徑 CD、前後直徑 AB 和垂直直徑 SP 的頂部削平的**截斷卵圓形**，那麼呼吸肌（尤其是橫膈）的作用會將其所有直徑增大為較長的截斷卵圓形 A'C'B'D'，具有前後直徑 A'B'，橫向直徑 C'D' 和垂直直徑 SP'，此處與 Funck 實驗唯一的不同就是實際上**這個容器的所有向度都同時增加了**。

但是，**實驗設置和解剖學實際之間存在驚人的相似之處**，即：

- 空氣通過的**垂直管道**即是氣管。

- **膨脹的氣球**是肺。
- 燒瓶底部的**彈性膜**是**橫膈**，它還會增加所有其他相關的徑度。

　　需要強調**兩點**：

- 一方面，肺部**充滿整個胸腔**，並通過潛在的**肋膜空間**（即**肋膜**）連接到胸壁。實際上，當肺擴張並相對於**胸壁移動**時，其兩個**並列**的分層可自由滑動，並確保肺與胸腔之間不會限制呼吸運動。
- 另一方面，在吸氣期間，胸腔內壓力下降並且變為負壓，不僅相對於外部，也是**相對於腹腔**。結果，空氣進入氣管和肺泡，並且**靜脈回流到右心房（RA）的速度加快**。因此，吸氣**造成心臟填充期**，並在循環次數較少之下，使**靜脈血與肺泡中新吸入的新鮮空氣緊密接觸**。因此，**吸氣可同時確保空氣進入和肺血管灌流**。

以呼吸氣流我們開始思考**打呼**行為，這種行為常使同寢者感到不舒服。***幾乎所有的人都打呼***，甚至有一些動物也是，某些姿勢容易造成這樣的狀況。打呼是由仰臥姿勢和深度睡眠期間發生的**軟顎振動**引起的。現在有一些或多或少有效的藥物治療。但有時，可能需要運用軟顎整形手術才能治癒。

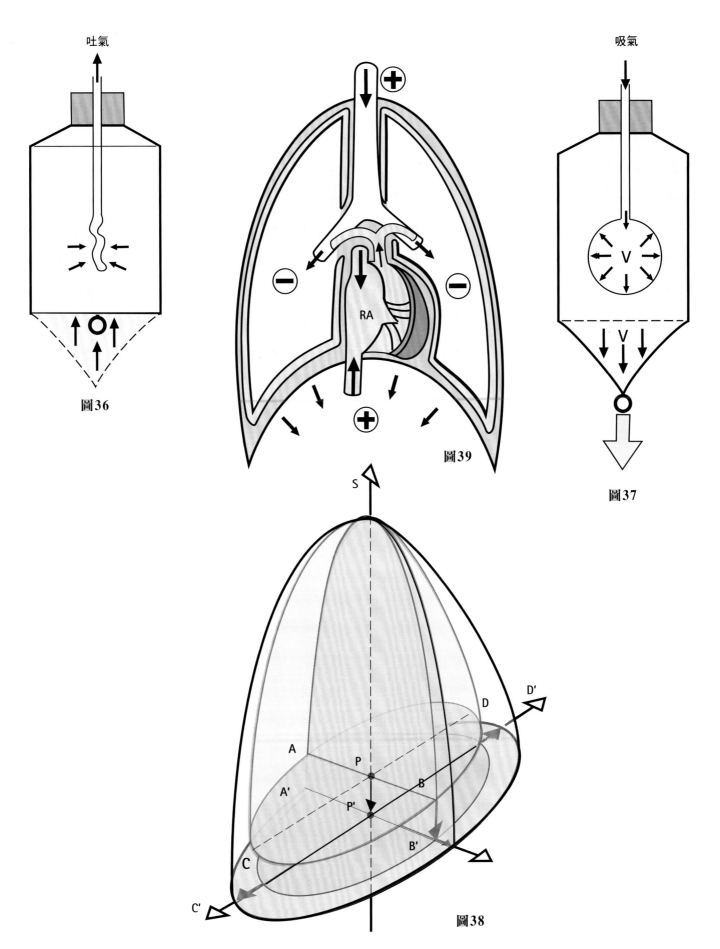

吐氣

圖36

吸氣

圖37

RA

圖39

S

A
A'
P
P'
B
B'
C
C'
D
D'

圖38

呼吸容積

呼吸或肺容積是指在各個呼吸期和類型期間氣體交換的容積。

各種呼吸容積的比較

我們發現使用手風琴的摺來代表這些不同的容積很有幫助，因為它簡化了它們之間的比較：

- **在休息狀態的安靜呼吸中（圖 40）**，各種容積的定義如下：在正常呼吸之間排出的空氣為**潮氣容積**（TV，即 0.5 公升）。在圖中，這個容積以**肺量圖變動**中的藍色色帶顯示（2）。

- 如果通過強制吸氣延長了正常吸氣，則吸入的額外容積代表**吸氣儲備容積**（IRV，即 1.5 公升）。

- 吸氣儲備容積和潮氣容積之和為**吸氣量**（CI，即 2 公升）。

- 持續增加為最大**吐氣儲備容積**（ERV，即 1.5 公升）。

- 吸氣儲備容積、潮氣容積和吐氣儲備容積之和為**肺活量**（VC，即 3.5 公升）。

- 即使完全吐氣，也無法被排出的一些空氣，並且仍然存在於肺和支氣管中，即**肺餘容積**（RV，即 0.5 公升）。

- 肺餘容積和吐氣儲備容積之和為**功能儲備量**（FRC，即 2 公升）。

- 最後，肺活量和肺餘容積之和即為**總肺容量**（即 4 公升）。

運動中

在運動期間（圖 41），總肺容量內各個容積的**分解方式不同**，如下所示：

- **只有肺餘容積是不變的**，因為無論呼吸力道如何，它都永遠不會被排出。

- 另一方面，隨著呼吸速率的增加，**潮氣容積（TV）上升到最大值**，但隨後隨著呼吸速率再增加，**潮氣容積會趨於些微下降**。因此可知，**潮氣容積確實達到了最大值**。

- 吐氣儲備容積明顯增加，表明**運動時快速呼吸的深度**比休息時呼吸更接近胸腔的最大擴張程度。

- 由於潮氣容積和吐氣儲備容積的增加，**吸氣儲備容積下降**（IRV）。在圖 41 中，增加了肺量圖以進行比較。

所有細節皆合乎邏輯並容易記憶，在日常工作和體育活動中非常重要。

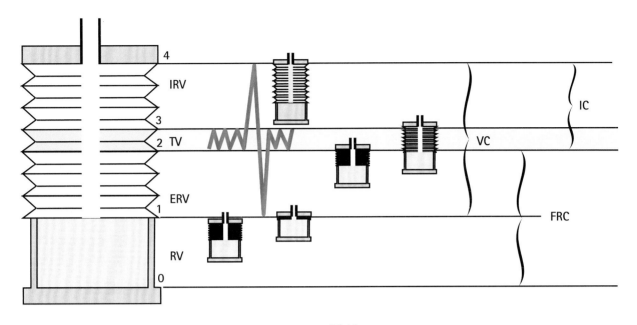

圖40

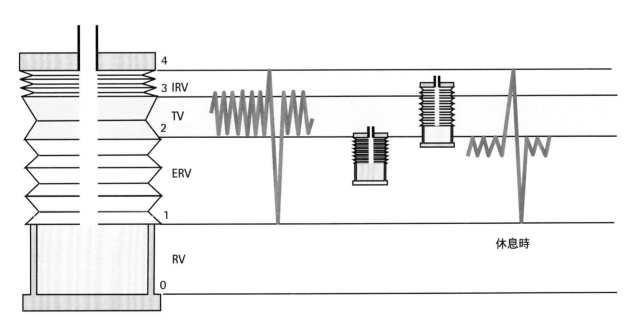

圖41

呼吸的生理病理學

許多因素都會干擾呼吸效率。

改良後的 Funck 實驗可以說明**連枷胸**的問題（**圖 42**）。如果燒瓶壁的一部分被另一層彈性膜代替，則當底部膜被拉下時，燒瓶壁中的膜將被**吸入並移位成體積 V，必須從總體積中減去。因此，充氣的氣球體積為 V 減去 v**。

人體中，**連枷胸**是猛烈撞擊胸部的結果；結果，**胸壁的大部分停止了它應有的動作並在吸氣時反被吸入**，導致**矛盾呼吸**。呼吸效率降低，導致**呼吸窘迫**，**肺泡微血管中的氧氣吸收量**急劇下降。

還有許多其他情況使呼吸效率下降，甚至導致**呼吸窘迫**。它們主要是由換氣問題引起的，總結在**圖 43** 中。

- **氣胸**（1）是空氣進入肋膜腔，然後由於其自身的彈性（2）使肺回彈。它可能是由肋膜與肺的撕裂引起的，每個吸氣（黑色箭頭）處的空氣都進入肋膜腔。這對應於**創傷性呼吸急促**，導致嚴重的呼吸窘迫。空氣進入肋膜腔也可能是由於**支氣管**破裂或**肺氣腫**破裂引起的。當肋膜不再拉動肺部時，肺部變得無法作用（2）。這也可能是由**血胸**（血液積存在肋膜腔中）、**胸腔積水**（體液積存在肋膜腔中）或**肋膜炎**（3）所引起的，此時體液會在胸腔底部聚集。

- **連枷胸**（4）也會多少導致嚴重的呼吸效率下降。

- 在**支氣管阻塞合併肺擴張不全時**（5），支氣管提供的區域沒有空氣，肺組織會縮回。

在該圖中，由於上葉支氣管阻塞，導致左上葉**不擴張**。

- 在**肋膜炎、膿胸或血胸後出現發炎性肋膜增厚**（6）時，**殼狀硬化性肋膜**緊緊地包住肺部並*阻止其在吸氣時擴張*。

- **急性胃擴張**（7）阻礙了橫膈下降。

- 因腸道阻塞造成嚴重腸擴張（8）使橫膈向上移位；是呼吸窘迫的**腹部原因**。

- **膈神經麻痺（圖 44）**會干擾呼吸。在該圖中，膈神經的中斷導致**左邊單側橫膈麻痺**，出現矛盾呼吸動作，例如：在吸氣過程中反而向上而不是向下。

換氣的力學原理也可以通過**身體的位置**而大大改變。

- **在仰臥位置（圖 45）**，腹部內臟的重量將橫膈向上推，使**吸氣更加困難**。潮氣容積減少並如圖中向上移動（**圖 43**），須以吸氣儲備容積作為代價。這在**全身麻醉下**發生，並且可能由於麻醉藥和肌肉鬆弛劑而變得更糟，這降低了呼吸肌群的效率。因此，氣管插管後輔助呼吸的重要性通常是透過麻醉或使用呼吸器機械式地進行。它也發生在**昏迷的患者**中。

- **當個案躺在某一側（圖 46）**時，將橫膈向上推到另一側，**下肺部的效率低**於上肺部，更糟糕的是，循環鬱積出現。麻醉師對此特別恐懼。

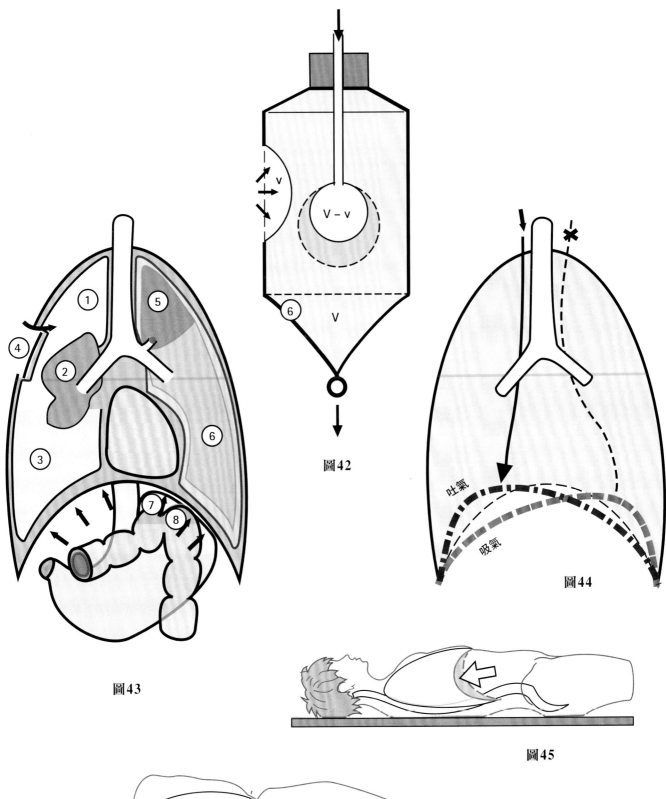

圖42

圖43

圖44

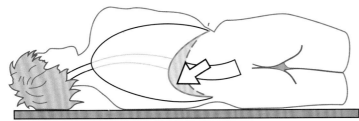

圖45

圖46

吐氣

吸氣

呼吸類型：運動員、音樂家及其他

換氣力學隨**年齡和性別**而變化（**圖 47**）：

- **在女性中**，呼吸主要是上胸腔，最大動作範圍發生在上胸腔，其前後徑增加。
- **在男性中**，這則是**混合型**，即呼吸是於**上胸腔和下胸腔**。
- **在孩童中**，則是**腹部**。
- **在老年人中**，駝背會使其極大地改變。

要了解老年人的呼吸病理生理學，以**中國燈籠**舉例（**圖 48**）：

- 在這個**假設實驗中**，胸部以懸掛在一根堅硬而直的桿上的中國燈籠為代表，該桿與**胸椎**相對應。
- 通過拉動**燈籠最上面的圓圈**來產生**吸氣**，這對應於斜角肌和胸鎖乳突肌的收縮。同時，將燈籠的底部拉下，對應於**橫膈的收縮**（D）。
- 由於這兩個動作，**燈籠的體積增加**並且裡面的空氣湧入。
- 如果**釋放**燈籠最高位置和底部的拉力（**圖 49**），則燈籠在重力（g）的作用下沿著與脊柱相對應的剛性桿塌陷，其體積減小。這等同於吐氣作用。
- 現在讓我們假設支撐桿不是**直的而是彎曲的**（**圖 50**），如駝背那樣。燈籠永遠處於塌陷和收縮的狀態，若要將最上面的圓圈向上拉，則困難得多。因此，容積 **R** 對換氣沒有幫助。

該實驗說明了由於**胸廓彎曲加劇，即駝背而引起的呼吸困難**。**老年人**也會出現同樣的問題（**圖 51**）。上胸腔的彎曲使肋骨更靠近，並減小了其動作範圍。因此，上肺葉充氣不良，並且呼吸轉為下胸腔甚至腹部。肌肉的張力衰弱使這種情況變得更糟。肋軟骨彈性的喪失也導致潮氣容積下降。在處理呼吸生理問題時，**嘆氣動作**值得一提。這是**深吸氣**導致的結果，然後**延長吐氣**。從生理上來說，它有助於更新死腔及儲備腔室內的空氣。從心理上講，這種類下意識的行為可以**緩解情緒上的緊張**，尤其是焦慮，通常來說，**經歷了苦痛之後才透過嘆氣來緩解的**。

呼吸在某些行業中起著重要作用，例如**運動員**，尤其是**游泳**。對於**演奏吹奏樂器的音樂家及歌手**來說，這也是非常重要的，因為他們需要**最大的呼吸能力和呼吸控制，因此要依賴於吐氣肌群的控制**。此外，在眾多音樂家中，呼吸在換氣功能之外起著重要作用，因為**呼吸節奏決定著音樂家的演出**。在某些慢板音樂中，呼吸模式明顯不同，甚至**可以說它是音樂家的內部節拍器**。

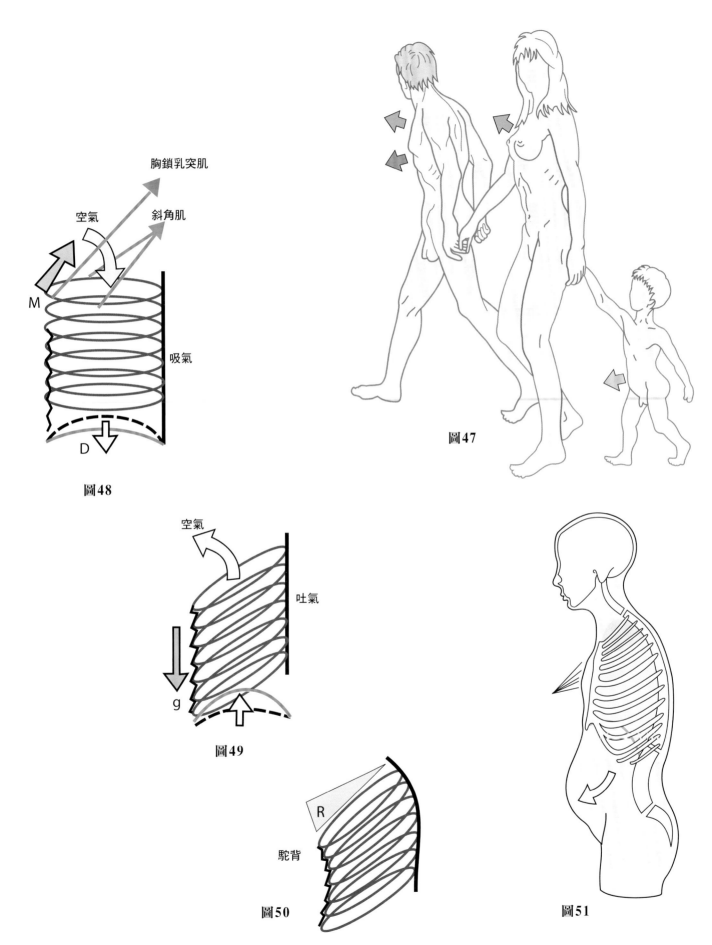

胸鎖乳突肌

空氣

斜角肌

M

吸氣

D

圖48

空氣

吐氣

g

圖49

R

駝背

圖50

圖47

圖51

死腔

死腔是**無助於呼吸**交換的空氣量。在**圖 52**中，呼吸容積由手風琴表示。如果排氣管由**較大的容器**（EM）延伸而出，則**死腔將不自然地增加**。實際上，如果僅移動 500 毫升的潮氣容積，並且管子和容器的總體積也為 500 毫升，則呼吸只會置換死腔內的空氣，並且**沒有新鮮空氣在手風琴內移動**。

以潛水員的情況（圖 53）更容易理解。讓我們假設他僅通過吸氣和吐氣的管道連接到水面。如果管子的體積等於他的肺活量，儘管他盡了最大的努力，他將永遠也無法吸入新鮮空氣。**每當他喘口氣時，他只會吸入被自己之前的吐氣汙染的空氣**。因此，**他很快就會窒息死亡**，就像在潛水的初期偶爾發生的情況。透過氣泡輸送新鮮空氣，並透過**放置在頭盔中的閥門**將吐出的空氣排出，可以解決該問題，如氣泡所示。

解剖死腔（圖 54）是**呼吸樹的體積**，即**上呼吸道**的體積，包括嘴、鼻子、氣管、支氣管和細支氣管。該體積等於 150 毫升，因此在正常呼吸過程中，**只有潮氣容積移位**時，參與肺泡氣體交換及**靜脈血充氧**的新鮮空氣不超過 **350 毫升**。可通過以下方式提高效率：

- 透過徵召吸氣或吐氣儲備容積來提升排出的空氣量。
- 通過**氣切造口**（T）減少死腔的體積，氣切造口將氣管直接連接到外部，並將死腔減少近一半。

但是，氣切造口並非沒有風險，因為它**剝奪了呼吸樹的自然防禦能力**，即鼻腔過濾並加熱吸入的空氣，最重要的是聲門對異物的封閉，使它暴露於**嚴重的支氣管肺部感染中**。因此，只能在嚴重的危急狀況下使用它。

在**圖 55**中，**呼吸容積由手風琴和氣切造口表示**，位於管子底部的開口處（另見 P.169 的圖 40 和 41）。

還有**另一種類型的死腔（圖 56）**，即**生理死腔**（PDS），這是由於**肺栓塞（PE）而失去了肺段的血管灌注**所致。該未灌注段的通氣被浪費了，從而增加了解剖死腔。

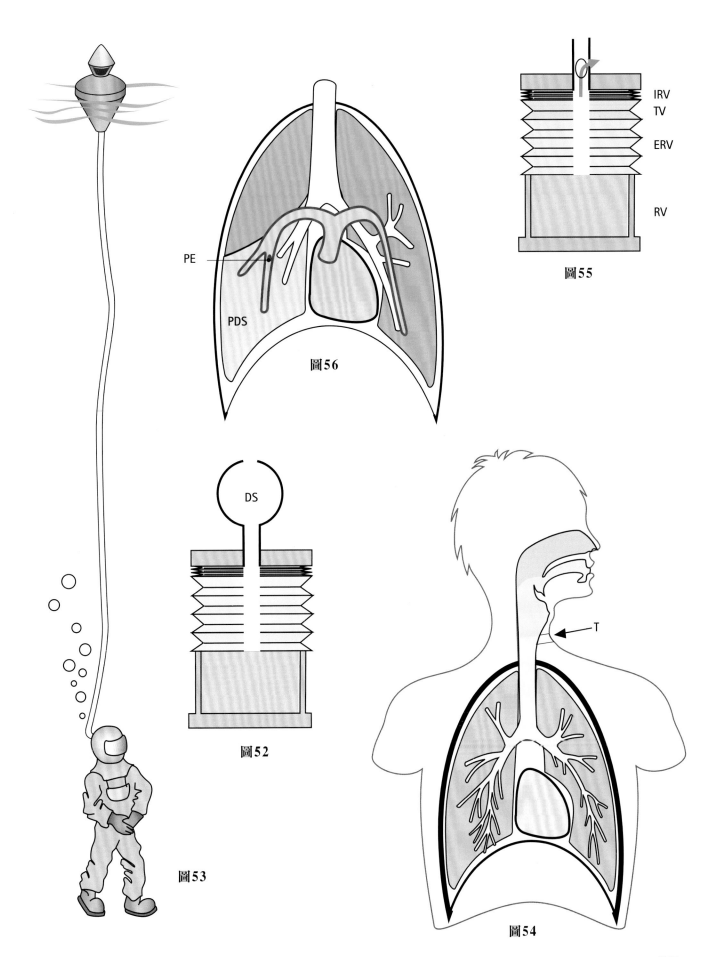

PE

PDS

圖56

IRV
TV
ERV

RV

圖55

DS

圖52

圖53

T

圖54

胸腔順應性

順應性直接關係到胸腔和肺部**解剖結構之彈性**。

在正常的吐氣狀態下（圖 57），胸腔和肺恢復其平衡位置，這可以與靜止時的彈簧相較。因此，肺泡內壓力和大氣壓力處於平衡狀態。

在強制吐氣期間（圖 58），活化的肌肉會**壓縮胸部的彈性成分**。舉一個具體的例子，如果壓縮代表胸腔的**彈簧**以產生 20 公分水柱壓力的**正胸內壓**，則肺內壓將超過大氣壓，空氣將通過氣管逸出。同時，胸腔將**趨於恢復其原始位置**，意即讓彈簧趨於回到其**原始位置 0**。

相反地，**在強制吸氣期間（圖 59）**，這可以與**彈簧的牽拉**相比較，相對於大氣壓力，胸腔中會產生負 20 公分水柱壓力的**負壓**。結果，空氣進入了氣管，但是**胸部的彈性又將使它回到其原始位置**。這些變化可以通過使用**順應性曲線（圖 60）**以圖形方式表示，該曲線**顯示胸腔內壓力的變化（橫坐標）與胸腔內體積的變化（縱坐標）相關聯**。

可以繪製三個這樣的曲線：

- **總胸腔舒張曲線（T）**，其中零壓力對應於總舒張時的體積（VR），是單獨的肺部體積／壓力曲線（P）和胸壁肺部體積／壓力曲線的結果（S）。
- 值得注意的是，剩餘容積對應於肺部彈性（Ps）施加的壓力相等，並且是相反的點。
- **在容積 V3 時**，即在總肺容量的 70％ 時，僅

由胸壁產生的壓力為零，而在胸腔完全放鬆時產生的壓力完全是藉由肺的彈性來產生（兩條曲線 P 和此時 **T** 相交）。

在中等體積（VR）時，純粹由胸壁放鬆產生的壓力，其恰好等於由肺部放鬆產生的壓力的一半。因此，由胸壁的完全放鬆所產生的壓力等於由肺部放鬆所產生的壓力的一半。

最後一點值得強調，**在最大吐氣時，由於曲線 P 仍位於零壓力的右側，因此肺尚未失去所有彈性**。這解釋了為什麼當空氣進入肋膜腔時，肺仍可縮回至最小容積 Vp，此時它們無法繼續縮回，因此不會對仍然在裡面的空氣施加壓力。可以將胸腔的總彈性**（圖 61）**與**兩個彈簧的組合**（A）進行比較：代表胸壁的大彈簧 **S** 和代表肺部的小彈簧 **P**。肺通過肋膜對胸壁的功能依賴性可以通過兩個彈簧（B）的偶合來表示，這需要**壓縮大彈簧 S** 並**牽拉小彈簧 P**。這兩個彈簧的偶合等效於一個彈簧（C），代表胸腔的總彈性（T）；但是，如果肺部和胸壁之間的功能性連接被破壞，每一條彈簧會重新回到自己的平衡位置（A）。

總而言之，順應性是**空氣容積與置換空氣所需的壁壓之間的關係**。在圖表**（圖 60）**中，順應性對應於每條曲線的中間斜率，因此綠色曲線的斜率（肺部順應性）大於藍色曲線的斜率（胸壁的順應性），總胸腔順應性就是這兩個順應性的總和（紅色曲線）。

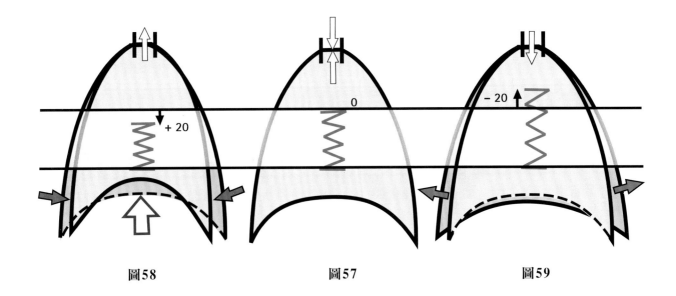

圖58   圖57   圖59

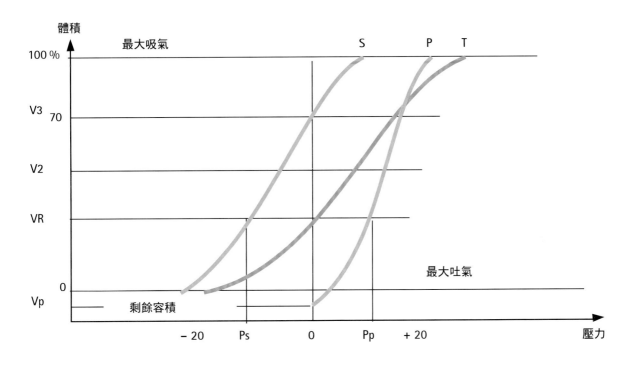

圖60

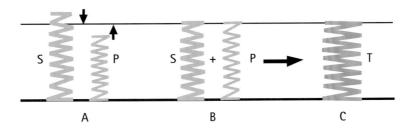

圖61

肋軟骨的彈性

如前所述（見**圖 19 和 20**，P.155 和 P.157），在**吸氣過程中，肋軟骨會繞著長軸發生角位移和扭轉**。這種扭轉在**吐氣機轉中**很重要。在吸氣（I）期間，肋骨的後端在肋頭關節處保持附著在脊柱上的狀態**（圖 62）**，並且隨著胸骨的上升，肋軟骨**沿其長軸旋轉**，如箭頭 t 和 t' 所示。

同時，**肋軟骨關節和胸肋關節的角度也改變了。**（為使這一點更容易理解，該圖顯示胸骨為固定而脊椎為可移動，這在力學上是類似的安排。）

如圖所示，肋軟骨關節和**胸肋關節（圖 63）**在軟骨的每一端都是互鎖的關節：

- **軟骨的內側**（3）和**胸骨邊界**（1）緊密地相互鎖住，形成一個**立體角**（2），完全由軟骨的尖端（4）充滿。這裡允許垂直動作，但**沒有扭轉動作**。

- **軟骨的側面終端**（5）形狀像**圓錐形，前後扁平**，並**緊貼在肋骨**（6）的前端，該肋骨的**形狀也與之契合**。這裡也可能會有一些橫向和垂直位移，但**完全沒有扭轉動作**。

在吐氣（E）發生相反的動作。

在吸氣過程中（圖 64），當肋骨下降，胸骨相對上升時，肋軟骨**沿其自身軸線扭轉了角度 t**，從而表現得像**扭力桿，類似於彈簧但並非以縮短或延長來作用，而是透過扭轉來作用，如同其名所指**。這樣的裝置對工程師來說非常了解，用於當作汽車的避震器。因此，如果**一根扭力桿在其長軸上**扭轉，其彈性會儲存成扭轉能量，並在扭轉停止時開始釋放。同樣地，吸氣肌群所產生的能量在吸氣過程中會儲存在肋軟骨的扭力桿中。當這些肌肉開始放鬆時，這些軟骨的彈性足以將**胸腔的骨骼帶回到其初始位置**。這些軟骨的柔軟度和彈性會隨著年齡的增長而降低，並最終趨於骨化，導致**老年人的胸腔柔軟度和呼吸效率喪失**。這種力學分析顯示了有彈性的肋軟骨在將硬肋骨連接到活動性高的胸骨上的重要角色。

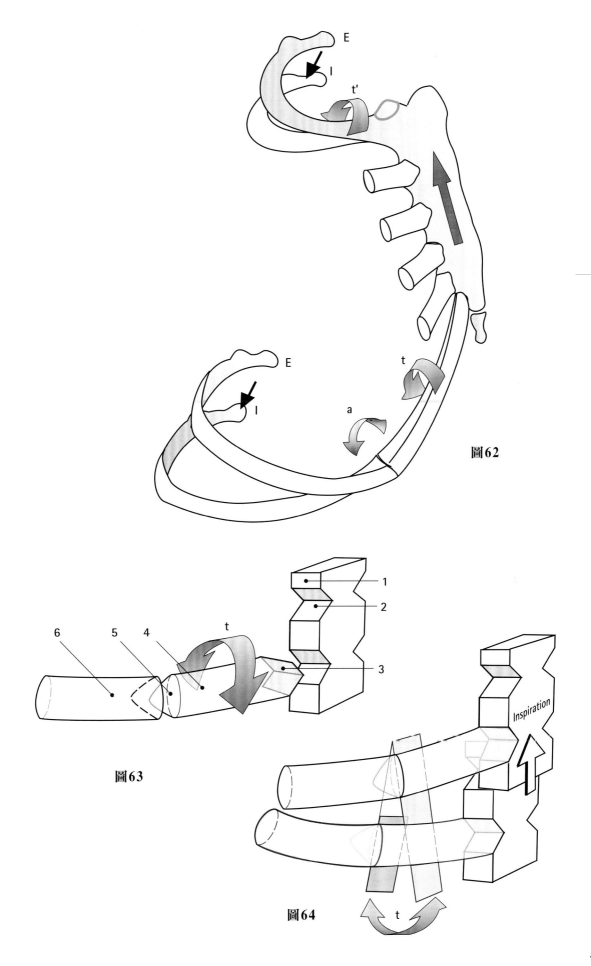

圖62

圖63

圖64

咳嗽機轉和哈姆立克手法

咳嗽機轉

當空氣進入呼吸道時，它會被鼻腔**過濾**、**加濕並加熱**，理論上，當它進入氣管和支氣管時，不會有**懸浮顆粒**。但是，如果偶然地有**異物**進入支氣管樹，則有一種非常有效的機轉可以驅除它們——**咳嗽**。咳嗽是為了將**支氣管黏膜分泌物小包**逐出體外，這些微粒會透過**支氣管上皮組織持續的纖毛活動**而朝著聲門移動——**吸菸會造成這個活動明顯降低**。

咳嗽的機轉分為三個時期：

- **第一期（圖 65）**是**吸氣期**，或所謂的準備階段，此時大部分**呼吸儲備容積**被帶入支氣管樹和肺泡中。這種深吸氣的缺點是它可以將聲門下方的任何異物帶入細支氣管中。
- **第二期（圖 66）**是**壓力期**，其中包括**聲門關閉**，肋間肌以及所有**輔助吐氣肌群**（尤其是**腹肌**）會劇烈收縮。在此時期，**胸腔內壓力急劇上升**。
- **第三期（圖 67）**是**逐出期**。當輔助的吐氣肌群仍然收縮時，**聲門突然張開**並猛烈地釋放支氣管樹的**氣流**。這會帶走包裹著異物顆粒的黏液，**穿過開放的聲門**到達**咽部**，然後**從口腔處咳出**。

因此，咳嗽的**效率**取決於：

- 喚起有效的**腹部肌肉**，因此，在**小兒麻痺症**和腹壁麻痺的患者中，甚至在進行**腹部手術後**，如果這些肌肉的任何收縮都令人感到疼痛和恐懼，咳嗽是*沒有效率或無法進行的*）。
- **聲門的閉合**需要靠**喉部肌肉及其神經控制的整合**。

咳嗽是由位於**氣管分岔處**（隆突）和**肋膜**的感覺受器引起的**反射性行為**。這種反射的傳入神經纖維經由**迷走神經**向中樞傳送到**延腦中樞**。其傳出神經纖維不僅經由迷走神經的分支**喉神經**，而且也透過**肋間神經和腹神經**帶出。其微妙的平衡機轉很容易被擾亂。

哈姆立克手法

在某些情況下，**咳嗽是沒有作用的**，例如吸入**一個大型異物**。當成年人試圖吞下一塊過度嚼勁的肉，然後以錯誤的方式將其吞下時，就會發生這種情況。口腔中的意外物品越過了呼吸道的保護機制，最終進入氣管。兒童也會以相同的方式吸入糖果或奶油蛋卷。這是**突發事件**，因為個案試圖深呼吸並且咳嗽，但只會使**異物從氣管中滑落**得更遠，這將使他的情況惡化。如果沒有外界的直接幫助，他可能會**死於窒息**。人們應該了解在這種意外情況下的**救生方式**：

- 若孩童不大，可以將他倒立，抓住腿並且搖晃他，使糖果掉出。
- 向成年人的背部做幾次重擊；但是，如果經過五次重擊仍沒有改善，請繼續執行更有效的救生方式。
- 站在他的身後猛烈壓縮其上腹部，即是急救人員眾所周知的**哈姆立克手法（圖 68）**。
- 若單獨一人，這個手法可以自救，透過椅子的靠背來擠壓上腹部以進行自我療癒。
- 所有的保姆、年輕父母、醫學生和物理治療學生必須在他們課程的第一年被教授此手法。

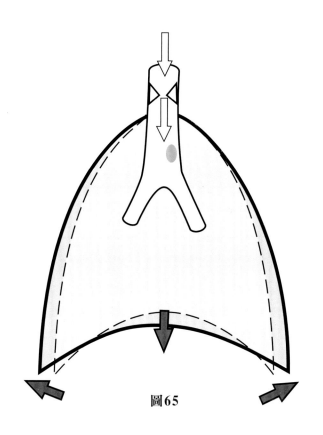

圖65

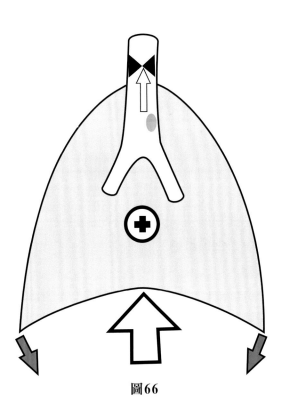

圖66

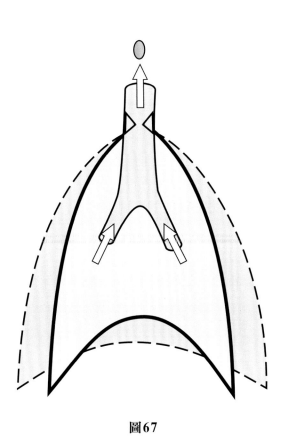

圖67

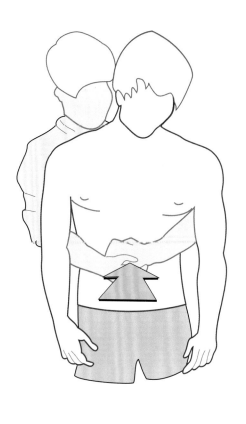

圖68

吞嚥時的喉部肌群和氣道保護

高度精密的**喉部器官**是氣管的門戶，具有三個基本功能：

- 在**努責現象**及**咳嗽**時讓**聲門關閉**。
- 吞嚥時**保護氣道**。
- **發聲**。

了解這些功能需要檢閱喉部的解剖結構，**斜後視圖（圖69）**顯示了以下相互連接的**軟骨**：

- 與氣管的第一環相對應的圖章戒指狀**環狀軟骨**（6）具有一個有**兩個關節小面的圖章板 ***（見**圖75**，P.185）或後薄板（7），每側都有一個：**甲狀腺或下關節面**（22），與甲狀軟骨的下角相連（5），以及軟骨或**上關節面**（21），與杓狀軟骨（8）相連。
- **甲狀軟骨**：其**內側表面**（2）可見，但其外側表面被腹**斜線**（3）所遮蓋，**斜線位於後緣的上半部**，上角（4）透過**甲狀舌骨韌帶**附著在**舌骨上**（此處未顯示）。它由**兩個薄板**所形成的向前立體角而組成，其後表面的下部（見**圖76**，P.185）容納聲帶（15）的**前部附著物**（26）。

位於環狀軟骨的圖章板兩側近似錐形的杓狀軟骨（8）具有三個突起：

- **上突**或小角軟骨（23）（**圖75和76**，P.185）。
- 附著到聲帶的內突或**聲帶突**（25）。
- 附著到後環杓肌（13和14）的側突或**肌突**（24）。

在小角軟骨和環狀軟骨圖章板的上緣之間，有一條 **Y 形韌帶**，即**環狀小角韌帶**（12），在其**下莖幹**及其**兩個上分支**（10）交界處有一個**小的軟骨結節**，即**杓間軟骨**（11）。

會厭軟骨的莖桿（1）附著在甲狀薄板所形成的立體角的後側。形狀像一片葉子，後部凹入，長軸是斜向上下方向。它的兩個邊緣透過**兩條會厭韌帶**（9）連結到小角軟骨。我們也可以看到（P.183 的**圖69**，和 P.185 的**圖73**）將**杓狀軟骨的肌突**和**環狀弓前部**結合起來的**右側外環杓肌**（16），以及經過**甲狀軟骨下緣和環狀弓前緣**的右側環甲肌（17）。

在**圖70**中，**喉部入口**用箭頭標記，並以如下方式劃定邊界：

- 上方是**會厭軟骨**（1）。
- 外側是**杓會厭韌帶**（9），由**杓會厭肌**（19）加強。
- 下方是**小角軟骨**（23），由**環小角韌帶**（10）結合，其後方由**橫杓間肌**（18）的橫向纖維加強。

該入口的側壁由**下甲杓肌**（20）的淺層纖維完成。正常呼吸時入口會打開。

在吞嚥過程中，聲門閉合，會厭透過**杓會厭肌**（19）和**下甲狀杓肌**（20）的牽拉向小角軟骨下後方傾斜**（圖71）**。固體食物和流質食物在**會厭的前上表面**滑落，向位於環狀軟骨後方的口咽部及**食道入口**（未顯示）而去。

*這個用詞來自其與圖章戒指最上方較寬部分的形態相似

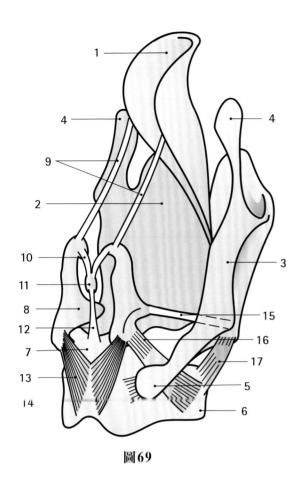

圖69

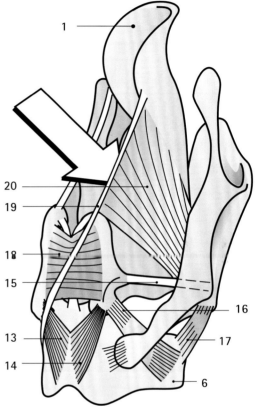

圖70

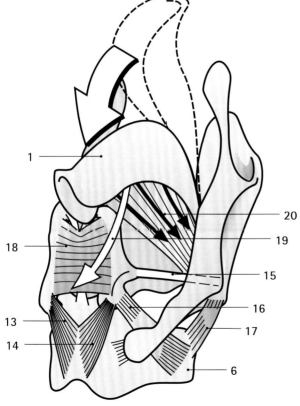

圖71

聲門和聲帶：發聲

聲門是控制喉部中空氣流動的通道。這**兩張圖**（**圖72和73**，上方視圖）說明了聲門如何產生功能。

從咽部（即從上方）看到的聲門裂是一個**具有前頂點的三角形裂隙（圖72）**，其兩個邊界如下：

- 連接**甲狀軟骨後表面**（3）和杓狀軟骨**聲帶突**（25）的**聲帶**（15）；
- 透過兩個垂直軸為o和o'的兩個關節，從上方與**環狀軟骨**（7）連接的**杓狀軟骨**（24）。

後環杓肌（13）收縮後，將杓狀軟骨在其軸o和o'上旋轉，並藉打開聲門來外展聲帶突（25）。

相反地**（圖73）**，當外環杓肌收縮（16）時，杓狀軟骨以相反方向旋轉，**聲帶突**（25）朝向中線彼此接近，而**聲帶**（15'）相互接觸，進而確定**聲門裂關閉**。

聲帶的局部圖（圖74）顯示當聲門從打開位置（g）移到閉合位置（g'）、而聲帶從打開位置（15）移到閉合位置（15'），並由杓狀軟骨（24）引起的聲帶突的位移（紅色箭頭）而牽拉了它們到長度d。聲帶**增加的張力**會**在說話時產生較高的音調**。

最後兩張圖說明了說話時**聲門如何閉合（圖75）**以及聲帶**如何拉緊（圖76）**。

環狀軟骨（6）和**杓狀軟骨**（8）的左**前視圖（圖75）**顯示了被放置在**環狀圖章板**（7）上的杓狀軟骨，及與之相連的**杓狀小面關節**（21）。這個**滑膜類型的環杓關節**的軸方向是上下斜向、內外方向和後外方向（未顯示）。

當**杓間肌**（18）和**後環杓肌**（14）收縮時（見**圖71**，P.183），杓狀軟骨**向外側擺動**至新位置（深藍色，圖75），而它的聲帶突（25）**從中線移開**。兩條**聲帶**（15）形成一個**三角形的孔，其頂點位於前面（圖72）**。相反地，當**外環杓肌收縮**時（**圖70**中的16），杓狀軟骨向內側擺動，而其**聲帶突與聲帶**（15'）**向中線靠攏（圖73）**。

如圖所示**（圖74）**，在說話過程中，聲帶承受著不同的張力。聲門閉合時，聲帶會延長。此外**（圖76）**，假設環狀軟骨（6）保持閒置狀態，**環甲狀肌的收縮**（17）（見圖69–70–71）使甲狀軟骨圍繞著甲狀軟骨及環狀軟骨（5）下角之間的關節軸旋轉，所以甲狀軟骨前部降低。聲帶的前方連結處**從位置26移動到位置26'，並且透過收縮的環甲肌**（17'）**主動地牽拉**而延長聲帶。這條由**喉返神經**支配的肌肉**因此成為說話中最重要的肌肉**，因為它**控制聲帶的張力並藉此控制聲音的音調**。

因此，有兩種調節聲帶張力的機轉：

- 透過外環杓肌的收縮來閉合聲門裂。
- 透過環甲肌的收縮使甲狀軟骨向前傾斜。

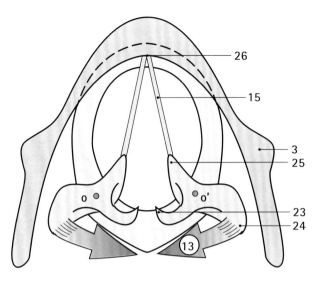

圖72

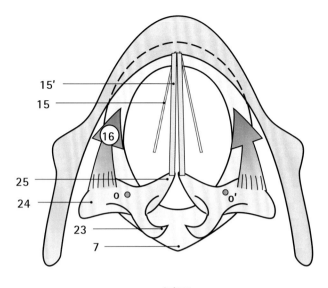

圖73

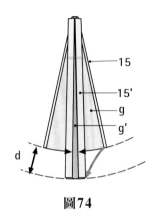

圖74

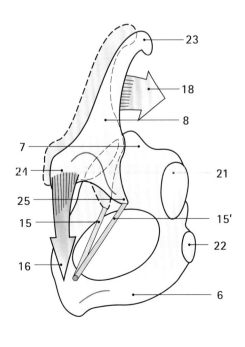

圖75

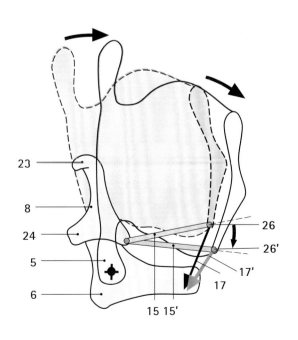

圖76

第5章

頸椎

頸椎位於脊椎的最上段，與胸椎連在一起，支撐著頭部並形成**頸部的骨骼**，為脊椎中**活動性最高的部位**，負責讓頭部能夠以縱向或橫向 180°轉動。**頸椎與眼球的活動性是相互連動的**，由於人**主要的感官（眼、耳、鼻）**都位於頭部，為了生存，頭部必須有能夠察覺個體潛在威脅以及關鍵點的能力。

頭部以縱向區分為左右**兩個半球**，來自兩半球的刺激需要被分隔，以達到**三維的視覺與聽覺**，並且提供必要的數據察覺威脅或發現關鍵點，因此頸部相當於在空中連續旋轉的**雷達支架**，唯一不同的地方是，人體頸部的活動角度無法大於 170°至 180°，當然相較於沒有頸部的動物來說，人類頸部的活動角度已經是相當

可觀的了，儘管沒有頸部的動物，眼球靈活度極佳，牠們仍然需要轉動整個身體來獲取不同角度的視野。

頸椎雖然在整個脊椎中最靈活，卻同時也是**最脆弱**的部分。因為人體的頸部活動性高，結構又輕，只需要支撐相對輕的頭部。（除了在某些族群中，頸部必須承受較大重量。）

而在女性族群之中，頸部的細長與否視為評斷美的標準之一，同時也昭顯了其為**人體中最暴露於外的部分**，極易受到壓迫、勒斃、扭轉或割傷的致命攻擊。頸部不論是在**某些重大意外發生之後**，或是在**任何與頸部相關的各種治療中**，都必須非常小心地照顧。

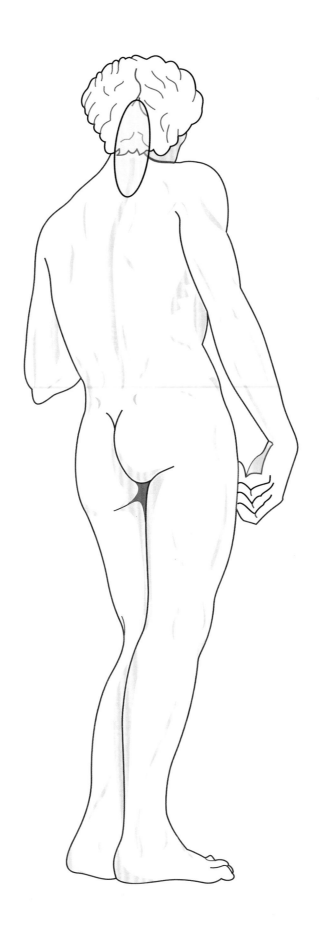

頸椎作為一個整體

頸椎是由**結構與功能上兩個不同的部分**所組成**（圖 1）**：

- **上段（或稱枕下段）**（1）包含了第一節頸椎——**寰椎**，以及第二節頸椎——**樞椎**。這些椎骨之間以及椎骨與**枕骨**之間相互連結，可以**在三個軸上自由動作**。

- **下段**（2）自**樞椎**以下延伸至第一**胸椎之上**的頸椎。

所有的頸椎骨在結構上極為相似，但僅寰椎及樞椎與其他的椎骨不同，其兩者彼此也不相同。而下段的關節**活動**也只有兩種：**屈曲伸直**與**側屈—旋轉，但沒有單純的側屈或旋轉**活動。

就功能性來說，這兩個部分存在著協同與拮抗關係，使頭部能夠進行**單純的側屈及屈曲—伸直運動**。

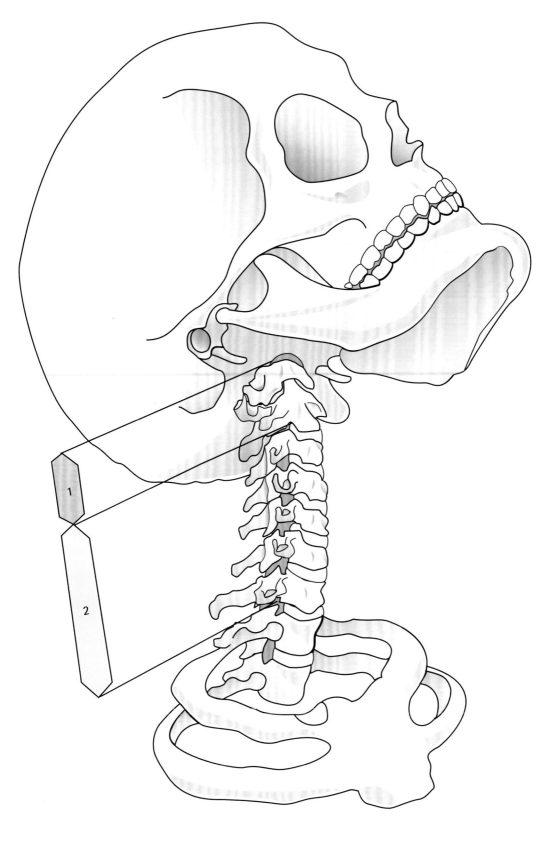

圖1

前三節頸椎骨的示意圖

下列極其簡化的圖像描繪了在同樣的垂直平面上，椎骨間的上下關係：

* 寰椎（**圖2**）
* 樞椎（**圖3**）
* 第三頸椎（**圖4**）

寰椎

寰椎（**圖2**）由前後兩弓及**兩個橢圓形側塊（1和1'）**構成**環狀**，環狀結構中，橫徑比前後徑長，兩個側塊朝內側傾斜，並具有：

* **雙凹狀上關節小面**（2和2'）：朝向上方內側，與枕髁形成關節。
* **前後凸狀下關節小面**：朝向下方內側，與樞椎的上關節小面形成關節（12和12'）。

寰椎前弓（3）的後側有一**小卵圓形軟骨關節小面**（4）與**樞椎齒突**（11）連接。而**後弓**（5）上下平面由扁平漸寬，並非形成**棘突**而是形成**垂直**——即為後弓正中心的**後結節**（6）。寰椎**橫突**（7和7'）被**椎動脈**（8）穿過，並走在**在兩邊側塊後方**的**深凹槽**（8'）。

樞椎

樞椎（**圖3**）椎體（9）的**上表面**（10）中心向上隆起一齒突（11），其作用像是**寰樞關節的樞軸**。兩側關節小面（12和12'）朝向上方外側，**前後凸出且橫向平坦**，像**兩個墊肩**懸在身體上一樣。

後弓（16）由兩個向後方內側斜向的**窄椎板**（15和15'）組成，其**棘突**（18）則像其他頸椎一樣具有**兩個結節**。樞椎**椎弓根**（16）下方與**樞椎下關節突**（17和17'）連結，其兩個**以軟骨覆蓋的關節小面**朝前下方，並與第三頸椎（C3）（24和24'）的**上關節小面**相連。兩側**橫突**（13和13'）分別具有一個**垂直的孔洞**（14）供椎動脈通過，稱為橫突孔。

第三頸椎（C3）

第三頸椎（**圖4**）與最後四節頸椎相似，是為典型的**頸椎骨**。其**椎體**（18）狀似平行六面體，且寬度大於其高度。第三頸椎的**上盤面**（20）兩側具有**鉤狀突**（22和22'），載著兩個關節小面**朝向上方內側**，並與**樞椎下表面兩個關節小面**相連。

其上表面的前緣有一個朝前上傾斜的**平面**（21），且與後方樞椎前緣喙狀的突出相接。而其**下盤面向側後方**與鉤狀突椎體關節之**關節小面**相連，帶有面向前下方的喙狀突起。

第三頸椎**後弓**有兩個**關節突**（23和23'），而每個關節突上具有：

* **上關節小面**（24和24'）：面朝後上方，與**上方椎骨的下關節小面**相接，即樞椎的下關節小面（17）。
* **下關節小面**（無顯示於圖中）：面朝前下方，與第四頸椎的**上關節小面**相連。

每個**關節突**均透過**椎弓根**（25）與椎體相連，椎弓根連接**橫突基部**（26和26'），也連接**椎體側面**。椎弓根具有一個**上凹槽**，其在椎體附近被椎動脈的**圓孔**穿過。而橫突**前後方各有一結節**，椎板（27和27'）朝下方側面延伸，並在中線形成帶有**兩個結節**的棘突（28）。

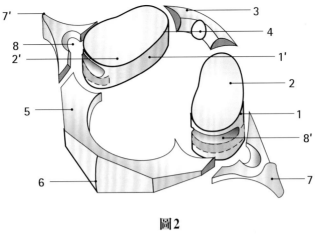

圖2

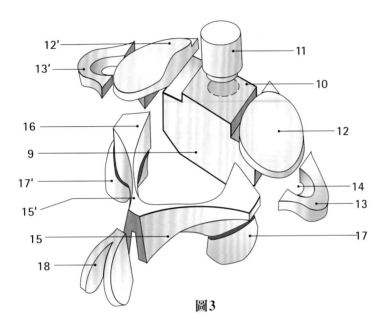

圖3

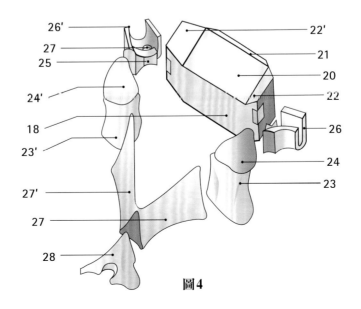

圖4

寰樞關節

寰椎與樞椎的機械連結由**三個力學連結關節**構成：

- 一個**軸向關節**，即**正中寰樞關節**，由齒突軸作為樞軸（見 P.197）。
- 兩個**對稱的外側關節**，即寰椎側塊的下關節小面與樞椎的上關節小面之間的**外寰樞關節**。

圖 **5**（軸線以透視圖表示）及**圖 6**（側視圖）說明了其**卵圓上關節小面**（5）的形狀及方向，其長軸向前後方向延伸，且沿著 **xx'** 這條**曲線前後彎曲，橫向平直**。因此其表面可視為**圓柱 C 表面**的一個截面，其中 **Z 軸**向後下方微傾，關節面就像軍裝上的肩帶橫向面朝上方。關節面剖面的圓柱體（**顯示為透視狀**）包括了樞椎的外側部分，並且剛好懸於**橫突末梢**。

這兩張圖還顯示了**齒突**的特別形狀，大致上為**圓柱形**，但**向後彎曲**，其具有：

- **盾牌形狀的關節面**（1）微向**雙面**突起，並與**寰椎前弓**的**關節小面**相連。
- 位於後方的軟骨**凹槽**（7）橫向凹陷且與具關鍵功能的**橫韌帶**相連。（見 P.194 和 P.196）。

寰椎側塊的**旁矢狀切面**（**圖 7**）顯示了各種關節面的**方向**及**弧度**：

- **正中寰樞關節**中**齒突關節小面**（1）和**寰椎前弓關節小面**（2）的曲線外緣就在縱切的正中矢狀切面上，就位於以圖中齒突後側的 **Q** 為圓心所畫之圓的弧度上。
- **寰椎側塊上關節小面**（3）**朝向後側並前後突起**且與枕髁相連。
- **寰椎側塊下關節小面**（4）前後突起，且落在**圓心為 O 的圓**（其半徑小於以 **Q** 為圓心的圓之半徑）**的弧度上**。
- **樞軸上關節小面**（5）前後突起，且落在**圓心為 P 的圓的弧度上**（圓心為 P 的圓之半徑約等於以 **O** 為圓心的圓之半徑），因此兩關節小面（4 與 5）就像**兩個輪子靠著彼此**，圖中的星形表示寰椎在樞椎上做屈曲－伸直動作的圓心。（見 P.194 的圖 9 與 10）。
- 最後，**樞椎下關節小面**（6）朝向下方前側，近似平面，其傾斜度相當於圓心為 **R** 的大圓之弧度，且與**第三頸椎關節突的上關節小面相連**。（見 P.211）

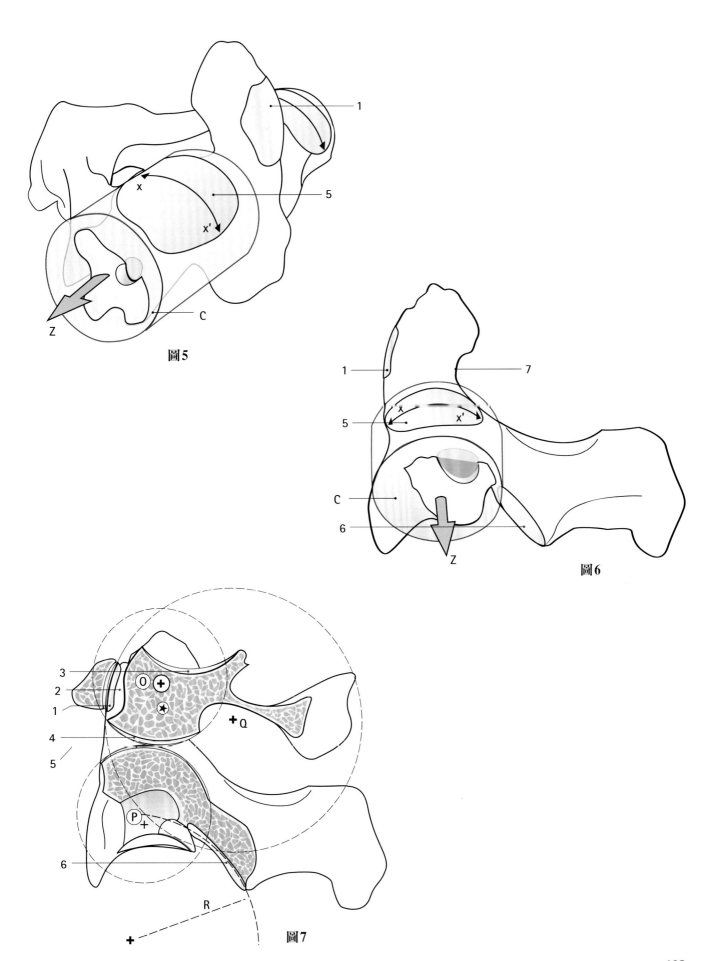

圖5

圖6

圖7

外寰樞關節與正中寰樞關節的屈曲–伸直動作

如果寰椎側塊在樞椎上關節小面**屈曲**滾動而非滑動時**（圖 8）**，兩凸面之間的**接觸點**將**向前**移動，以 P 為圓心，連接 P 點及接觸點形成的 PA 為動作軸，滾動至 PA'，同時寰椎前弓及齒突上關節小面之間的間隙呈一上端**開口的形狀**（b）。

同樣的，如果寰椎側塊在樞椎上關節小面**伸直**滾動而非滑動時**（圖 9）**，兩凸面之間的接觸點將向後**移動**，以 P 為圓心，連接 P 點及接觸點形成的 PB 為動作軸，滾動至 PB'，同時寰椎前弓及齒突上關節小面之間的間隙呈一下端**開口的形狀**（b）。

但在現實生活中，**不論再如何仔細地觀察 X 光片，也沒辦法找到任何上述提到的間隙（圖 10）**，這是由於**橫韌帶**（圖中的 T）的作用，使得寰椎前弓與齒突間緊密貼合。（見 P.196）

寰椎與樞椎間的屈曲–伸直動作的真實圓心（見 P.193 的**圖 7**）既不是 P 也不是 Q，而是從側面觀察，約在齒突中心的**第三點**（圖中

紅色星形）。因此在屈曲—伸直動作中，寰椎側塊的上關節小面會在樞椎上關節小面上**同時間滾動及滑動**，像是股骨髁在脛骨關節面上的活動。

然而必須強調的是，**形成正中寰樞關節後壁的可變形結構**——橫韌帶，使得關節具有一定的彈性，其與齒突後方的溝槽相嵌，能像弧線般在伸直時上彎，屈曲時則下彎，這也解釋了為什麼該關節的凹處並不是全由骨頭所構成，上橈尺關節的環狀韌帶也是同樣的作用，而這兩個關節均屬於半骨半韌帶的樞軸結構。（見第 1 冊）

因此橫韌帶**非常重要**，因其能夠**防止寰椎在樞椎上向前滑動**。通常外傷導致的寰樞關節錯位，當寰椎向前移動（圖中紅色箭頭），齒突將會直接撞擊（圖中黑色箭頭）神經軸（圖中淺藍色部分），使得齒突壓迫延腦，即可能**會立刻致命（圖 11）**。

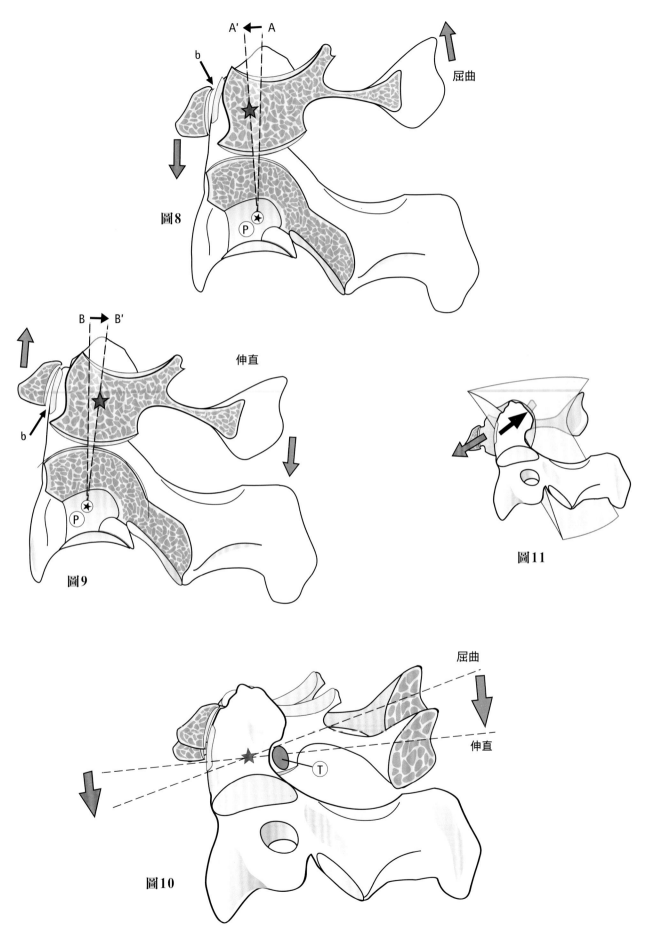

圖8

A' ← A

b

屈曲

P

圖9

B → B'

伸直

b

P

圖11

圖10

屈曲

伸直

T

外寰樞關節與正中寰樞關節的旋轉動作

　　整個寰椎的俯視圖（圖 12）及**放大圖（圖 13）**能夠幫助我們更輕易地了解其結構及在旋轉動作中的作用。**正中寰樞關節**就像是兩個相互連結的圓柱形關節面形成的樞軸關節。

- **齒突**（1）並非正圓柱形，如此才能進行除了**屈曲－伸直動作**之外的其他動作，且其具有前後兩個**關節小面**（4 和 11）。

- 在寰椎前弓（2）後側形成一個圓柱腔，兩旁嵌上兩個側塊，其間凸出兩個明顯的**結節**（7 和 7'），在齒突後方橫向附著著強壯的韌帶－**寰椎橫韌帶**（6）。

　　齒突在**骨韌帶環**中與**兩種完全不同的關節**相連：

- 前面是有著**關節腔**（5）的滑膜關節，有一個**關節囊**和兩個隱窩，一個在右（8），一個在左（9）。其關節面是**齒突的前關節小面**（4）及**寰椎前弓的後關節小面**（3）。

- **後側**的關節*沒有關節囊*，而是以*纖維脂肪組織*（10）包裹住關節，填滿了齒突與骨韌帶之間的空隙。其關節表面為**纖維軟骨**，一個在齒突的後方（11），一個在寰椎橫韌帶的前方（12）。

　　在旋轉動作中，例如向左旋轉時（圖 13），齒突保持不動，而寰椎及橫韌帶形成的骨韌帶環圍繞著齒突的軸心（圖中的白色十字）**逆時針旋轉**，左側的關節囊韌帶鬆弛（9），而牽拉右側的關節囊韌帶（8）；**同一時間，左右外寰樞關節也在動作**，向右旋轉時（圖 14），寰椎左側塊前移（圖中紅色箭頭 L–R），右側塊後縮；向左旋轉時（圖 15）將發生相反的狀況，即寰椎左側塊後縮（圖中藍色箭頭 R–L），而右側塊前移。

　　然而*樞椎的上關節小面*呈**前後突出（圖 16）**，使得寰椎側塊在水平面的移動路徑是向上凸起的弧線（圖 17），而不是平直的。因此當寰椎沿著其**縱軸 W** 旋轉時，其側塊將從 x 移至 x'，或從 y 移至 y'。

　　當寰椎側塊下關節面的圓弧旋轉至中間位置或是沒有旋轉時，圓心 **O** 為其於樞椎上關節小面之**最高點（圖 16）**。而當此圓前移至圓心為 **o'** 時，將會於**樞椎上關節小面之前緣**下降 2 至 3 公釐（e），而其圓心僅下降其一半的距離（e/2）；當圓後移至圓心為 **o''** 時亦然。

　　當寰椎在樞椎上旋轉時，其以**螺旋式**的動作軌跡**垂直下降 2 至 3 公釐**，但旋轉的軌跡非常緊密。此外，還有兩個**相反方向**的螺旋，其一向右旋，另一向左旋。

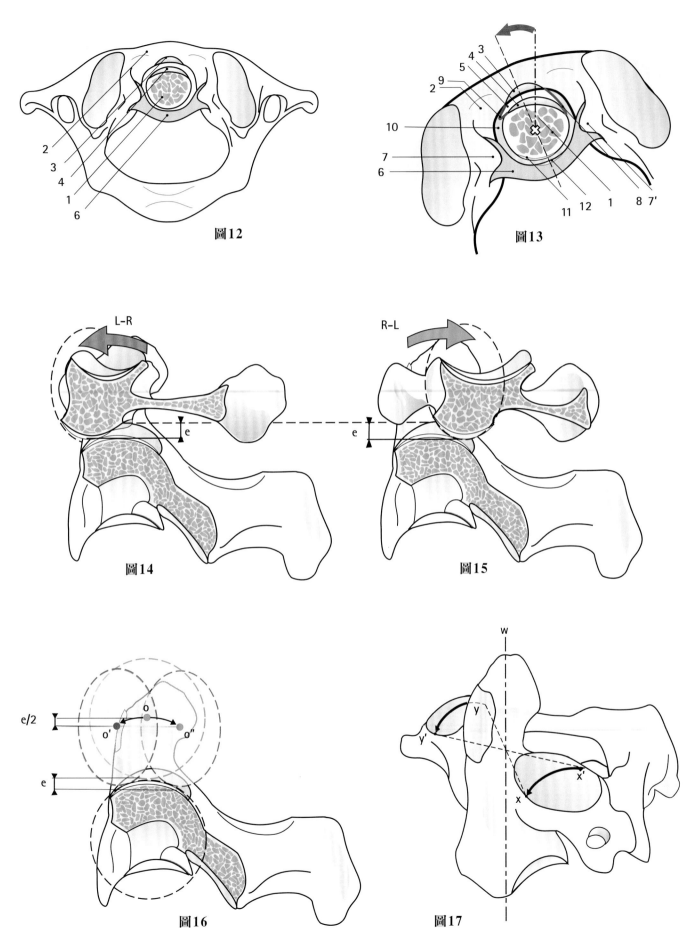

圖12

圖13

圖14

圖15

圖16

圖17

寰枕關節的關節面

寰枕關節由寰椎側塊的上關節面與枕髁的關節面所構成，左右對稱且機械式連結。

寰椎的俯視圖中（圖 18），其關節面呈橢圓形，主要的軸線朝前方向內側延伸，聚集於中線上的 N 點——稍稍位於前弓的前方，而有時會在中間位置內凹，甚至被分成兩個關節面。關節面上襯有軟骨，且其雙邊下凹的幅度相近，因此這些關節面均可視為以 O 為中心的球體的部分（圖 19），O 位於關節面之上，且垂直於 Q；而 Q 則是在寰椎兩對稱軸的交點及與兩關節面後緣的連線上，同時是關節水平面的圓心；P 則是垂直面上的圓心，球體（圖中透明表示）（綠色虛線）就正好在寰椎側塊的上關節面之上。

寰枕關節的後視圖（圖 20）顯示枕髁也位於同樣的球體表面上，其圓心 O 在枕骨大孔上方的顱骨內。因此寰枕關節也可被視為杵臼關節——有著球型關節面（圖 19）與三個軸線和三種動作的關節：

- 旋轉動作：縱軸 QO。
- 屈曲－伸直動作：通過 O 的橫軸 zz'。
- 側屈動作：通過 PO 的前後軸做對稱而小範圍的動作。

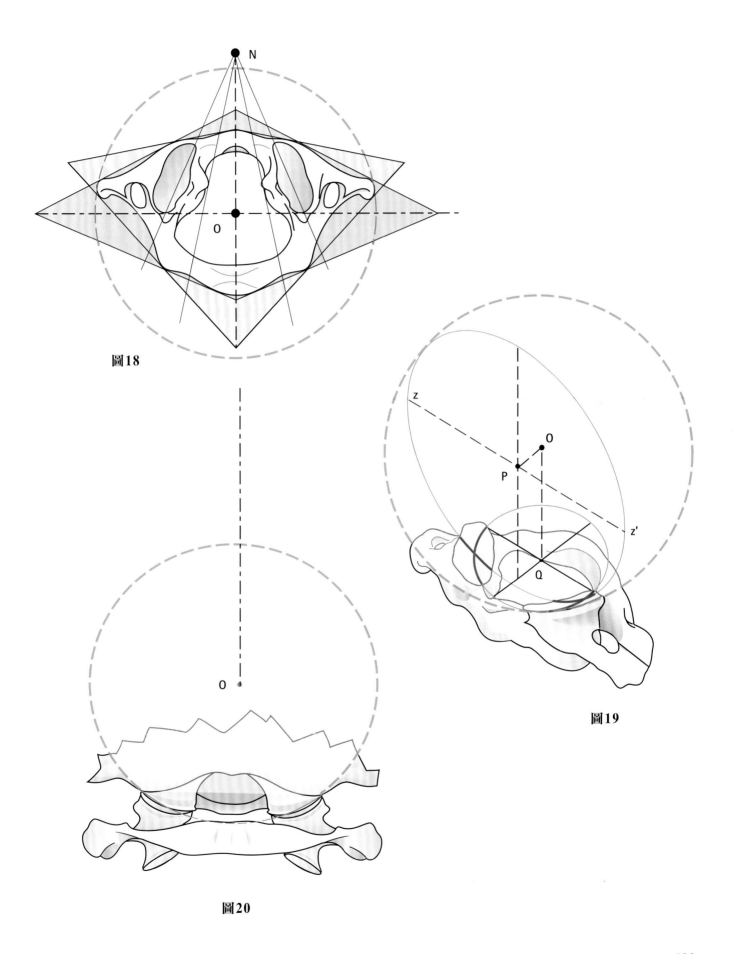

圖18

圖19

圖20

寰枕關節的旋轉動作

　　寰枕關節的旋轉（圖 21）是寰樞關節沿著齒突中心縱軸旋轉的一部分，但這種旋轉並不是個簡單的過程，因為它會主動**牽拉一些韌帶**，特別是**翼狀韌帶**的部分（圖中的 L，綠色箭頭）。圖中可見通過枕骨（A）及**寰椎側塊**（B）的冠狀切面，顯示了寰枕關節的**向左旋轉動作**會讓右枕髁在**右寰椎側塊**上向前滑動（圖中的紅色箭頭 1），同時間翼狀韌帶（L）**包住**齒突且**被牽動，將右枕髁向左拉**（圖中的白色箭頭 2）。

　　因此寰枕關節的向左旋轉動作（圖中的藍色箭頭）同時伴隨著枕骨**向左平移 2 至 3 公釐的位移及向右側屈**（圖中的紅色箭頭）。由此可知，寰枕關節的旋轉並不是單純的旋轉動作，而是與**平移及屈曲**相關的旋轉。

　　從運動學來看，與**平移相關的旋轉，相當於範圍相似但旋轉中心不同的另一種旋轉**。

　　俯視圖（圖 22）將寰椎以淺色表示，樞椎（通過枕骨大孔可見）以深色表示，而在**寰椎側關節小面**（at）的上方則是枕髁的關節小面（oc），兩者均以透明的顏色表示。在圍繞**齒突中心點**（O）以角度 a 向左旋轉的過程中，枕骨向 V 方向左移 2 至 3 公釐，由此可見真正的旋轉中心是 **P 點**，略微位於對稱平面的左側，且在**寰椎側塊後緣的連線 z 上**。因此寰枕關節旋轉時的真正中心會在兩端點 P 與 P' 中移動，向左旋轉時在 P 點，而向右旋轉時在 P' 點。這個過程使得旋轉時的真正中心 O 向枕骨大孔的中心後退，其正常橢圓旋轉的真正軸線與延腦的解剖軸線相符——**神經軸最理想的扭轉位置**。

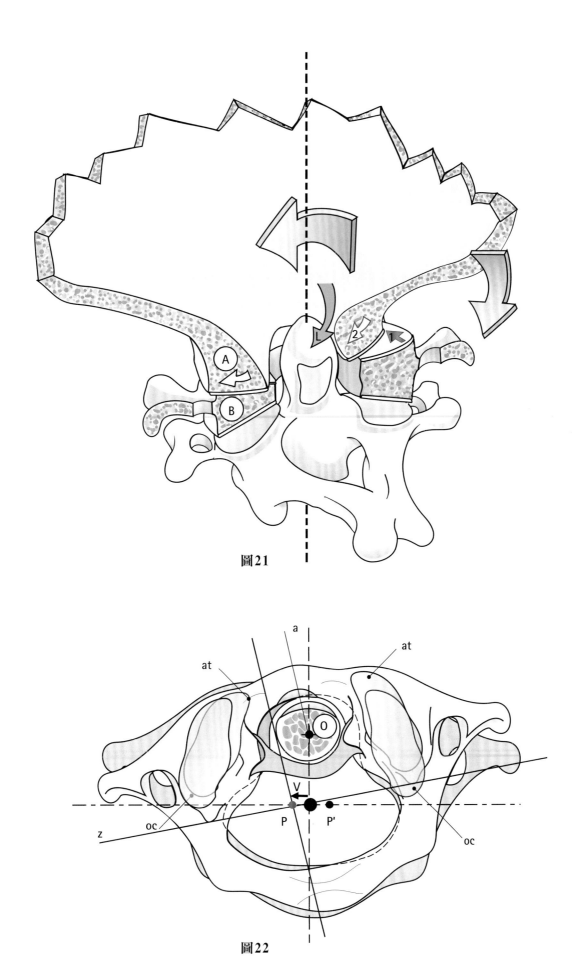

圖21

圖22

寰枕關節的側屈與屈曲–伸直動作

由枕骨、寰椎及第三頸椎的**冠狀切面（圖23）**來看，在**側屈**時，動作並不發生在寰樞關節，而是發生在樞椎及第三頸椎之間，及枕骨和寰椎之間。向左側屈時，在枕骨與寰椎之間發生**小**範圍動作，使**枕髁向右滑動**，此時左枕髁**向齒突靠近**，但並不至於會相互碰觸，是由於其被**寰枕關節的關節囊韌帶產生的張力所限制**，特別是**右側的翼狀韌帶**；反之向右側屈時亦然。

側屈時，枕骨與第三頸椎之間的**總體範圍**是 8°，其中樞椎與第三頸椎之間是 5°，而寰椎與枕骨之間則是 3°。**在寰枕關節的屈曲－伸直動作中**，枕髁在寰椎側塊上滑動。

在屈曲動作中（圖 24），枕髁在寰椎側塊上後退，**枕骨鱗**相對寰椎後弓**上移**（圖中的紅色箭頭）。

寰枕關節的屈曲動作多伴隨著**寰樞關節的屈曲動作**，**寰椎後弓與樞椎後弓相對遠離**（圖中的紅色箭頭），寰椎前弓在齒突前關節小面向下滑動（圖中的紅色箭頭）。屈曲動作受**寰枕關節的關節囊韌帶及後側韌帶（後寰枕膜與項韌帶）產生的張力**所限制。

在伸直動作中（圖 25），枕髁在寰椎側塊上向前滑動，而**枕骨朝寰椎後弓靠近**（圖中藍色箭頭），伴隨著**寰樞關節的伸直**，**寰椎後弓及樞椎後弓相互靠近**（圖中藍色箭頭），且寰椎前弓在齒突前關節小面**向上滑動**（圖中的藍色箭頭），伸直動作由這三塊骨頭所控制。**在過度伸直的激烈運動中**，寰椎後弓被夾在**枕骨及樞椎後弓之間**，就像核桃夾在胡桃鉗中，**而可能導致骨折的發生**。寰枕關節屈曲－伸直動作的總活動範圍是 15°。

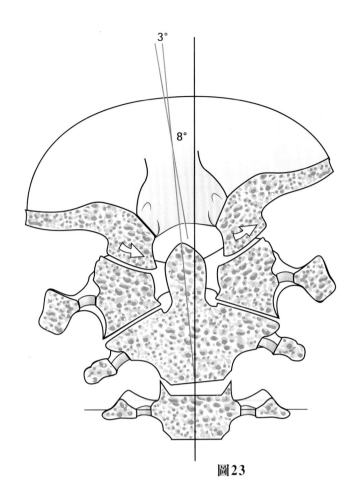

圖23

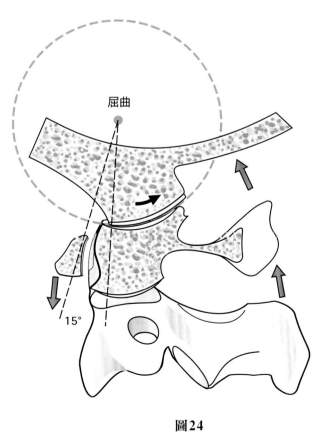

圖24

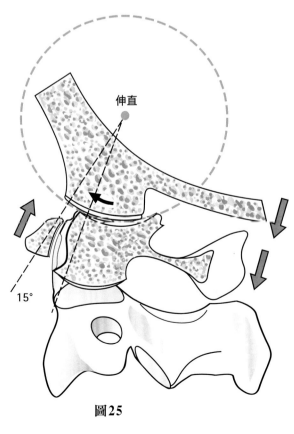

圖25

脊椎枕下韌帶

　　圖 26 是為數眾多且強韌的枕下韌帶的矢狀切面。透明部分為神經軸——腦幹與延腦（B）以及脊髓（C）。圖 26 至 34 中的部位標示均相同。

　　首先，**骨骼結構**由上而下的順序是：

- **枕骨基底突**（a）、枕骨**鱗狀部**（b）；
- 寰椎前弓（e）、寰椎後弓（f）；
- 樞椎**齒突**（g）、樞椎椎體（k）（矢狀切面）；
- 樞椎齒突前關節小面（h）、寰椎前弓後關節小面（i）；
- **樞椎**棘突（n）、左側椎板截面（o）；
- 在寰椎之下第三頸椎的椎體（q）、棘突（s）、左側椎板（r）；
- **枕骨大孔**上有顱後窩（透視圖），容納小腦、腦幹、延腦起點（B）。

接下來是韌帶的部分：

- **齒突尖韌帶**（1）：短而厚，由枕骨基底突垂直延伸至齒突頂端；
- **橫韌帶**（3，橫切面）：緊貼齒突後關節小面；
- **橫枕韌帶**（4）：橫韌帶上緣與枕骨基底突之間；
- **橫樞韌帶**（5）：橫韌帶下緣與樞椎椎體後表面之間。（以上三條韌帶——橫韌帶、橫枕韌帶、橫樞韌帶組成**十字韌帶**，圖 29）
- **正中枕樞韌帶**（7）：從枕骨基底突沿十字韌帶後方延伸至樞椎椎體後表面，且繼續向後方延伸出**外枕樞韌帶**（此處未顯示）。
- 寰枕關節**關節囊**（9）；
- **後縱韌帶**（12）：在正中枕樞韌帶及外枕樞韌帶後方，嵌於枕骨基底突上的溝槽及樞椎下緣，橫跨脊椎至薦管；

- **前寰枕膜**（13 和 14）：在齒突尖韌帶的前方，從枕骨基底突延伸至寰椎前弓，並分成深束（13）及淺束（14）；
- **前寰樞韌帶**（16）：前寰枕韌帶繼續向下延伸，從寰椎椎弓下緣至樞椎椎體，有一個包含正中寰樞關節及其關節囊的纖維脂肪間隙（17），在齒突及齒突尖韌帶前方，以及寰枕正中韌帶及寰樞韌帶之後方；
- **前縱韌帶**（18）：居於所有韌帶之前，起至枕骨基底突，連接寰椎前弓，附著於樞椎椎體（18'），沿著脊椎骨的前表面一直延伸至薦椎，與椎間盤（d）及脊椎椎體的前緣（v）相連。

　　寰椎後弓均與下列韌帶連結：

- **後寰枕韌帶**（19）：從枕骨大孔後緣延伸至寰椎後弓，相當於**黃韌帶**（19'），***上行的枕動脈***及第一頸椎的頸神經由此穿出至寰椎側塊後方；
- **後寰樞韌帶**（21）：將寰椎後弓連結至樞椎，也***相當於黃韌帶***，第二頸椎的頸神經由此穿出至寰樞關節後方；
- **棘突間韌帶**（22）：將寰椎後弓與樞椎棘突接合，連結棘突及下方的頸椎；
- **項韌帶**（23）：向下延伸與棘上韌帶融合，是一道厚纖維膈膜，附著在枕骨中線，且將頸部肌肉分為左右兩部分；
- 小面關節的**關節囊**（24）：在樞椎和第三頸椎之間，後側與椎間孔（C3）連結，第三節頸神經自此穿過；
- **黃韌帶**（29）：緊繫樞椎後弓與第三頸椎。

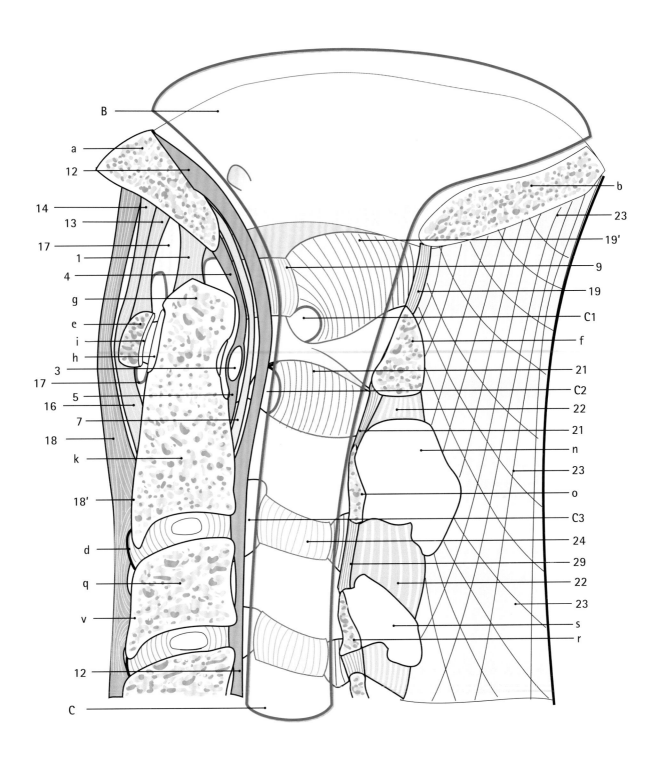

圖26

枕下韌帶

圖 **27** 為頸椎的垂直平面**後視圖**，後椎弓（f、t、r）均已移除能清楚看見後枕下韌帶的排列情況。圖 26 所示的結構依然可見，再加上以下的內容：

- 顱內表面（a）、枕骨鱗的橫截面（b）；
- **枕髁**（c）；
- **寰椎側塊**（d）及其前弓（e）；
- **寰樞關節**：寰椎側塊下關節小面（l）、樞椎上關節小面（m）；
- 樞椎關節突及椎弓根的一部分（t）；
- 樞椎椎體後表面、齒突後側關節小面（h）、橫韌帶；
- 第三頸椎椎體後表面(q)及其椎板橫截面(r)。
  下列的韌帶均與多種骨骼相連：
- **深層（圖 28）**：

- **齒突尖韌帶**（1）；
- **翼狀韌帶**（2）；
- **橫韌帶**（3）：在寰椎側塊之間水平延伸；
- **橫枕韌帶**（4）：與橫韌帶的後緣切齊；
- **橫樞韌帶**（5）：同樣部分移除並下凹。
- **中層 （圖 29）**
  - 完整的**十字韌帶**（6）：由橫韌帶、橫枕韌帶以及橫樞韌帶所組成；
  - **寰枕關節**的關節囊韌帶（9）：由上方的翼狀韌帶（10）及下方的寰樞關節囊（11）在側面增強。
- **淺層（圖 30）**
  - **正中枕樞韌帶**（7），與翼狀韌帶側面連接（8），並與**後縱韌帶**（12）（部分切除）縱向連結。

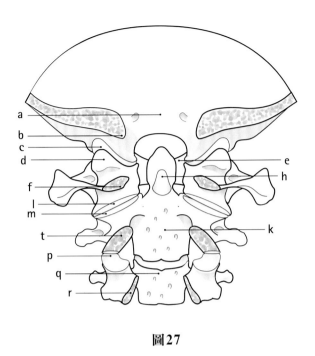

圖27

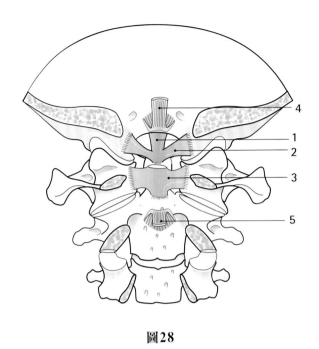

圖28

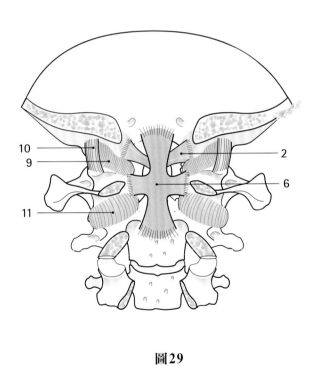

圖29

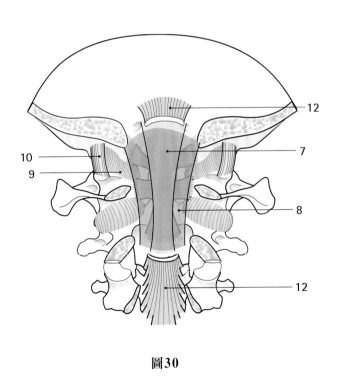

圖30

枕下韌帶（續）

圖 31 及圖 33 為骨骼結構；而圖 32 及圖 34 則一併顯示了與其相連的韌帶。

圖 31（正視圖）將上述所提過的所有骨骼結構都畫出來了；而**圖 32** 則包含了下列的**前側韌帶**：

- **前寰枕膜**：分為深層（13）及淺層（14），部分淺層覆蓋於寰枕關節的關節囊（9）之上。
- **前外寰枕膜**（15）：居於前寰枕膜之前，從枕骨基底突斜向寰椎橫突延伸。
- **前寰樞韌帶**（16）：與寰樞關節的關節囊（11）側向連接。
- **前縱韌帶**（18）：此處只顯示左半部。
- **關節囊韌帶**（23）：位於樞椎與第三頸椎之間。

圖 33 為**骨骼結構的後視圖**，圖中為寰椎、樞椎以及第三頸椎的後弓，還可以看見寰椎跟枕骨鱗之間的枕骨大孔與椎骨間的脊椎椎管。

而**圖 34** 為**韌帶的後視圖**，在**右側**標示出了覆蓋脊椎椎管前表面的韌帶（已在圖 29 說明過）：

- 翼狀韌帶（7）、外枕樞韌帶（8）；
- 寰枕關節的**關節囊韌帶**（9）：被**外寰枕韌帶**（10）增強；

椎動脈（25）：向上通過橫突孔，接著朝後方向內側彎曲，繞過寰椎側塊的後緣。

在左側的後側韌帶含下列幾種：

- **後寰枕膜**（19）：被寰枕韌帶（20）所覆蓋，從枕骨鱗延伸至寰椎橫突；
- **後寰樞韌帶**（21）；
- **棘突間韌帶**（22）：被項韌帶所覆蓋（圖中只有顯示其左側）；
- **關節囊韌帶**（24）：位於樞椎與第三頸椎之間。

以下也同列於圖 34 中：

第一條頸神經（26）：由椎動脈孔穿出；

第二條頸神經（27）：其後支分散為大枕神經；

第三條頸神經之後支（28）：在樞椎與第三頸椎之間關節（24）的前方通過椎間孔離開。

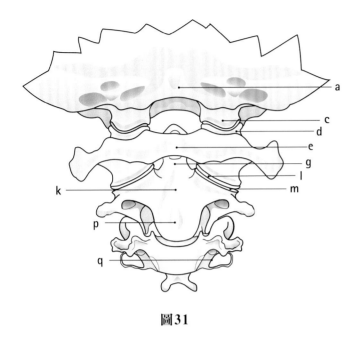

圖31

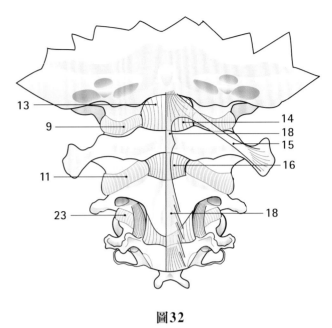

圖32

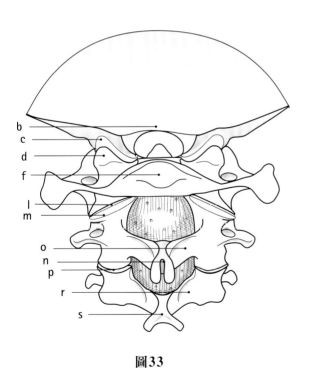

圖33

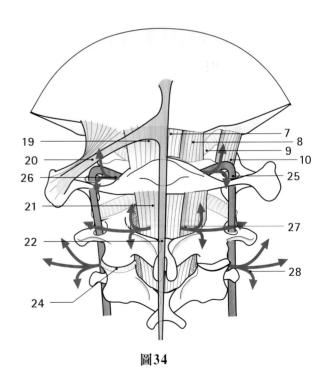

圖34

典型頸椎的結構

　　圖 35 是典型頸椎的**後側俯視圖**，而**圖 36** 則是將其拆解為小部分的分解圖：

- **椎體**（1）椎體**上盤面**（2）被兩側橫向、平坦的結構支撐著，即鉤狀突（3 和 3'），自盤面兩側凸起，圍繞著上方椎骨的下盤面之**關節面**。
- 另外可見的是位於上盤面前緣**平面區域**（4），以及位於下盤面前緣、朝前方向下延伸的喙狀延長部分（5）。

　　總體而言，椎體上盤面像是**馬鞍**的形狀，**於橫向為下凹，而前後方向為凸**，且在椎間盤（未顯示於圖中）的作用之下與上方椎骨的下盤面相互連接，而這形如馬鞍的關節使得屈曲－伸直動作更為方便，而在屈曲－伸直動作中控制前後動作的鉤狀突反而會限制側屈動作。

- **椎弓根**（6 和 6'）：與椎體側表面之後方連結，起源自**橫突前根**（7 和 7'）與後弓。

　　頸椎橫突具有獨特的形狀及方向（**圖 37**），呈上凹的**凹槽**狀，向前方及橫向延伸，與矢狀切面成 60°角，但同時微向下傾斜 15°。凹槽的後方內側末端為椎間孔，而前方外側末尾之兩端則是與斜角肌連結的**兩個結節**，橫突帶有**橫突孔**（8 和 8'），**椎動脈**貫穿其中，而**頸神經**從椎間孔離開椎管後，沿著此凹槽與椎動脈垂直相貼，再於橫突前後結節間穿出。

- 橫突分為**兩個根部**，一個根部附著於椎體，而另一根部附著於關節突上。
- **關節突**（9 和 9'）位於椎體的後方外側，與**椎弓根**（6 和 6'）相連，具有**關節面**，但只有與上方椎骨下關節面連結的上關節面（10 和 10'）顯示於圖中。
- **後弓椎板**（11 和 11'）在後方中線相連閉合，末端形成分岔的**棘突**（12）。
- 而椎弓根、關節突、椎板及棘突構成完整的後弓。
- **椎間孔**下方為椎弓根，內側是椎體和鉤狀突，而外側為關節突。
- **椎管**（C）成三角狀，位於椎體與椎弓之間。

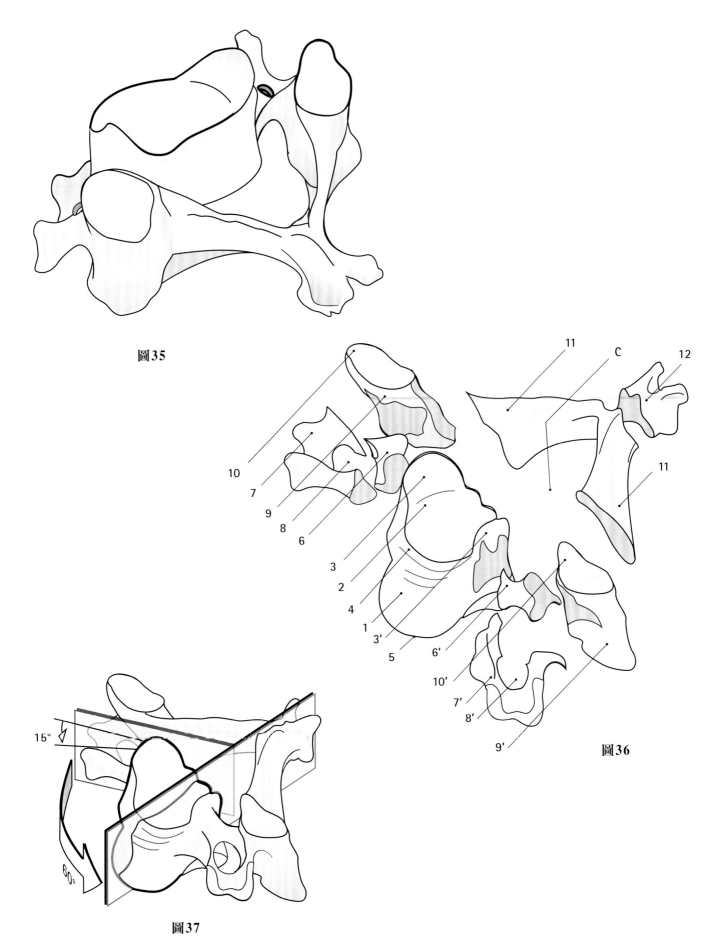

圖35

圖36

圖37

下段頸椎的韌帶

枕下韌帶在之前已經提過了，其中有些韌帶向下延伸到頸椎下段。頸椎下段韌帶的細節可以從**圖 38**中看到，其為**左側後方的透視圖**，並顯示出頸椎骨及其**上盤面**（a）與鉤狀突（b）的矢狀切面。該椎骨通過**椎間盤**與下方的椎骨結合，而椎間盤是由環狀纖維（1）與髓核（2）所構成的。

前縱韌帶（3）與**後縱韌帶**（4）分別在椎體的前方與後方，而兩側**鉤狀突椎體關節**（5）與關節囊相鄰。

小面關節由關節囊（6 和 6'）包裹著的關節小面（d）所組成，而在兩側**椎板**之間是黃韌帶（7），圖中的 7' 為其截面。

棘突（j）與棘突間韌帶（8）及棘上韌帶相互連結，在頸部區域稱為**項韌帶**（9），且**斜方肌**與**夾肌**附著於其上。

橫突及其前（e）後（f）結節由**橫突間韌帶**（10）所連接。

在同個橫切面上也能看到**橫突孔**（g）、椎間孔（i），其位於：

- **椎弓根**（h）上方；
- 後外側為**關節突**與**小面關節**；
- 前內側為**椎體**，以及由環狀纖維（1）、髓核（2）與**鉤狀突**（b）所組成的**椎間盤**。

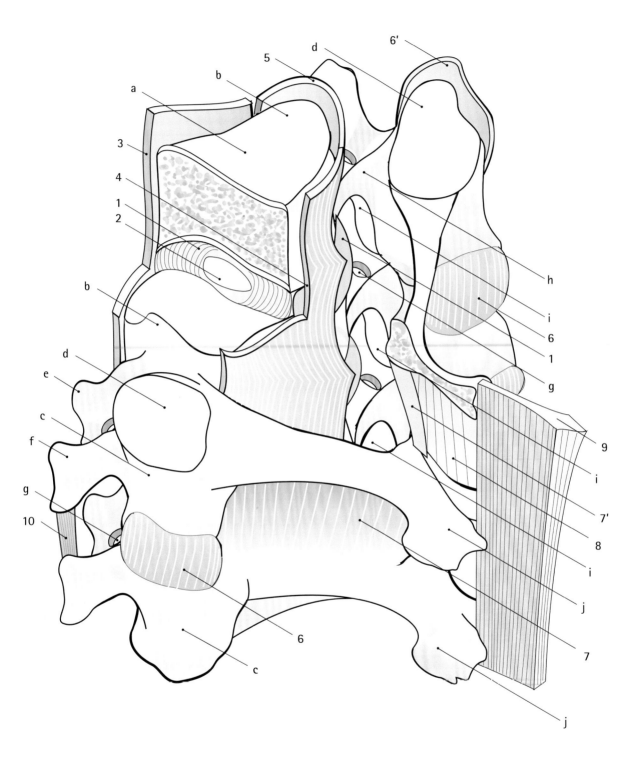

圖38

下段頸椎的屈曲–伸直動作

在正中位置可看見椎體間（**圖 39**，側視圖）由椎間盤連接，其髓核平穩，且環狀纖維均勻伸直。**頸椎骨**（**圖 40**）則是由其關節突相互連接，關節面朝下方後側傾斜。頸椎下段的關節面在旁矢狀切面上呈現略微前凹的狀態，其曲度中心在關節面下方前側，與關節面有一定距離。由於頸椎前凸的緣故，頸椎的曲度中心會位於比關節面的平面更遠的地方，而這些軸線交會處的重要性將會在 P.218 再討論。

在伸直動作中，上方脊椎的椎體（**圖 41**）向後傾斜**滑動**，椎間空隙呈現後窄前寬的狀態，髓核略為前移，前方環狀纖維受到牽拉。由於椎體並不是在關節面曲率中心周圍後滑，因此小面關節間的空隙（**圖 42**）是前開的。

事實上，上關節面不只相對下關節面向下方後側滑動，還與下關節面形成一個角度 x'，其相當於伸直角度 x 及與兩關節面的**法線**（紅色線段）的夾角 x"。伸直動作（藍色箭頭 E）受下列因素所限：**前縱韌帶的張力**，下椎骨上關節突在上椎骨橫突上的**骨頭碰撞**，以及**後弓之間通過韌帶的碰擊**。

在屈曲動作中，上方脊椎的椎體（**圖 43**）向前傾斜滑動，壓迫椎間盤，髓核略微後移，後方環狀纖維受到牽拉。下椎椎骨上表面的平坦有助於上椎的前傾，讓上方脊椎的下表面喙狀突起移動通過。

屈曲（**圖 44**）與伸直一樣，上方脊椎移動並不發生在關節面的曲率中心，因此，上方脊椎的下表面向上方前側移動，關節間隙向下方後側展開角度 y'，其相當於伸直角度 y 及與兩關節面的**法線**（紅色線段）的夾角 y"。

屈曲動作（紅色箭頭 F）並不受骨頭碰撞所限，其受限因素**僅為後縱韌帶、關節囊韌帶、黃韌帶、棘突間韌帶、項韌帶（頸部棘上韌帶）的張力**。

在發生**來自後方**或前方撞擊的車禍中，頸椎通常會非常劇烈地伸直，接著屈曲，而這會**產生甩鞭式頸部創傷**，韌帶可能被牽拉甚至撕裂，在某些極端情況下引發**關節突的前脫位**——上方脊椎的下關節突勾於下椎關節突的前上緣，這種脫位極難復位，且危及延髓和頸髓，並伴有**猝死、四肢癱瘓或半身不遂的可能性**，因此在處理此類傷害時需要特別謹慎。

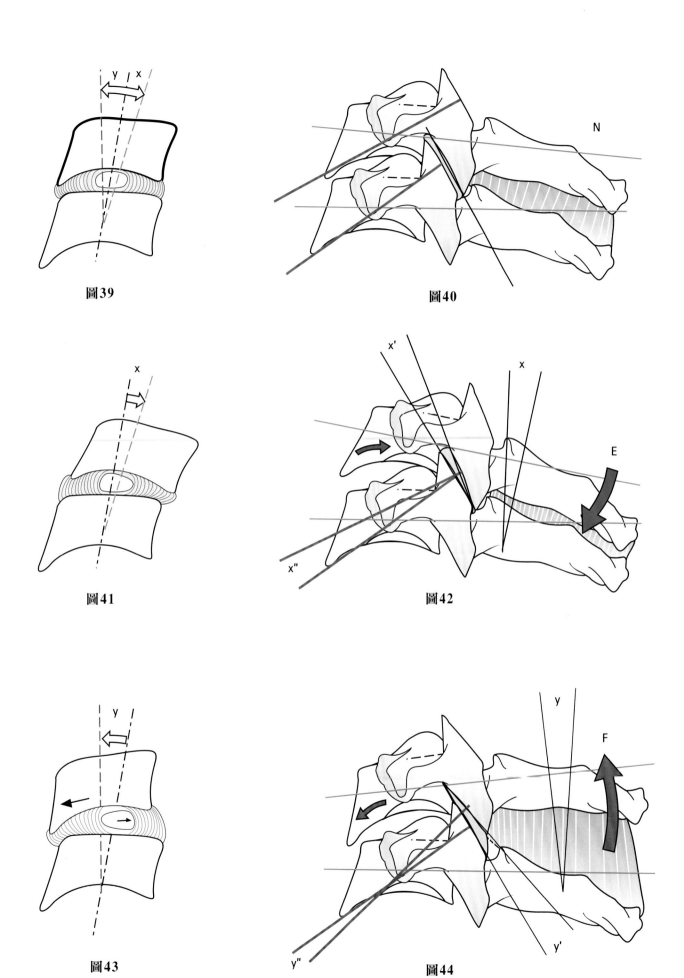

圖39

圖40

圖41

圖42

圖43

圖44

鉤狀突椎體關節動作

除了在小面關節和椎間盤處的動作之外，在頸部區域中還存在另外兩個小關節突——**鉤狀突椎體關節**的動作。

頸部的**冠狀橫截面（圖 45）**顯示了兩個椎骨盤面以及具有髓核和環狀纖維的椎間盤，但椎間盤並未寬至椎骨邊緣。實際上，位於矢狀切面中，有兩支撐塊側面支撐著上表面，鉤狀突的軟骨關節面**朝向內側上方**，並通過**面朝外側下方**的半月形軟骨關節面與上方椎骨的下外側邊緣連接。這個小關節被包裹在一個與椎間盤融合的**關節囊**中，是一個**滑膜關節**。在**屈曲－伸直動作**中，當上方脊椎的椎體向前或向後滑動時，鉤狀突椎體關節的關節面也會**相對滑動**，可以說是鉤狀突椎體關節引導著椎體動作。

在側屈動作時（圖 46），這些鉤狀突椎體關節的間隙張開一個角度 **a'** 或 **a''**，該角度等於側屈的角度 **a** 和連接兩側橫突的兩條水平線 **nn'** 和 **mm'** 之間的角度。該圖還顯示了髓核移位至**對側**以及同側鉤狀突椎體關節之關節囊韌帶的牽拉。

在現實生活中，鉤狀突椎體關節的動作要複雜得多。可以看到 P.218 側屈動作並不會單純的發生，**而總是伴隨著旋轉和伸直**。因此，在這些動作過程中，當上方椎骨向後移動時，鉤狀突椎體關節間的間隙向前並且向上或向下張開。這些圖（**圖 47 和 48**，以極為簡化的椎骨透視顯示）旨在說明這些動作是如何發生的。在掌握了組合的側屈－旋轉結構之後，再回頭來看會更加清楚明白。

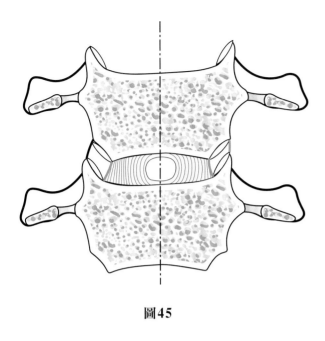

圖45

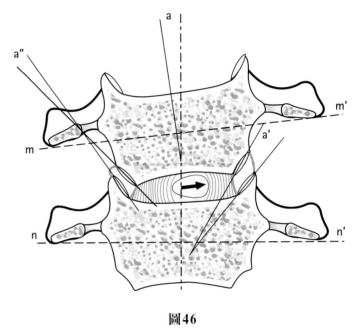

圖46

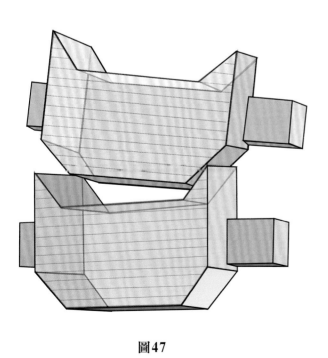

圖47

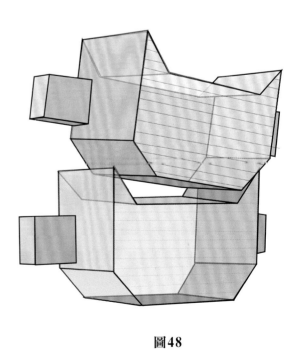

圖48

217

關節小面的方向：側屈與旋轉的複合軸心

頸椎下段的側屈和旋轉由關節突**關節小面的方向**所控制，因此不能進行任何單純的旋轉或側屈。

圖 49 示出了頸椎中段（例如**第五頸椎**）的上關節小面，其表面平坦，位於同一平面 **P**，向後下方傾斜。因此，上方椎骨（第四頸椎）的任何滑動只可能是兩種類型：

- **整體的向上滑動**，相當於**屈曲動作**；或是整體的向下滑動，而其相當於**伸直**動作。
- 兩邊的關節小面進行**不同的滑動動作**：當第四頸椎的左關節小面向上方前側移動（箭頭 a），右關節小面會向下方後側移動（箭頭 b）。因此，在平面 P 上這種不同的滑動，相當於繞著垂直於平面 P 並位於矢狀切面的軸線 A 的旋轉動作，而第四頸椎繞著前後傾斜的軸 A 的旋轉為旋轉與側屈的聯合動作，取決於軸 A 的傾斜度。

通過小面關節的水平橫截面顯示，這些關節面的上表面和下表面並非完全平坦，而是：

- 第六頸椎和第七頸椎**在後方稍微凸出**（圖 50）
- 第三頸椎和第四頸椎微向前凹（**圖 51**）

這些觀察結果與先前的陳述並不矛盾，因為平面 P（**圖 49**）可以由直徑較大的球形表面代替，該球形表面的曲率中心位於第六頸椎和第七頸椎的椎骨 A' 下方的軸 A 上（**圖 52**），且在第三頸椎和第四頸椎的椎骨 A" 上方（**圖 53**）。因此，側屈與屈曲－伸直複合動作的軸線仍與圖 49 的軸 A 重合。

頸椎的側面 X 光片（**圖 54**）說明了關節小面的方向：

- 相對於垂直線，平面 **a** 至 **f** 都呈傾斜狀。
- 且他們的傾斜度由下而上逐漸增加，因此，與第七頸椎和第一胸椎之間的間隙相對應的平面 f 與水平面僅形成 10°的角度，而與第二頸椎和第三頸椎之間的間隙相對應的平面 a 與水平面形成 40 － 45°的角度。因此，最小（f）間隙和最高（a）間隙的平面之間存在 30 － 35°的角度。

但是這些平面並不會完全聚在同一點。這些平面的傾斜度沒有規律地由下至上增加，最後三個平面（d － f）幾乎平行，而前三個平面（a － c）基本上是匯聚而交於一點的。

如果在每個關節小面的水平面上繪製中間值，則軸 1 － 6 的傾斜度會規律增加，並落在 30 － 35°之內，但重要的是下軸 6 幾乎是垂直的，如此便能產生近乎單純的旋轉動作，而最高軸 1 與垂直線之間的夾角為 40 － 45°，可產生旋轉及側屈複合動作。**圖 54**（**圖參考弗蘭斯·米歇爾·彭寧所做**）還包含黑色的小十字圖形，代表其旋轉中心並對應於每個上椎骨屈曲－伸直橫軸的位置，這些中心由下而上在椎體內逐漸向上及向前移動，不過這些中心的位置與在極端位置拍攝的側面 X 光片所獲得的理論中心（黑色的星狀圖形）不一致。

重點是，側屈－旋轉的軸 1 到 6 將會**匯聚**。

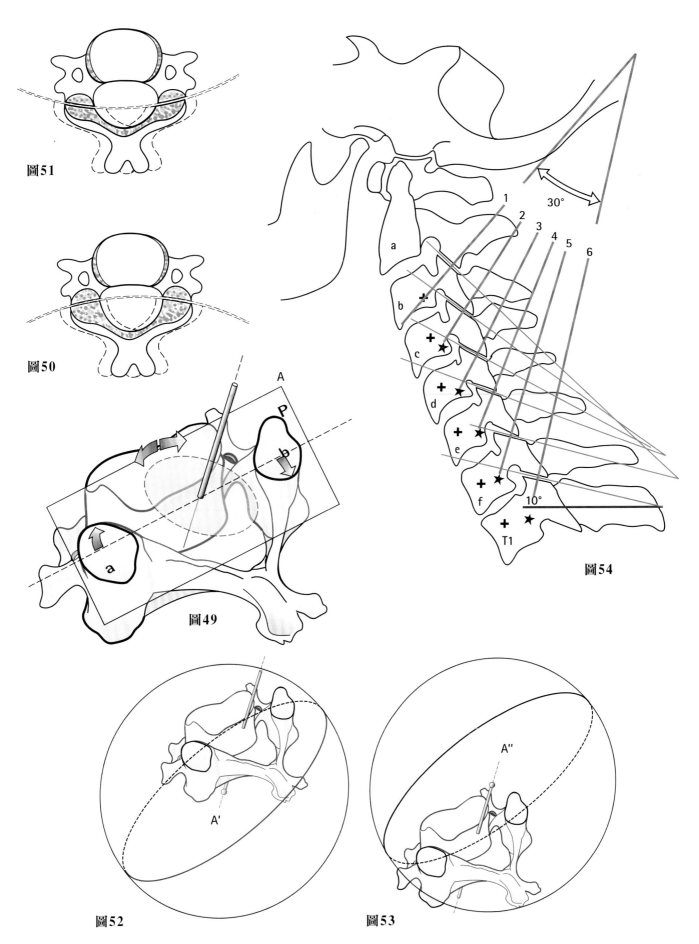

圖51

圖50

A

P

b

a

圖49

1
2
3
4
5
6

30°

a

b

c

d

e

f

T1

10°

圖54

A'

圖52

A''

圖53

頸椎下段的複合側屈–旋轉動作

　　軸線在脊柱的每個水平線上的傾斜度都說明了**側屈**和**旋轉**的複合動作，其實就是**屈曲－伸直動作**再加上旋轉。沿著第二頸椎和第一胸椎之間下頸椎的整個長度（**圖 55**，下頸椎的中段之空間示意圖），還有一個額外伸直的部分。實際上，在沿著脊柱軸的第一胸椎上，第七頸椎和第一胸椎之間的活動會導致第七頸椎的側屈－旋轉動作，而第六頸椎和第七頸椎之間除了側屈－旋轉之外還有**伸直動作**，而動作的這種複合組合由下頸椎至上頸椎會變得愈加明顯存在。如果使用前側和側位的 X 光片（現在不能照橫向的 X 光片，但是可以進行電腦斷層掃描），可以測得三個平面上的下頸椎綜合動作，那麼便可以觀察到下列三個部分：

- 額狀切面（F）上：側屈動作（L）的部分
- 矢狀切面上（S）：伸直動作（E）的部分
- 水平切面（H）：旋轉動作（R）的部分

　　因此，除了屈曲－伸直動作之外，頸椎只能執行綜合的側屈－旋轉－伸直的**定型動作**，其中伸直動作會被下頸椎本身的屈曲動作部分代償。反過來説，正如我們看到（P.228），其他不被需要的部分只能在上頸椎被抵消活動。

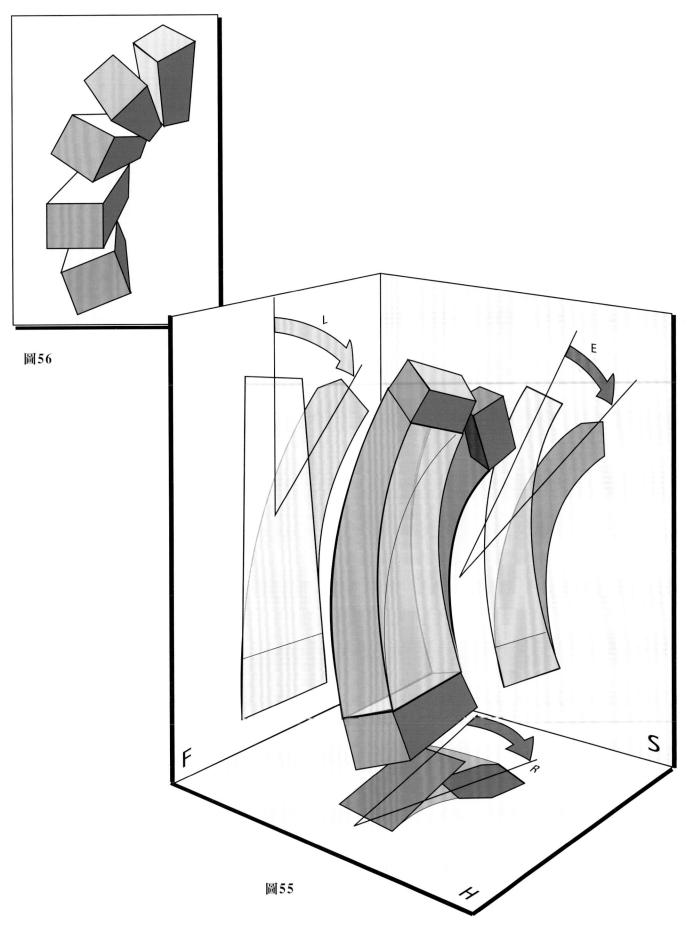

圖56

圖55

側屈–旋轉動作的幾何學圖示

可以使用**幾何學中的三維圖來簡單地圖示側屈－旋轉的動作（圖 57）**，側屈－旋轉圍繞著軸 u，發生在平面 R，而該平面 R 對應於前述之關節面。由於軸線 u 是傾斜的，因此平面 R 相對於冠狀切面（F）和水平切面（H）也呈角度 u 傾斜；而垂直於另兩個面的矢狀切面 S 上則包含了線段 k（紅色），而該線段是對應於上椎骨繞軸 u 旋轉時的對稱軸。

該線段在平面 R 上繞其軸（u）向右旋轉一個角度 b，該角度 b 投影到水平面 H 上，角度為 c。其最終位置（l）位於垂直面 P 上，該平面同時也圍繞著通過 O 的垂直線轉動，而此時線段 l 在平面 C 上的投影為 l'。同樣地，在平面 H 上，此旋轉被測得平面 S 和 P 之間在 O 處的角度為 c。

而這些投影表示：

- 冠狀切面 F 上的**側屈動作**的部分
- 水平切面 H 上的**旋轉動作**的部分

當上椎骨繞軸 u 旋轉時，它會將下椎骨的旋轉軸移至 u'，而下一個上椎骨的軸則移至 u''，可以使用三角函數來計算伸直的新部分是如何產生的，但現在沒有要在這裡解釋。**圖 58**（透視圖）包括兩個上下的頸椎骨，並顯示上椎骨圍繞軸 u 的右旋動作（紅色箭頭），其左側側塊前移，而右側側塊後退，由穿過每個椎骨上關節面的虛線表示。

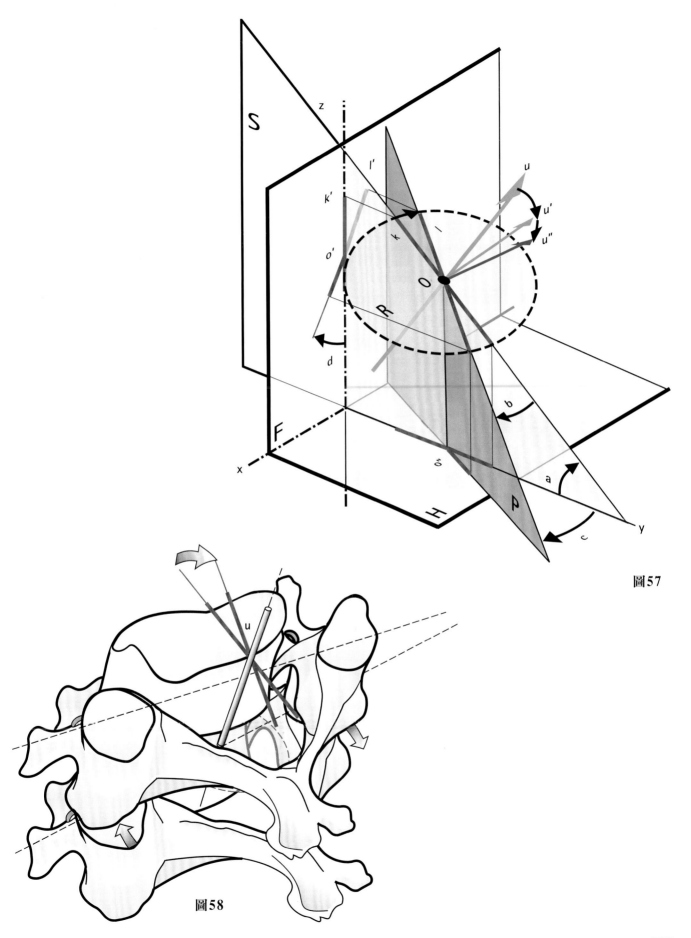

圖57

圖58

頸椎的力學模型

根據已經提出的結構思想，以及枕下部上段和下段頸椎的功能分離，我們設計了一個**力學模型（圖 59）**，該模型説明了關節在頸椎中的各種作用方式。

對於第二頸椎（C2）和第一胸椎（T1）之間的**下頸椎**，根據其相對於椎體的解剖傾斜度和方向，顯示了圍繞傾斜的軸線（見 P.226）的側屈－旋轉的複合動作（椎體間沒有透過椎間盤連接）。椎體本身限制了側屈－旋轉的動作。**_這裡故意省略了屈曲－伸直動作，來凸顯側屈－旋轉動作。_**

枕下部頸椎嚴格按照其機械特性，包括以下內容：

- **垂直軸**相當於齒突，橢圓形圓板表示寰椎，而在圓板與第二頸椎（C2）中刻意留了一點縫隙，使其能做出旋轉及屈曲－伸直動作。
- 小範圍的**關節複合體**，對應於寰枕關節。它具有**三個互相垂直的軸線**，如下所示：
  －在寰椎（圓板）中心的**垂直軸**。
  －同樣互相垂直且也與垂直軸垂直的**兩條軸線**，代表著**_萬向關節_**的兩軸線，對應於寰枕關節的側屈－旋轉動作及屈曲－伸直動作之軸線。

P.231 的圖 64 中清楚地説明了所有細節。總體而言，枕下部頸椎相當於具有**三個軸和三個自由度**的關節複合體，將第二頸椎（C2）連接枕骨，枕骨以水平薄板表示，其包含頭部的三個主要參考平面：

- **淺灰的**矢狀切面；
- **白色的**冠狀切面；
- 在上述兩平面之下的**灰色平板**，為水平切面。

通過這種模型，可以了解頸椎的上下段兩個部分在**功能上是如何互補的**，以及下段頸椎由於對側旋轉及些微屈曲－伸直而導致其進行側屈－旋轉動作時，枕下段已轉變成純粹的側屈動作。

讀者能夠通過剪裁和摺疊本書末尾提供的**簡化力學模型**（見 P.327 － P.330），驗證這些觀察結果。

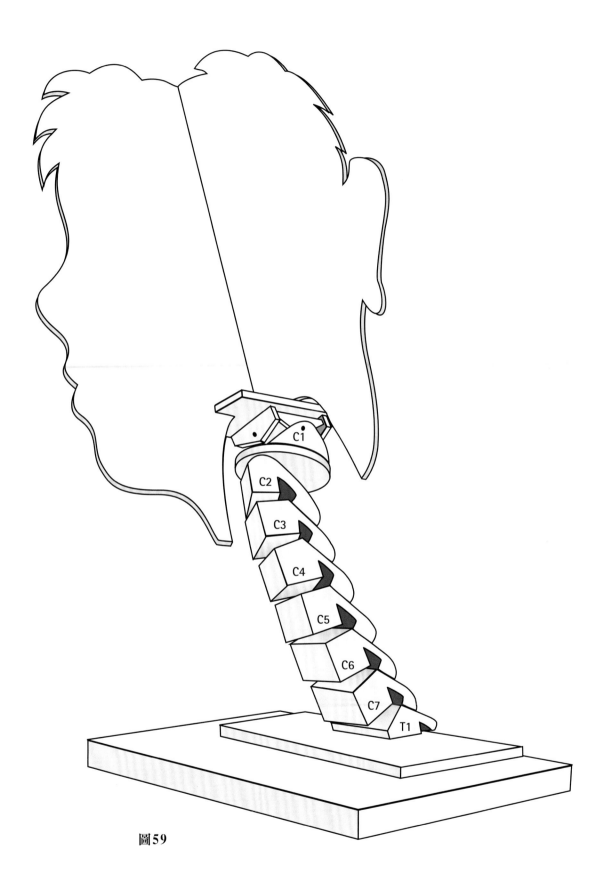

圖59

側屈–旋轉動作的力學模型

圖 60 為**下頸椎的詳細視圖**，每個椎骨在功能上對應於後弓，後弓由一塊向後側下方傾斜的小平板表示，並由楔形塊支撐著。比較圖60 和圖 54（P.219），可以明顯發現這些楔形塊的作用是代表關節面表面延長線的匯聚，表示**頸椎前凸**的狀態。

每個椎骨的傾斜軸以不完全鎖緊的螺絲釘表示，該螺絲釘以直角穿過相應的關節表面並連接上方椎骨。因此，上椎骨只能繞著下椎骨此傾斜軸做旋轉動作（見圖 54，P.219）。

如果此模型依序繞其六個軸旋轉，它將顯示出側屈與**旋轉** 50°之範圍相結合**（圖 61）**，與下頸椎的旋轉範圍相對應，並且有一小部分伸直動作，但不易在圖中表示。

此外，第二頸椎上表面的圓柱形狀，在功能上代表了寰樞關節（見圖 64，P.231）：

- 寰樞關節前後**凸出**，與樞椎的上關節小面相對應，並進行寰椎的屈曲－伸直動作（此處未顯示）。

- 其**垂直軸**上伸，在功能上代表齒突，允許旋轉動作的發生。

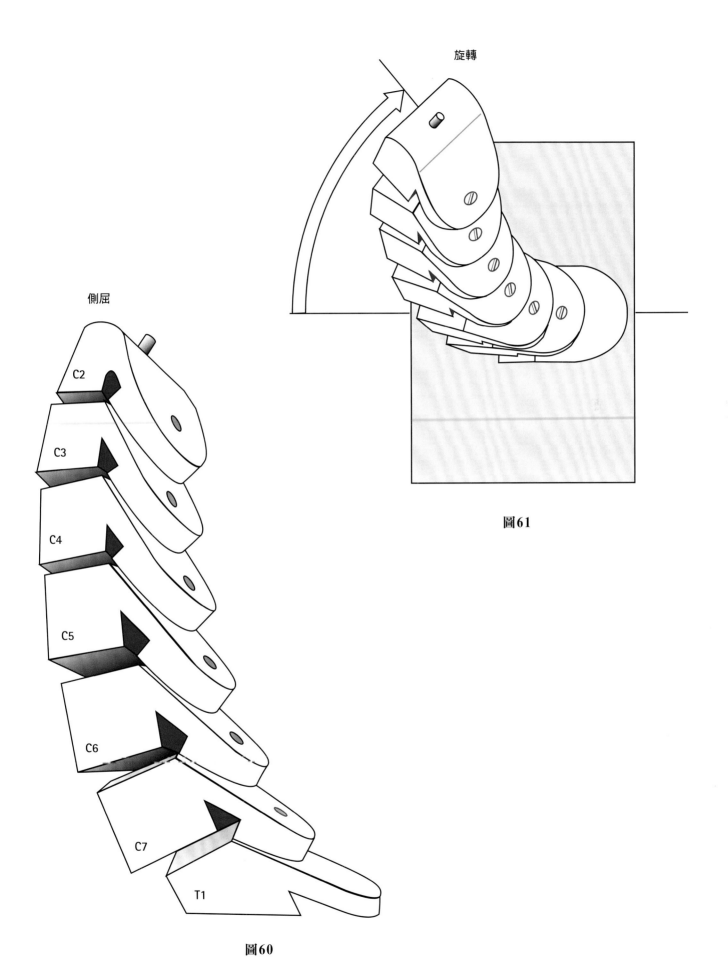

旋轉

側屈

C2
C3
C4
C5
C6
C7
T1

圖60

圖61

側屈–旋轉動作中，頸椎與模型的比較

　　模型的前視圖（圖 62）顯示，下頸椎做旋轉動作時，伴隨著 25°的側屈。另一方面，**在正中矢狀切面位置拍攝的 X 光片中（圖 63）**，同樣可以看到頸椎相對垂直面 25°的側屈。

　　從這兩個觀察結果可以得出結論，一方面，**頸椎的側屈動作總是伴隨著旋轉**（已在 19 世紀末由 Fick 和 Weber 所證實）。另一方面，下頸椎的側屈動作，可由**枕下部**頸椎代償以產生純旋轉；相反地，下頸椎的旋轉動作，也可由枕下部頸椎代償以做出純粹的側屈動作（參見圖 59，P.225）（此為近代 Penning 和 Brugger 所提出的觀點）。

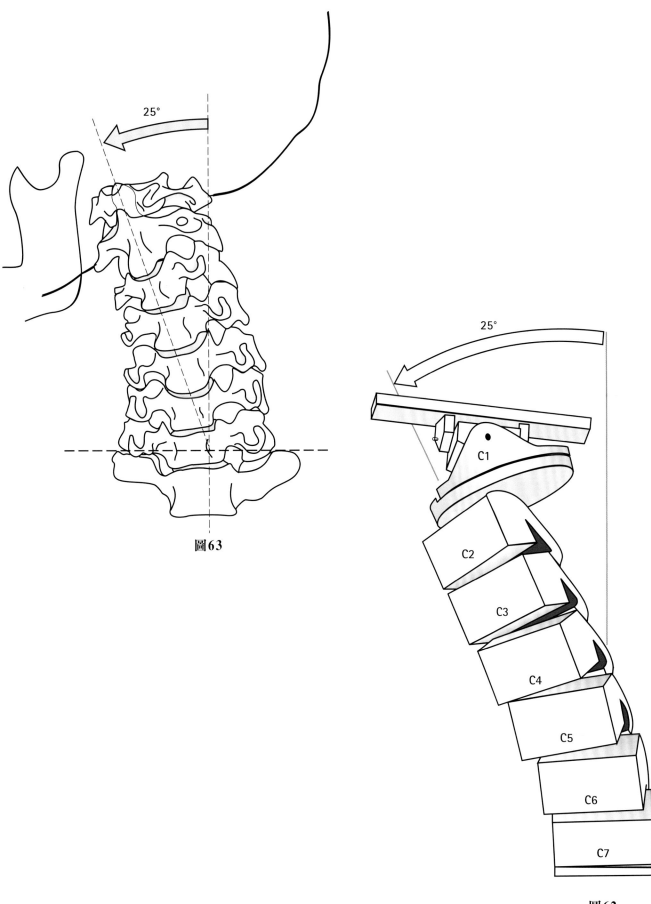

25°

圖63

25°

C1

C2

C3

C4

C5

C6

C7

圖62

枕下部頸椎的代償動作

在純旋轉位置上的頸椎力學模型的詳細圖示（**圖 64**），說明了上頸椎的機械結構以及純旋轉的代償動作。

由上而下分別為：

- 平板 A 代表**枕骨基底**（B）
- 附著在枕骨基底下表面，位於冠狀切面 B 的兩個支撐物，代表寰枕關節**側屈的前後軸**（4），而寰枕關節與 C 部分連結。**屈曲－伸直動作的橫軸**（3）在寰枕關節處穿過 C 部分，而 C 部分由直接連接到平板 D 的垂直支板 D' 支撐。後者在平板 E 上繞垂直軸（2）旋轉，該垂直軸代表寰枕關節的旋轉軸（圖中被 C 部分遮住）。而軸 3 和軸 4 建構了一個萬向關節。
- 平板 E **相當於寰椎**，與樞椎 F 通過代表齒突的垂直部位 1 連接，此處以部分鎖緊的螺釘表示，進行在樞椎 F 的上凸表面上的旋轉動作和屈曲－伸直動作。

模型圖（**圖 64**）還顯示了解剖學上對應於枕下部頸椎各個組成部分的機械要素：

- 樞椎 F，以及代表其齒突的軸 1；
- 寰椎 E，其與樞椎上表面及齒突連結；
- 枕骨 A，位於寰樞關節三向動作軸上方：旋轉動作（2）、屈曲－伸直動作（3）以及側屈動作的軸（4），相當於一個萬向關節。

當頸椎處於側屈－旋轉位置時，必須通過**三個矯正動作**來確保枕骨的純旋轉動作，而這三個矯正動作必須在枕下部以其三個軸和三個自由度進行：

- 繞軸 1 和軸 2 進行的**右旋動作**主要發生在寰樞關節（角度 a）和寰枕關節（角度 b）。
- **伸直動作**圍繞軸 3（角度 c）進行，並代償了在軸 1 上純右轉產生的屈曲動作。
- 最後，圍繞軸 4 在相反的方向（角度 d）產生些微的側屈。

從解剖學上來看，上述的動作均由**小枕下肌群**輔助完成（見 P.251），可以說是**微調器**一般的存在，因其與維持衛星相對於固定目標方向的小型控制火箭非常相似。

枕下部頸椎的右轉動作，是由頭下斜肌、右頭後大直肌、左頭上斜肌等伸肌收縮所引起的（見 P.253）。左側屈則是由左側的頭上斜肌、頭外直肌以及頭前小直肌完成。

而頭部的**純右側屈動作**中（**圖 59**，第 P.225），向左的平衡旋轉由頭下斜肌及左側的兩後直肌收縮產生；而向右的**代償性側屈**則是由右側的兩後直肌及右頭上斜肌來完成。最後，由右頭長肌、大頭前直肌、頭側直肌進行**伸直動作**。

因此，力學模型能夠更容易理解以下內容之間的解剖學和功能的關係：

- 一方面，下頸椎顯示出其定型的扭轉動作，結合了側屈、旋轉和伸直，並且具有最適合這種類型動作的肌肉，即位於下方、橫向及後方的長肌。
- 另一方面，上頸椎由具有三個軸和三種自由度的複合關節組成，並具有**能夠進行細微動作的肌肉**。

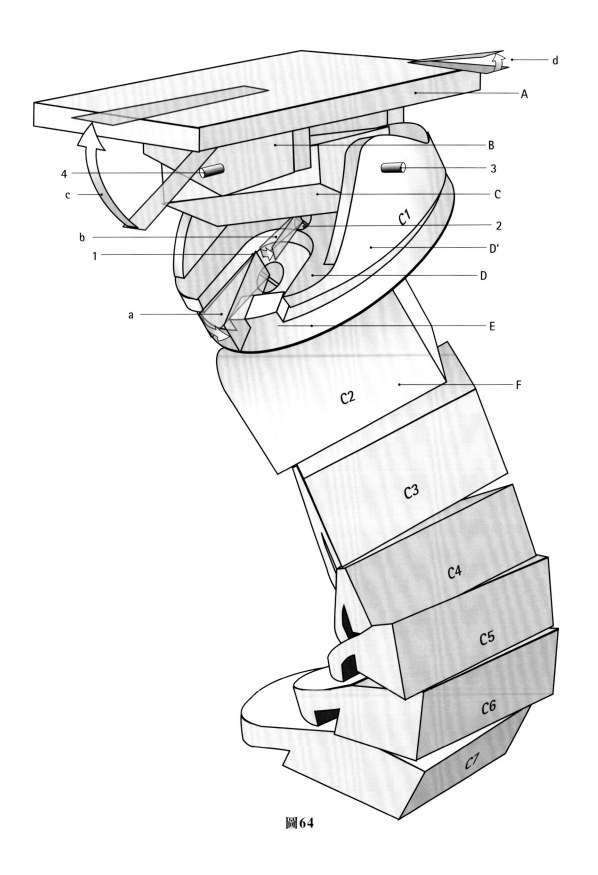

圖64

頸椎的活動範圍

通過比較在**屈曲－伸直動作**最大角度位置拍攝的**側面照片（圖 65）**，可以確定：

- 下頸椎的屈曲－伸直總範圍為 100 － 110°（LCS）。

- 整個頸椎屈曲－伸直的總範圍相對於咬合平面為 130°（ECS）。

- 通過計算，枕下區域的屈曲－伸直範圍為 20 － 30°（SO）。

同樣地，頭部**側屈**的**前後視圖（圖 66）**顯示**側屈的總範圍**約為 45°。通過連接寰椎兩個橫突的直線和連接乳突根部的直線，可以推斷出枕下部頸椎的側屈範圍約為 8°，**即此種側屈僅發生在寰枕關節。**

而**旋轉範圍**則更難評估，尤其是關於其各個部分的角度**（圖 67）**。左右兩側的總旋轉範圍從 80°到 90°不等，其中包括寰枕關節的 12°和寰樞關節的 12°。

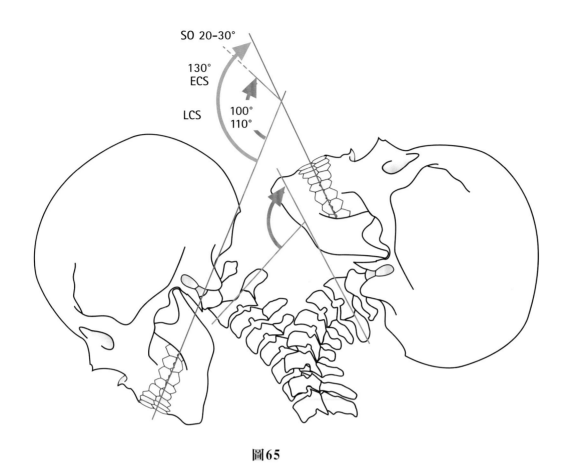

圖65

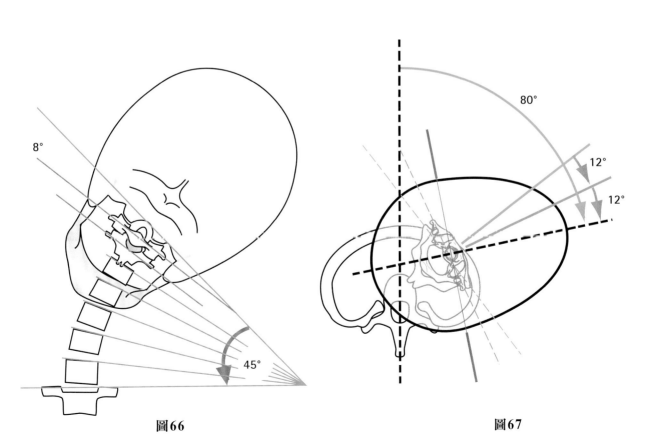

圖66

圖67

頭部在頸椎上的平衡

當**雙眼水平注視前方**時，頭部呈**完美平衡的狀態（圖 68）**。在此位置，咬合平面（PB）與耳鼻平面（外耳道上緣及鼻棘的連線）（AN）均為水平面。

整體來說，頭部動作相當於**第一類槓桿**：

- **支點**（O）位於枕髁。
- **抗力點**（G）由蝶鞍附近之頭部重心的重量所產生。
- **施力點**（E）由平衡頭部重量的後頸肌肉所產生，例如當火車上的乘客打瞌睡時，頭部便向前傾倒。

頭部重心的前側位置解釋了為什麼**後頸肌肉相對頸部屈肌來得更為強壯**。實際上，伸肌可抵消重力，而屈肌則受重力作用，因此為了防止頭部前傾，後頸肌肉會持續作用；當在睡眠中躺下時，肌肉的狀態會放鬆，而頭部會落在胸部。

頸椎並不筆直，而是為**前凸**的狀態：

- **弦**（c）為沿著頸椎曲線從枕髁到第七頸椎同側後下角之弧線的弦。
- **垂直線**（P）為此弦連接到第四頸椎（C4）的後下角的直線。

該**垂直線**隨著前凸弧度增加而增長，並且在頸椎呈筆直狀時等於零。當屈曲期間，頸椎前凹時，甚至會變為負值；另一方面，該弦短於頸椎的全長，僅在頸椎筆直時兩者才等長。因此，頸椎指數可以透過 Delmas 指數線來建立（見第 1 章，P.14）。

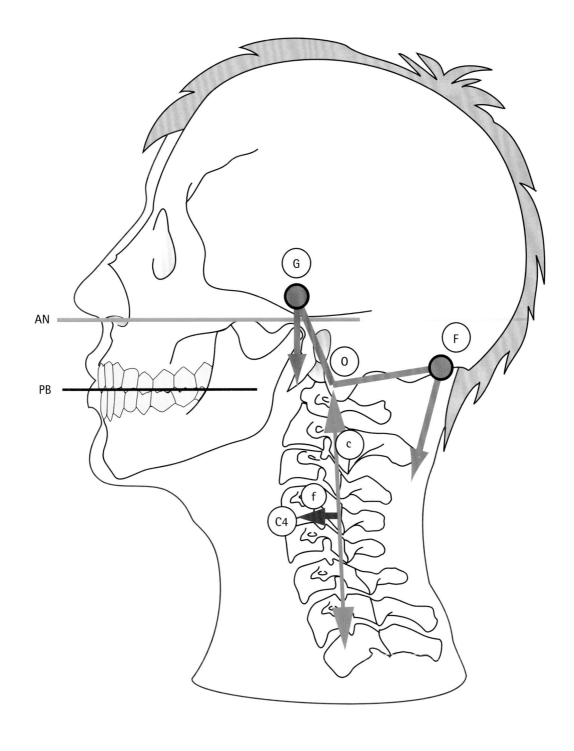

圖68

胸鎖乳突肌之結構與功能

其實胸鎖乳突肌應該被稱為胸鎖枕乳突肌，由四個明顯頭端**（圖 69）**組成：

- **深層頭端**，鎖乳突肌（Cm）：從鎖骨中間三分之一向上延伸至乳突。
- 其他三個頭端排列成 N 字形，除了在鎖骨內側終端處的內下部分（即**賽迪洛凹窩**，鎖乳突肌通過該處露出），其餘的部分緊密地交織在一起。

這三個淺層頭端分別是：

- **鎖枕肌**（Co）：覆蓋大部分的鎖乳突肌，並匯入枕骨上項線後側。
- **胸枕肌**（So）：與胸乳突肌緊密結合，沿著鎖枕肌一起匯入上項線。
- **胸乳突肌**（Sm）：與胸枕肌起始於胸骨柄上緣的共同肌腱，連接到**乳突**的前上緣。

整體來說，該肌肉範圍寬大且清晰可見，在頸部的前外側表面延伸，並向其前側下方傾斜。其最明顯的部分位於前下方，由胸枕肌和胸乳突肌的共同肌腱組成。

兩條胸鎖乳突肌在皮膚下形成清晰可見的梭形肌塊，其兩條胸骨肌腱的起點圍住胸骨上切跡，無論身材多豐腴都非常明顯。

胸鎖乳突肌的**單側收縮（圖 70）**產生一個包括三個動作的複合動作：

- 頭部的對側**旋轉**（R）
- 同側的**側屈**（LF）
- **伸直**（E）

這種動作抬升了視線高度，並將其引導到與收縮肌肉相反的一側，頭部這樣的位置是**先天性肌肉性斜頸**的典型特徵，通常是由於一側肌肉異常**短小**導致。肌肉同時發生雙側收縮的效果將在後段文章中詳細討論（P.265），其隨其他頸部肌肉的收縮狀態而變化：

- *如果頸椎是可活動的狀態*，則這種雙側收縮會**加劇頸椎的前凸**，並使頭部伸直，頸椎向胸椎屈曲（見圖 99，P.263）。
- 相反地，如果透過脊椎前肌群的收縮*使頸椎保持堅硬筆直*，則雙側收縮會導致**頸椎向胸椎屈曲**和頭部前屈（見圖 100，P.263 及圖 103，P.265）。

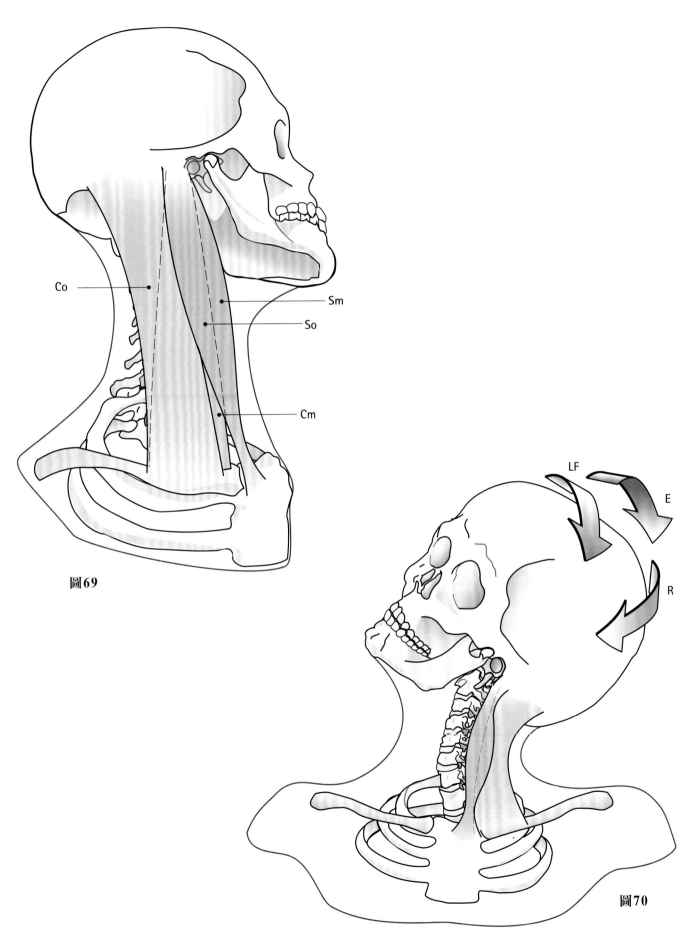

圖69

圖70

脊椎前肌群：頸長肌

頸長肌（圖 71）是脊椎前肌群最深層的肌肉，位於頸椎的前表面，從寰椎前弓延伸至第三胸椎。解剖學家說明這**三個部分**為：

- **斜下行束**（d），透過三到四個腱索附著於寰椎前結節及第三頸椎至第六頸椎之橫突前結節上。

- **斜上行束**（a），透過三個或四個腱索附著於第二胸椎和第三胸椎的椎體以及第四頸椎至第七頸椎之橫突的前結節上。

- **縱束**（l），位於前兩個部位的深處，中線的兩側，附著於第一胸椎至第三胸椎和第二頸椎至第七頸椎的椎體上。

因此，頸長肌在中線的兩側覆蓋了頸椎的整個前表面，當兩條肌肉同時對稱收縮時，會**拉直頸椎曲線**並**使頸部屈曲**。在頸部靜止時，其對於穩定頸椎也非常重要。

單側收縮會**向同側產生頸椎的前屈和側屈**。

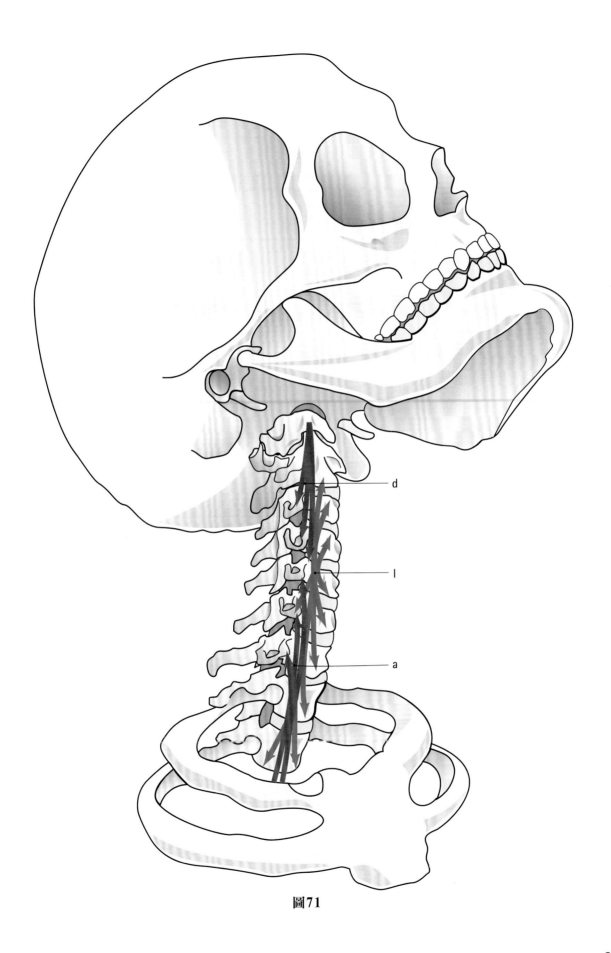

圖71

脊椎前肌群：頭長肌、頭前直肌、頭外直肌

這三塊肌肉屬於頸椎的上段（**圖 72**），幾乎完全覆蓋在頸長肌的上段（d、a、l）。

頭長肌

作為這三塊肌肉中最中間的部分，頭長肌（lc）兩側肌束相併，並附著在枕骨大孔前的枕骨基底下表面，通過不連續的腱索延伸至第三頸椎至第六頸椎之橫突前結節，且其覆蓋於頸長肌上部的斜下行束（d）。

其作用於枕下部頸椎和下頸椎的上部，當兩側肌肉同時收縮時，會使得**頭部**在頸椎上產生**屈曲**，並**拉直頸椎前凸的上部**；而單側收縮會**使頭部向同側產生前屈和側屈**。

頭前直肌

頭前直肌（ra）位於頭長肌的後外側，並在枕骨基底和寰椎側塊的前表面之間上延，直至橫突的前結節，其肌束走向往下方和側面略微傾斜。

其雙側肌束同時收縮時，會在頸椎上部屈曲頭部，即**寰枕關節**處；單側肌束收縮時，則在**寰枕關節**產生了同側的頭部**屈曲、旋轉和側屈**相結合的複合動作。

頭外直肌

頭側直肌（rl）是橫突間肌肉中最高的肌束，附著在寰椎橫突前結節與枕骨頸靜脈突之間，位於前直肌的外側，並覆蓋寰枕關節的前表面。其雙側肌束同時收縮，寰枕關節產生頸椎彎曲，頭部前屈；單側收縮則同樣在寰枕關節產生了同側的輕微側屈。

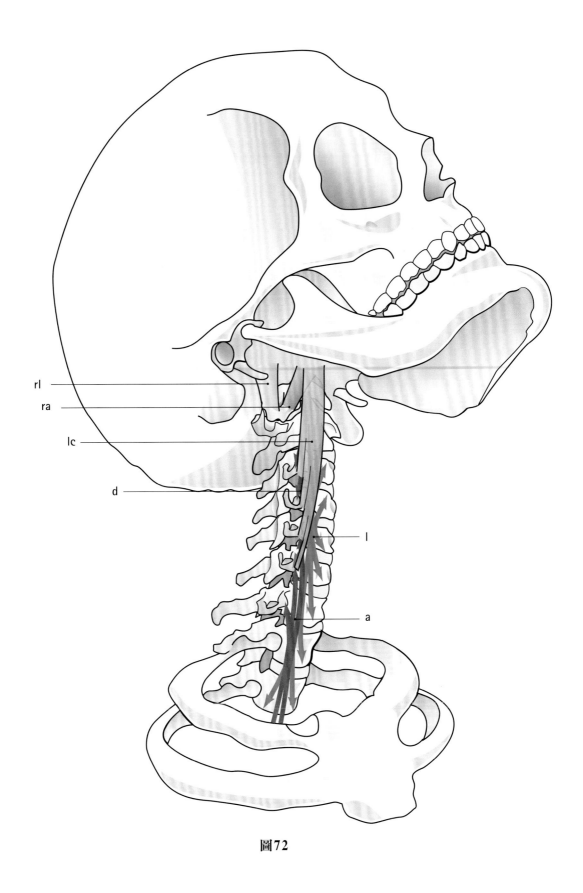

rl

ra

lc

d

l

a

圖72

脊椎前肌群：斜角肌

　　三條斜角肌（圖 73） 像真正的肌肉緊身衣一樣，延伸在頸椎的前外側表面，將頸椎的橫突連接到第一和第二肋骨。

前斜角肌

　　前斜角肌（sa）為三角形，頂點位於下方，由第三頸椎至第六頸椎之橫突前結節的四個肌腱開始延伸。其纖維匯聚成一條肌腱，向前下方傾斜，匯入第一根肋骨前緣上表面的斜角肌結節（利斯弗朗結節）中。

中斜角肌

　　中斜角肌（sm）前後扁平，呈三角形，頂點位於下方，與前斜角肌的深層表面連結，並由第二頸椎至第七頸椎之橫突前結節、第二頸椎至第七頸椎之橫突凹槽的側緣和第七頸椎的橫突的六個腱索開始延伸。其肌束向側下方傾斜，向後方匯入到鎖骨下動脈凹槽後的第一根肋骨中。

後斜角肌

　　後斜角肌（sp）位於上述兩個肌肉後方，由第四頸椎至第六頸椎之橫突後結節的三個腱索為起點延伸，其肌束橫向薄平，位於中斜角肌的側後方，與中斜角肌部分連結，通過扁平肌腱匯入第二根肋骨的上緣和側面。**臂叢神經**和**鎖骨下動脈**在前斜角肌和中斜角肌之間穿越。

　　如果頸長肌的收縮不能使頸部保持直挺，則斜角肌的**雙側對稱收縮**會使**頸椎向胸椎彎曲**且加劇頸椎前凸。另一方面，如果頸長肌的收縮能使頸部保持直挺，則斜角肌的對稱收縮**只會使頸椎向胸椎彎曲**；而斜角肌的**單側收縮**（見圖 75，P.245）使頸椎於同側產生側屈和旋轉動作。

　　當斜角肌收縮時，可作為輔助的吸氣肌，使第一、二肋骨上提，增進呼吸效率。

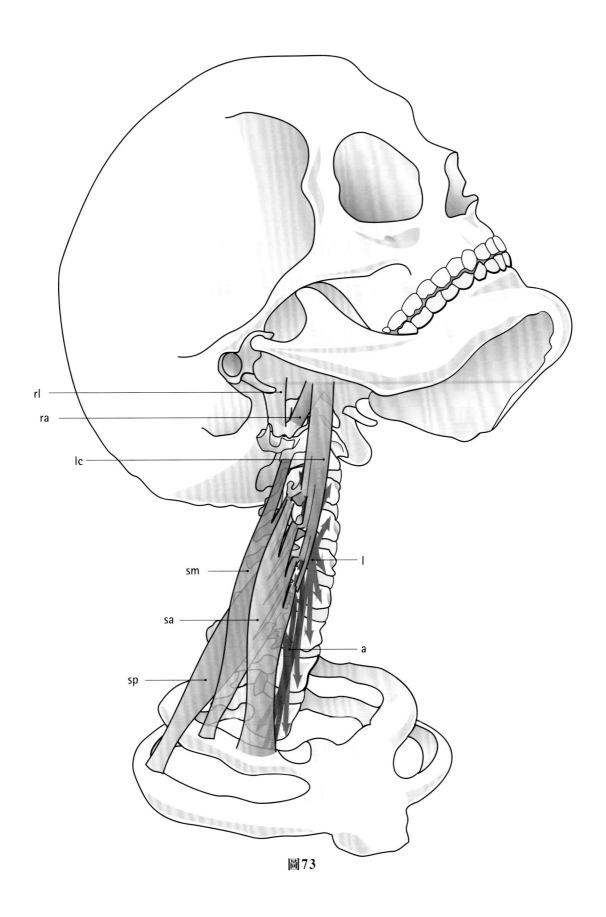

圖73

脊椎前肌群之整體觀

　　頸椎的正面觀（**圖 74**，參考 Testut）可標出所有的脊椎前肌群：

- **頸長肌**——縱束（lcl），斜上行束（lca）和斜下行束（lcd）纖維。
- **頭長肌**（lc）。
- **頭前直肌**（ra）。
- **頭外直肌**（rl）。

- **橫突間肌**：前束（ita）及後束（itp）。其唯一作用為輔助同側斜角肌進行頸椎同側的屈曲（**圖 75**）。
- **前斜角肌**（sa）：圖中僅右側肌束完整顯示，以便觀察**中斜角肌**（sm）。
- **後斜角肌**（sp）：位於中斜角肌後方，僅在其匯入第二根肋骨附近的下部伸出。

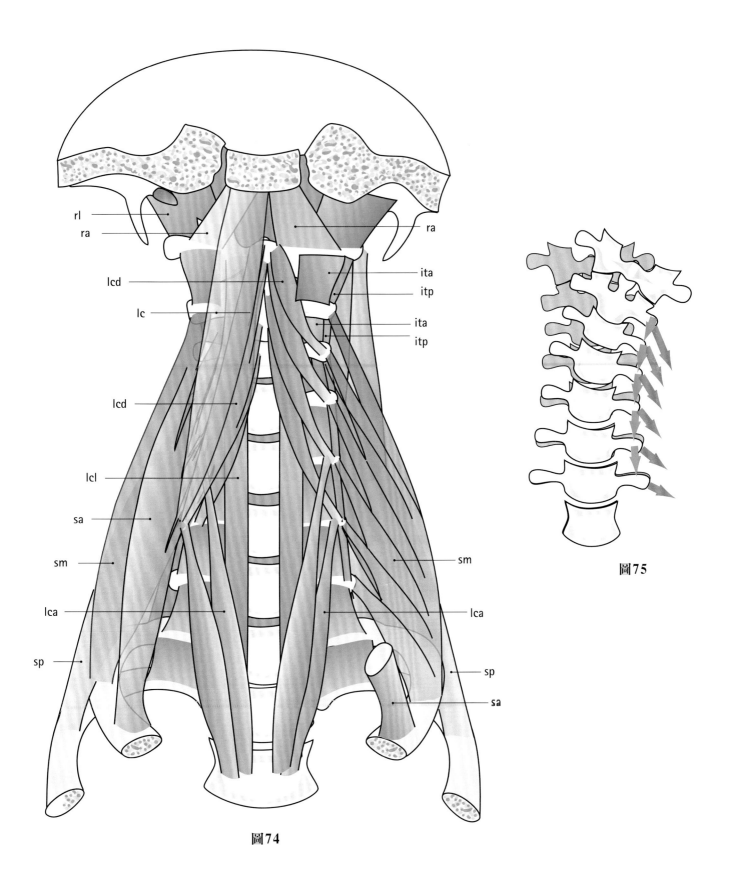

圖74

圖75

頭頸的屈曲動作

頭頸於胸椎上的屈曲動作取決於頸部的前肌群。**在頸椎上部（圖76）**，頭前直肌和**頭長肌**（lc）在寰枕關節產生屈曲，頸長肌（lc 1 和 lc 2）和頭長肌在下椎骨關節產生屈曲。而頸長肌對於**拉直頸椎，保持其直挺**和矯正脊柱前凸至關重要（**圖 77**）。

頸部前部肌肉（**圖 78**）位於離頸椎一定距離的位置，如此才能起到槓桿力臂的作用，故為較具力量的頭頸屈肌，分別是：

- **舌骨上肌群**：**下頜舌骨肌**（mh）和**二腹肌**前腹（此處未顯示），將下頜骨與舌骨相連。

- **舌骨下肌群**：甲狀舌骨肌（此處未顯示）、胸骨甲狀肌（sch）、胸骨舌骨肌（此處未顯示）、肩胛舌骨肌（oh）。

這些肌肉同時收縮會使下頜骨降低，但是當下頜骨*同時受咀嚼肌──咬肌（m）和顳肌（t）的收縮而使其保持固定時*，舌骨上下肌群的收縮會拉直頸椎，同時導致頭頸於胸椎上的屈曲，因此這些肌肉對頸椎維持靜止狀態有著重要影響。

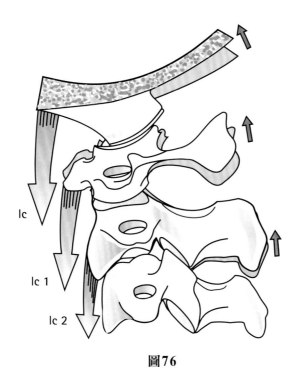

圖76

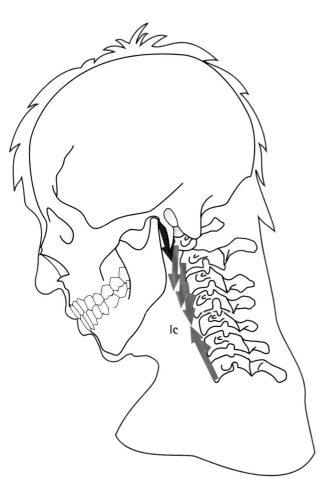

圖77

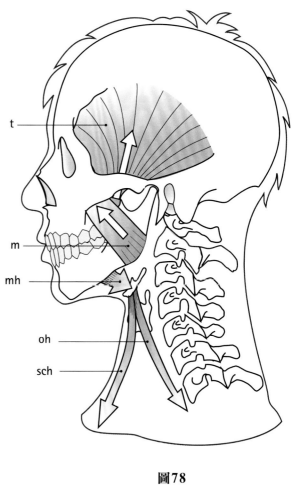

圖78

後頸肌群

在討論後頸肌群的功能之前，認識其肌肉分布是極為重要的。**圖 79** 為**後頸肌肉**之**右側後方透視截面**（已移除淺層肌肉，以便觀察內部肌肉分布）。

肌肉平面

後頸部由四個相互重疊的肌肉平面組成，從深到淺依次為：

- 深層：枕下部肌群及有著多頭端肌群的深平面（見 P.256）
- 頭半棘肌層
- 夾肌、提肩胛肌層
- 淺層

深層直接附著於椎骨及其關節上，包含枕下部頸椎的小內在肌群，分布範圍從枕骨到寰椎及樞椎之間（見圖 80 － 82，P.251）：

- **頭後大直肌**（1）
- **頭後小直肌**（2）
- **頭下斜肌**（3）、**頭上斜肌**（4）
- **橫突棘肌群**之頸部部分（5）
- **棘突間肌**（6）（見 P.256）

頭半棘肌層（部分移除）包含下列肌群：

- **頭半棘肌**（7）（部分透明以便觀察 1 至 4）
- **頭最長肌**（8）
- 外側的頸最長肌、胸最長肌以及**頸髂肋肌**（11）

夾肌、提肩胛肌層（部分移除）包含下列肌群：

- **夾肌**：分為兩部分，即**頭夾肌**（9）和**頸夾肌**（10）。此處僅顯示了頸夾肌的三個肌腱（10'）之一匯入到第三頸椎橫突的後結節中，附著在第一頸椎和第二頸椎橫突後結節上的另外兩個肌腱已去除，此處未顯示。
- **提肩胛肌（12）**

此層肌肉緊密地與深層肌肉相互嵌合，**像滑輪一樣互相滑動**。因此當它們收縮時，會產生很大程度的頭部旋轉。

淺層包含下列肌群：

- **斜方肌**（15）（此處近乎完全移除）。
- **胸鎖乳突肌**：僅有後上部分屬於後頸，且同樣部分移除，以便觀察淺層（14）及深層的鎖乳突肌（14'）。

在該平面的深度中，可以通過肌肉之間的間隙看到中斜角肌和後斜角肌的起點（13）。

整體觀

除了深層的肌肉外，大多數後頸肌肉向下方、內側和後側傾斜，因此在其收縮側同時產生**伸直、旋轉和側屈動作**，即為**下頸椎於三傾斜軸上**產生的複合動作。

另一方面，**淺層**之肌肉走向與中間肌肉相反，即向下方、外側及前側傾斜。這些肌肉不直接作用於下頸椎，而是作用於**頭部**和**枕下部頸椎**，就像深層肌肉一樣，在同側產生伸直和側屈，但在**對側產生旋轉**。因此，它們同時是深層肌肉的主動肌和拮抗肌，在功能上是互補的。

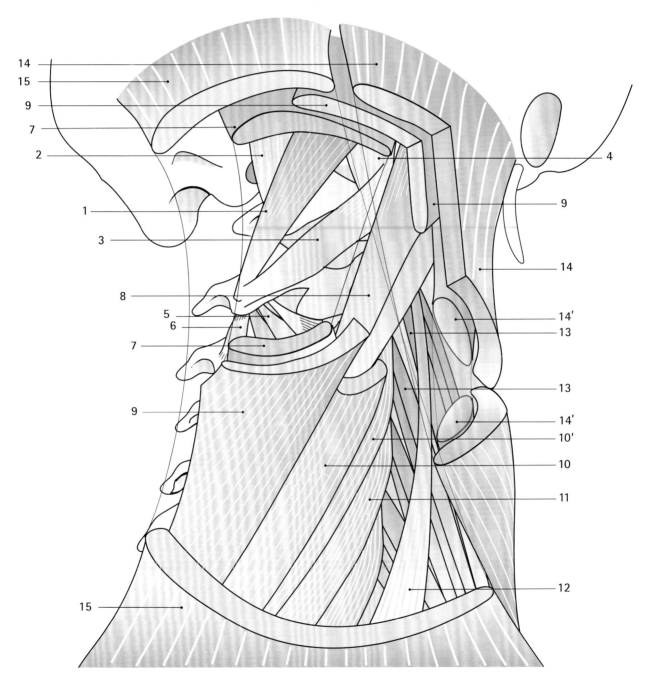

圖79

枕下肌群

枕下肌肉的功能常常被低估,因為它們不被認為與下頸椎的肌肉有互補作用,而在現實生活中,這四條**「游標」**※**肌肉**對於其在下頸椎的三軸複合動作中,***產生必要的加強或是抵消作用***來維持頭部的位置,是非常重要的。在進一步了解功能之前,複習一下肌肉的結構,可以更輕鬆地想像空間中的方向和功能:

- **後視圖**(圖 80)
- **左側視圖**(圖 81)
- **右後側視圖**(圖 82)

這些圖片顯示了下列肌肉:

- **頭後大直肌**(1)呈三角狀,其底部位於上方,從樞椎棘突延伸至枕骨下項線,朝上方傾斜,並略微朝後外側傾。
- **頭後小直肌**(2)同樣呈三角狀,表面薄平但較頭後大直肌為小且深,位於中線兩側,從寰椎椎弓的後結節延伸到下項線內側三分之一的位置。其纖維朝上方傾斜,略微朝外側傾,比頭後大直肌更直接向後方延伸,因為寰椎的後弓比樞椎的棘突還深。
- **頭下斜肌**(3)是細長的梭形肌,位於頭後大直肌的下方和外側,從樞椎棘突的下緣延伸到寰椎橫突的後緣。其肌束纖維向上方、外側和前方延伸,故其跨越了上述的一些肌肉,尤其是頭後小直肌(圖 82)。
- **頭上斜肌**(4)是位於寰枕關節後方短而扁平的三角肌,從寰椎橫突一直延伸到下項線外側三分之一的位置。其纖維在矢狀切面朝正後側上方傾斜,平行於頭後小直肌,垂直於頭下斜肌(圖 81)。
- **棘突間肌**(5)位於**樞椎下方**的頸椎棘突之間的中線兩側,相當於兩條頭後直肌群。

※以發明家皮埃爾‧維尼爾(Pierre Vernier)的名字命名的「游標」設備,可以**大大提高任何測量儀器的精準度**。同樣,用於**精確調整衛星方向**的小型火箭也可以稱為「游標」火箭。這些「游標」肌肉可以在**頭部的精確定向**中發揮類似的作用。

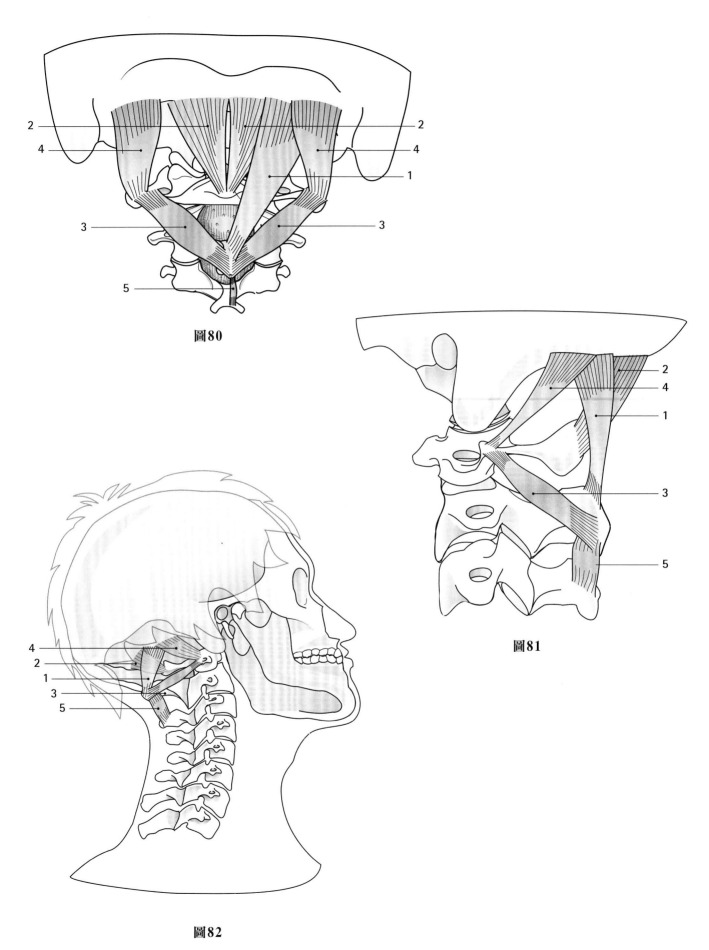

圖80

圖81

圖82

枕下肌群之作用：側屈和伸直

因為**頭下斜肌**所處的位置，其在寰樞關節的靜態和動態中起著重要的作用。**左側視圖（圖83）**顯示，肌肉向後**拉動寰椎橫突**，其雙邊對稱收縮使寰椎在樞椎上後退；其角度可於側面X光片上測得，角度 **a** 為寰椎側塊後移之範圍，角度 **a'** 為後弓下移之範圍。

俯視圖（圖84）清楚地顯示了由兩個下斜肌的對稱收縮所產生的向後位移 r，其作用類似於弓箭中的箭，從而導致樞軸向前位移，相對地寰椎向後位移，該作用減弱了橫韌帶為防止齒突向後移位，而產生的被動張力。

橫韌帶的斷裂**（圖85）**僅可能源自於外傷（黑色箭頭），因為正常情況下，下斜肌**在保持正中寰樞關節的動態完整性**方面起著重要作用。**圖86**（俯視圖，陰影較淺的部分為寰椎椎管和樞椎椎管重合）說明了這種寰樞關節不穩定的災難性後果——脊髓受到壓迫（如果未橫切），就像斷掉的雪茄，甚至是斷頭台。

灰色區域代表狹窄的椎管，內部有被壓縮的延髓。枕下後側四塊肌肉的單側收縮**（圖87，後視圖）**使寰枕關節產生同側的頭部側屈動作，該側屈角度 i 也可以透過穿過寰椎橫突間的水平連線，和連接乳突尖端的斜線之間的角度來測量。

這些外屈肌群中起最大作用的無疑是**頭上斜肌**（4），其收縮將其對側延長一段距離 **e**，而寰椎橫突由**頭下斜肌**（3）的收縮而穩定。**頭後大直肌**（1）的作用比頭上斜肌小，但**頭後小直肌**（2）因為太靠近中線，其作用最小。

枕下後側肌肉雙側同時收縮**（圖88，右側視圖）**使上部頸椎上的頭部伸直：這種伸直是由頭後小直肌（2）和頭上斜肌（4）在寰枕關節之作用，以及頭後大直肌（1）和頭下斜肌（3）在寰樞關節之作用所產生的**（圖87）**。

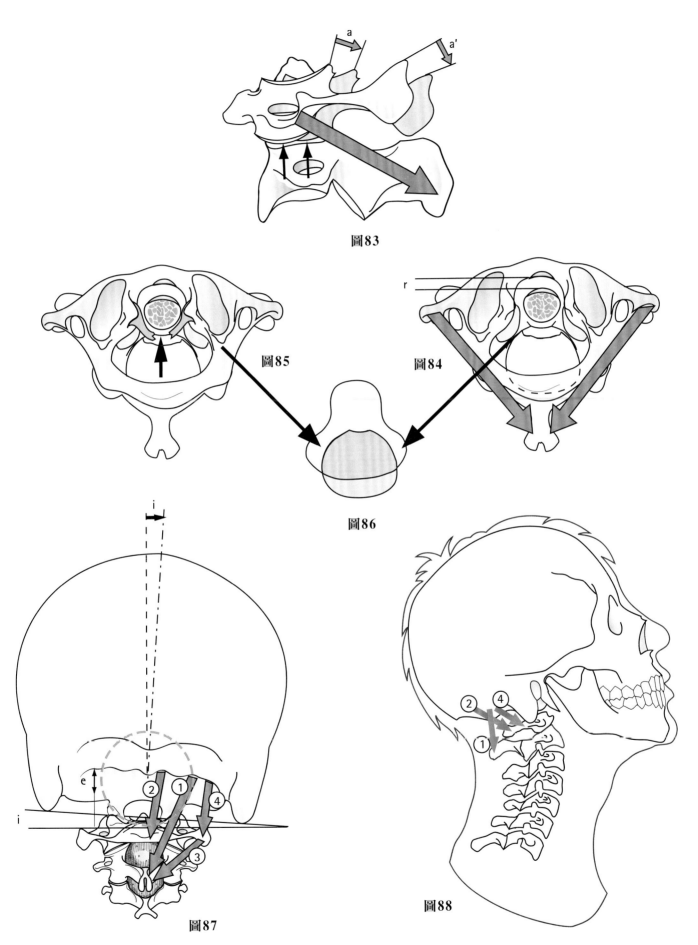

圖83

圖85

圖84

圖86

圖87

圖88

253

枕下肌群之作用：旋轉

除了伸直和側屈之外，這些肌肉還能產生頭部旋轉。

圖 89（**枕下上部的仰視圖**，即寰枕關節的俯視圖）顯示，**頭上斜肌**（4）的收縮使頭部向對側旋轉 10°，即左頭上斜肌的收縮會使頭部旋轉至右側，接著將被動牽拉右頭上斜肌（4'）和右頭後小直肌（2），**這最終能再使頭部恢復到中立位置**。

圖 90（**枕下下部的仰視圖**，即寰樞關節，寰椎帶有紅色輪廓）顯示，頭後大直肌（1）和**頭下斜肌**（3）的收縮使頭部向同側旋轉 12°，意即右頭後大直肌（1）收縮會同時在寰枕關節和寰樞關節處旋轉頭部向右旋轉，在此同時，左頭後大直肌將被動牽拉一段距離 **a**，最終再將頭部恢復到中立位置。而**右頭下斜肌**（3）的收縮則使頭部在寰樞關節處向右旋轉。

圖 91（**從右側上方觀察的俯視圖**）顯示，**頭下斜肌（OCI）**的收縮使樞椎的棘突和寰椎右橫突之間斜向延伸，將寰椎左旋，同時將左頭後大直肌（**圖 90**）牽拉一段長度 **b**，而該肌肉能繼續將頭部恢復到中立位置。當頭下斜肌收縮時，寰椎之對稱矢狀切面 S 也相對於軸線 **A** 的矢狀切面旋轉 12°。

這種枕下肌肉動作的詳細描述，使人們更容易理解前面以力學模型輔助解釋過的，在頭部的純粹動作過程中，如何消除代償性側屈與旋轉動作。

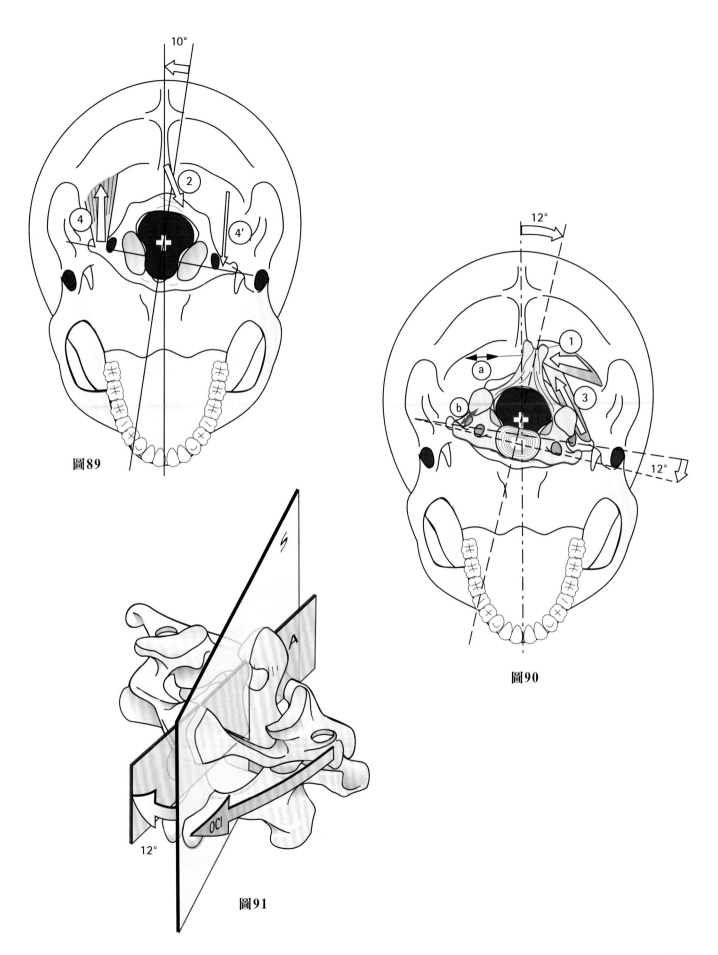

圖89

圖90

圖91

後頸肌群：第一層與第四層

後頸深層肌群

深層包含了下列肌群：

- 位於上段頸椎的**枕下肌群**
- 位於下段頸椎的**橫突棘肌群**或是**多裂肌群**※

後者的這些肌肉對稱地排列在由棘突、椎板和從寰椎至薦椎之橫突形成的凹槽中，並由像屋頂上的瓦片一樣相互交疊的肌肉條索組成。

這些肌肉束的排列有兩種不同的解釋（**圖 92**）：

- 根據 Trolard 的傳統說法（右側，T），肌肉纖維源自第二頸椎至第五頸椎的棘突和椎板，並匯聚到第五頸椎的橫突。
- 而根據 Winckler 的最新說法（左側，W），肌肉纖維的起點至止點的走向與 Trolard 的說法是不同的。

這兩個說法是描述同一解剖事實的不同方式，具體取決於以上端還是下端作為起點。儘管如此，肌肉纖維始終朝下方外側傾斜，並且略微前傾，因此：

- 橫突棘肌群的**雙側對稱收縮**會使頸椎**伸直**，並**加劇頸椎前凸**，其為頸椎的豎直肌。
- **不對稱或單側的收縮**會產生頸椎的伸直、向同側的側屈和向對側的旋轉，即類似於胸鎖乳突肌產生的頭部動作。因此，**橫突棘肌群為胸鎖乳突肌的協同肌**，但其沿著頸椎骨分段性地起到作用。而另一方面，胸鎖乳突肌及其纖維是作用於頸椎整體，並且附著於脊椎兩末端，構成了槓桿系統，其槓桿力臂的長度相當長。

後頸淺層肌群

後外側**淺層**（**圖 93**）由**斜方肌**（2）組成，而斜方肌為起於經過枕骨上項線內三分之一、頸椎和向下到第十胸椎的棘突，以及後方頸部韌帶連成一線所形成的扇形肌肉。從這個連續線性起點來看，最上方的纖維走向為斜向朝下方、外側和前方，後連接到鎖骨外側三分之一、肩峰和肩胛骨。

因此，頸部下部的輪廓對應於由斜方肌的連續纖維產生之**彎曲包絡線**的弧形。斜方肌在肩帶的動作中起著重要作用（見第 1 冊），但是當它從肩帶作為固定點收縮時，對頸椎和頭部的**重大作用**如下：

- 斜方肌的**雙側對稱收縮**使頸椎和頭部**伸直**，**頸椎前凸加劇**。當這種伸直受到前頸部肌肉的拮抗作用而受阻時，斜方肌將作為穩定頸椎的支柱。
- 斜方肌的**單側或不對稱收縮**（**圖 94**，後視圖，顯示**左側斜方肌**處於收縮狀態）會導致頭部和頸椎**伸直**，**頸椎曲度加重**，頭部向同側**側屈**和向對側**旋轉**。因此，斜方肌是*同側胸鎖乳突肌（1）的協同肌*。

胸鎖乳突肌（1）的上端在頸後的內側上方可見（**圖 93**，左側）。頸後上方的外部輪廓對應於由胸鎖乳突肌（1）連續纖維形成的彎曲包絡線的弧形，向後延伸並繞其軸扭轉。

※多裂肌由多個頭端或薄片組成。

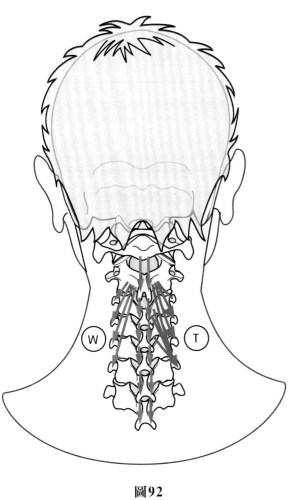

圖92

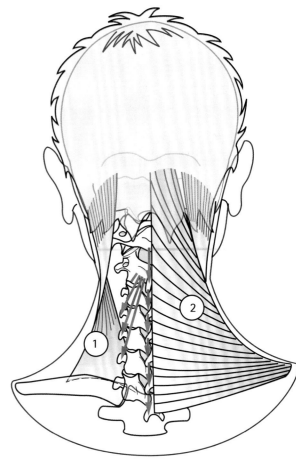

圖93

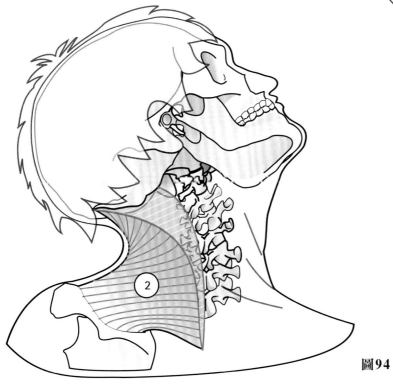

圖94

後頸肌群：第二層

第二層肌群直接覆蓋於深層肌群之上（**圖 95**），包括頭半棘肌、頸半棘肌、胸最長肌、頸最長肌和髂肋肌上部。

頭半棘肌（7）恰好位於中線兩側，形成垂直的肌層，並中斷於肌腱交點，又稱為「頸部二腹肌」，起於第一胸椎至第四胸椎的橫突以及第七頸椎和第一胸椎的棘突。

其厚而圓的肌腹覆蓋在橫突棘肌群上方，布滿了脊椎溝，並由項韌帶將其兩側肌束分開，其側凸面緊附於兩個夾肌上（**圖 96** 中的 9 和 10，P.261），最後連接到兩個項線之間的外枕嵴旁的枕骨外側鱗狀部（枕骨隆突）。

半棘肌的**兩側對稱收縮**使頭部和頸椎伸直，並**加劇頸椎前凸**；而它的**單側或不對稱收縮**產生**伸直**，同側頭部略有側屈。

頭最長肌（8）位於頭半棘肌的外側，長而細，向上方傾斜，側面略微延伸，由第四頸椎至第七頸椎和第一胸椎的橫突產生，並連接到乳突的頂端和後邊界。它的肌腹被扭曲，因為其下部纖維連接到最內側，而其最上方纖維由最外側連接到乳突。

其**兩側對稱收縮**使頭部**伸直**；當前頸肌群起拮抗作用時，最長肌就可以使頭部穩定，就像**倒立**。

而**其單側或不對稱收縮**引起同側**伸直－側屈動作**（比頭半棘肌所產生的更大）以及頭部的同側旋轉。

細長的頸最長肌（11）位於頭最長肌的外側，起源於第一胸椎至第五胸椎之橫突的頂點，並連接到第三頸椎至第七頸椎橫突的頂點。它的中間纖維最短，從第五胸椎到第七頸椎；而其側向纖維最長，從第五胸椎延伸至第三頸椎。

兩側肌肉的**雙側對稱收縮**能**伸直**下頸椎，當伸直動作被它們的拮抗肌群所抑止時，它們的作用就如**撐條**。

而**單側或不對稱收縮**會導致頭部**伸直**，並在同側產生**側屈動作**。**胸最長肌**也屬於後頸肌群，因為其最上方的纖維匯入到最低之頸椎的橫突中，它與髂肋肌（11'）的頸部部分相連，起於上六根肋骨的上邊界，並與胸最長肌一起連接到五個最低的頸椎橫突的後結節中，其作用類似於頸最長肌的作用。此外，髂肋肌的頸部部分充當下頸椎的肌肉支撐，並**抬升上六根肋骨**（見 P.162）。

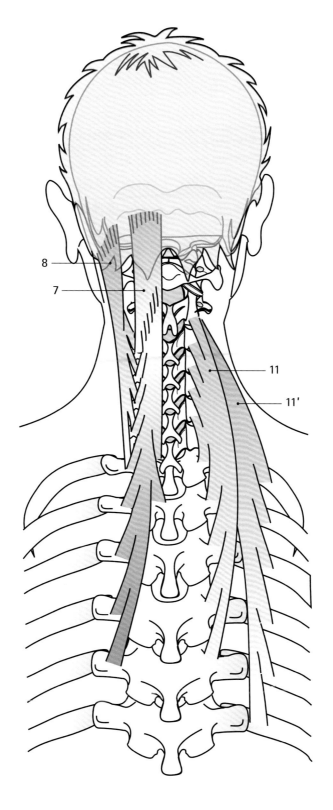

圖95

前頸肌群：第三層

第三層肌群（圖 96）包含位於斜方肌深處的夾肌群和提肩胛肌。

夾肌群（9 和 10）從顱骨延伸至胸腔，起自第二頸椎至第七頸椎的棘突、頸後韌帶、第一胸椎至第四胸椎的棘突和棘突間韌帶。其纖維斜向朝上方、外側和前方，並纏繞在深層的肌肉周圍，以**兩種不同的肌束**連接：

- **頭夾肌**（9）從胸鎖乳突肌下方連接到枕骨上項線外側的一半並連接到乳突。其不完全覆蓋兩個半棘肌，可以通過兩個夾肌的內緣形成的三角形看到。

- **頸夾肌**（10），在圖左側顯示的是與頭夾肌的位置關係，在圖右側顯示的則是它自己的頭端，說明其纖維如何向上扭轉以連接到寰椎、樞椎和第三頸椎的橫突。其**雙側對稱收縮**使頭部和頸椎伸直，並**加重頸椎曲度**；而

單側或不對稱收縮會產生同側**伸直、側屈和旋轉**，即為之前提過的下頸椎的典型複合動作（P.220）。

提肩胛肌（12）在頸夾肌的側邊，起於第一頸椎至第四頸椎的橫突，其肌腹平坦，包裹著夾肌，但很快就朝下方傾斜，略微向外側延伸，並連接到肩胛骨。

當其從固定的頸椎開始活動時，會抬高肩胛骨（見第一冊）；但是當肩胛骨保持固定時，它將會移動頸椎。兩條肌肉的雙邊和對稱收縮會伸直頸椎並加重頸椎前凸，而當伸直受阻時，它們可以作為支撐物，從側面穩定頸椎。

其**單側或不對稱收縮**像夾肌一樣，產生複合的同側伸直、單側旋轉和側屈動作，即為下頸椎的典型複合動作。

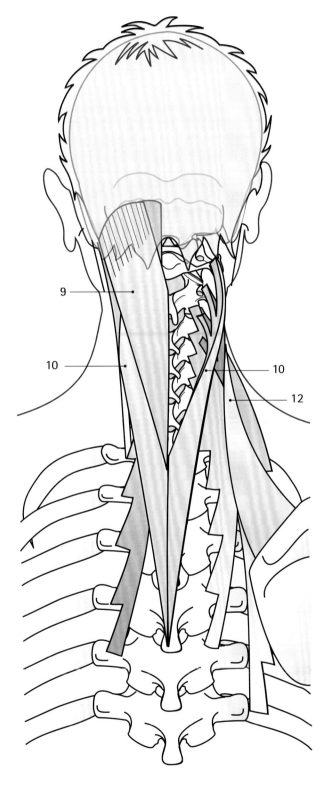

圖96

後頸肌群對頸椎的伸直動作

後頸肌群都是**頸椎的伸肌**，但根據其肌肉方向可分為**三組**。

第一組（圖 97）包括附著於頸椎橫突的所有肌肉，這些肌肉斜向後方進入胸腔區域：

- 頸夾肌（1）
- 頸最長肌和髂肋肌的頸部部分（2）
- 提肩胛肌（3）

這些肌肉伸直頸椎並加重頸椎彎曲度。當它們單側收縮時，還會產生同側伸直、旋轉和側屈，即下頸椎典型的複合動作。

第二組（圖 98）由朝下方和向前傾斜延伸的所有肌肉組成，因此它們的動作方向與第一組相反：

- 一方面，**橫突棘肌群**（4）是下頸椎的固有肌肉；
- 另一方面，連接枕骨和下頸椎的肌肉是：**半棘肌（6）**、**頭最長肌**（7）和**頭夾肌**（圖中未顯示）。
- 以及圖中未包括的枕下肌群（見 P.250 – P.254）。

這些肌肉由於直接連接到枕骨而能伸直頸椎，**加重頸椎前凸**，並使頭部在頸椎上**伸直**。

第三組肌肉包括跨越頸椎的所有肌肉，而沒有附著於任何椎骨，直接將枕骨和乳突結合至肩帶。這些肌肉如下：

- 一方面為斜方肌（**圖 79** 中的 15，P.249；**圖 93** 中的 5，P.257）；
- 另一方面，**胸鎖乳突肌（圖 99）**沿對角線穿過頸椎。它的雙側對稱收縮產生了三個動作的組合：頭部在頸椎上**伸直**（10），頸椎朝胸椎屈曲（9）以及頸椎自身的伸直**加重頸椎曲度**（11）。

因此，頸椎在矢狀切面上的穩定（**圖 100**）取決於以下各項之間的**恆定動態平衡**：

- 一方面，由後頸肌肉，即夾肌群（S）、頸最長肌、髂肋肌、胸最長肌（Lt）和斜方肌（T）產生的伸直，這些肌肉都像弦一樣，位於頸椎前凸後方的凹面。
- 另一方面，前側及前外側的肌群：
  - 頭長肌（Lc）：使頸椎屈曲並且拉直頸椎前凸。
  - 斜角肌（Sc）：使頸椎朝胸椎屈曲，並加劇頸椎前凸，除非它們被頸長肌或舌骨上下肌群所相互拮抗（見圖 78，P.247）。

這些肌群的同時收縮**使頸椎伸直並保持在中間位置**，它們的作用就像位於矢狀切面和斜向切面中的支撐條。因此，它們對於**平衡頭部**和支撐頭部的負重至關重要，在某些特定族群中，會用頭部搬運物品而非用手，這種做法會增強頸椎的結構成分，並增加頸部肌肉的力量。

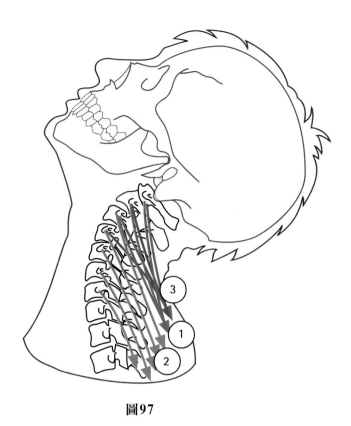

圖97

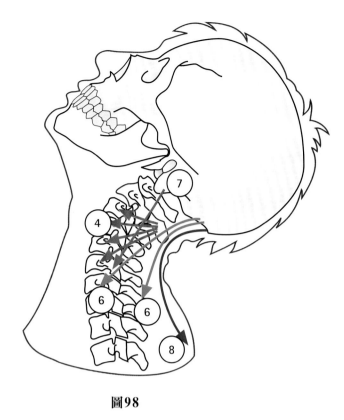

圖98

圖99

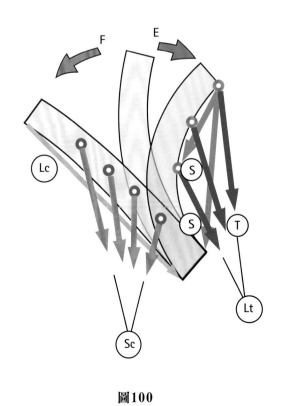

圖100

脊椎前肌群與胸鎖乳突肌的協同與拮抗作用

圖 99（P.263）完美地說明了胸鎖乳突肌（SCM）對稱但獨自收縮的效果，其無法靠自己單獨地穩定頭部和頸椎，而是需要協同拮抗肌肉的幫助，以便先使頸椎曲度平直（**圖101**）。這些肌肉如下：

- **頸長肌**（Lc）：位於椎體前方，因其在前凸凸面而得以拉直頸椎前凸。

- 使頭頸屈曲的**枕下肌群（圖102）：頭長肌、頭前直肌、頭外直肌**。

- 最後，**舌骨上下肌群**位於頸椎前方，在長槓桿力臂的幫助下作用一定距離，當牙齒咬緊時便可作用於頸椎。

一旦**頸椎保持硬直**，頸椎前凸拉直（**圖103**），且頭頸的伸直受前枕下肌群及舌骨上下肌群作用所阻，胸鎖乳突肌（**圖 104**）**同時收縮**使得頸椎向胸椎**前屈**。因此，胸鎖乳突肌和位於脊柱正前方或相距一定距離的脊椎前肌群之間存在多種協同拮抗作用。

當頭部承受負荷時，因為它位於脊柱頂部，這些肌肉同時間收縮，以達到恆定的動態平衡，從而將頭和頸部轉變為一個既能直挺又能柔韌的單一結構。這是用兩足直立行走的重大成就！

強烈推薦這項運動給想要獲得女王般步態的女性。

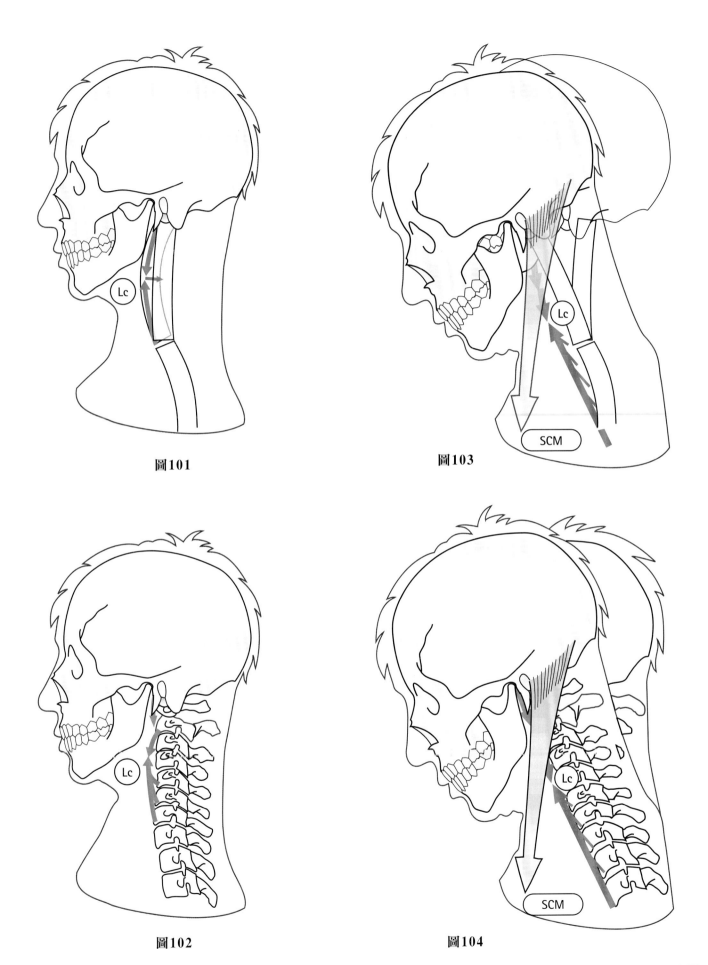

圖101

圖103

圖102

圖104

頸椎的整體動作範圍

有許多測量這些整體動作範圍的方法，而對於屈曲－伸直和側屈動作，可以於側面和正面的 X 光片上精確測量，但如果不使用電腦斷層掃描（CT）或核磁共振（MRI）的話，很難測量旋轉範圍。

不過也可以使用表面標記，對於**屈曲－伸直動作**來說（**圖 105**），以咬合面在中立位置，也就是其為水平時作為參考平面，可以用咬住硬紙板的方式來使概念更清楚，硬紙板即代表咬合面。伸直範圍（E）落在由水平切面向上張開至咬合面的角度之間；屈曲範圍（F）則介於由水平切面向下張開至咬合面的角度之間。這些範圍已經被定義，但是不同個體間的變化很大。

當受試者坐在椅子上且肩帶保持穩定姿勢時，可以測量**頭部和頸部的旋轉角度（圖106）**。測量旋轉角度時有兩種測量方式，一則將兩肩之連線作為參考平面，通過雙耳的冠狀切面為另一平面，旋轉後兩平面夾角即為所求，圖中以 **R** 來表示；二則測量旋轉後頭部的正中矢狀切面，與身體的正中矢狀切面之間的夾角，圖中以 **R'** 來表示。也可以讓受試者仰躺

在堅硬的平面上，使用橫放在前額的**角度規**[※]進行更精確的測量。

側屈動作（LF）由鎖骨間之連線和雙眼間之連線形成的角度來測量（**圖 107**）。若要進行更為準確的測量，可以將**角度規**放置在頭上，側屈時以冠狀切面、屈曲－伸直動作時則以矢狀切面來測量。

還有另一種頭部動作在西方國家很少會做，但在**峇里島的舞者**中很常見（**圖 108**），即頭部橫向移動（T），而沒有任何側屈。有些婦女將這項動作當為一種社交能力，僅當**雙眼之間的連線在頭部橫向活動中始終保持平行的狀態**才算是成功。要了解這種動作，必須徹底掌握本章開頭討論過的枕下關節代償動作的原理。這項動作的重點便是負代償的能力。因此，首先將下頸椎置於右側側屈－旋轉－伸直之位置，然後在枕下關節複合體向左進行反向旋轉，輕微屈曲，最重要的是，向左反向旋轉，將鼻子中線恢復到垂直面。快試試看吧！

注意：很容易在頸椎的力學模型上進行峇里島舞者的這種橫向動作（見 P.331）。

※角度規在生理學中很少使用，但它可以測量與垂直切面形成的角度，這可能是有用的功能。另一方面在商用飛機的儀表板中，用於監測飛機的橫向傾斜度。

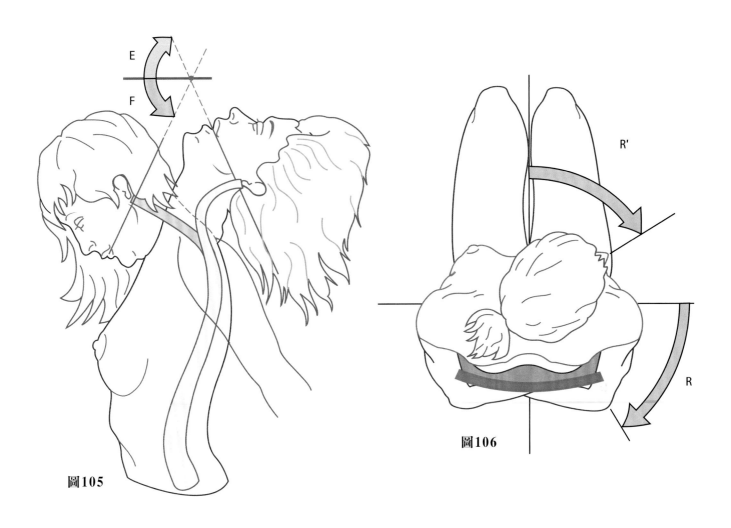

圖105

圖106

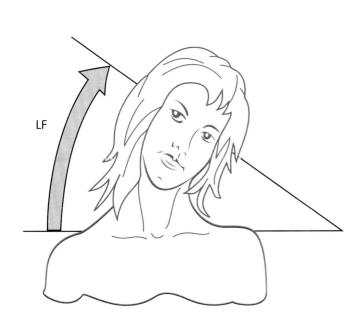

圖107

圖108

神經與頸椎的關係

中樞神經系統位於顱骨和椎管內，頸椎保護著自枕骨大孔下延的延髓下段及脊髓，脊髓神經分成了頸神經叢與臂神經叢。

因此，延髓和頸髓與頸椎的高度活動密切相關，尤其是在枕下區域，這是一個非常特殊的機械過渡區域（**圖 109，正面右側觀**）。實際上，當延髓（M）通過枕骨大孔下延至脊髓（SC）時，其位於枕髁（C 和 C）之間略微靠後的位置，**為頭部提供支撐的力量**。然而，在枕髁和第三頸椎之間，寰椎與樞椎將會被重新分成三根支柱支撐頭部重量，而該重量最初是由兩個枕柱（C 和 C）支持的。橫跨整個脊椎的這三根支柱分別如下：

- **主柱**，由脊髓前的椎體（1）組成（圖中被 [2] 擋住）。
- 由位於脊髓兩側的關節突（2 和 3）形成的**兩個較小的外側柱**。

力線在樞椎上分成兩股力量，一邊是頭和寰椎，而另一邊是頸椎的其他部分。**右側視圖（圖 110）**顯示，每個枕髁（C）支持的重量將分為兩個部分：

- 前內側：**當頭部靜止時**，作用力由樞椎椎體施於各椎體（VB）。
- 後外側：**當動作時**，通過樞椎的椎弓根作用於位於樞椎後弓下方的關節突柱（A）。

枕下區域為**脊椎活動度最大**的**樞軸**，這也同時強調了穩定該區域之韌帶和骨骼結構的重要性。最關鍵的骨骼結構是**齒突**，若其底部產生裂痕或是骨折，將使寰椎在樞椎上完全不能穩定，可能會向後或向前傾斜，造成更嚴重的後果，例如寰椎前移位，而這會導致延髓的壓迫和猝死。

橫韌帶為另一個確保寰椎在樞椎上之穩定性的重要結構。該韌帶的斷裂將導致寰椎前移位，而完好的齒突向後移動，壓迫且嚴重損害延髓（見圖 84 – 86，P.253），幸而橫韌帶斷裂比起齒突骨折來得少見。

在下頸椎，活動最大的區域位於第五頸椎和第六頸椎之間，其中第五頸椎和第六頸椎的前移位最常見，而使第五頸椎的下關節面鉤在第六頸椎的上表面上（**圖 111**），在此位置，脊髓會在第一頸椎後弓和第六頸椎椎體後上角之間受擠壓。因此脊髓的損害可能會依程度導致半身不遂，或是致命的四肢癱瘓。

更不用說所有這些使脊髓不穩定的損害，均可能**透過不當的處理而變得更糟，尤其是當受傷人員被抬起的時候更是需要多加注意**。

頭頸上的任何屈曲動作都可能會加劇壓迫延髓或脊髓，因此當受傷人員被抬起時，其中一名救援人員必須全權負責頭頸的穩定，沿著脊柱軸線持續輕柔地牽引，並略微伸直頭部，以避免造成任何枕下及其以下區域的骨折或是移位。

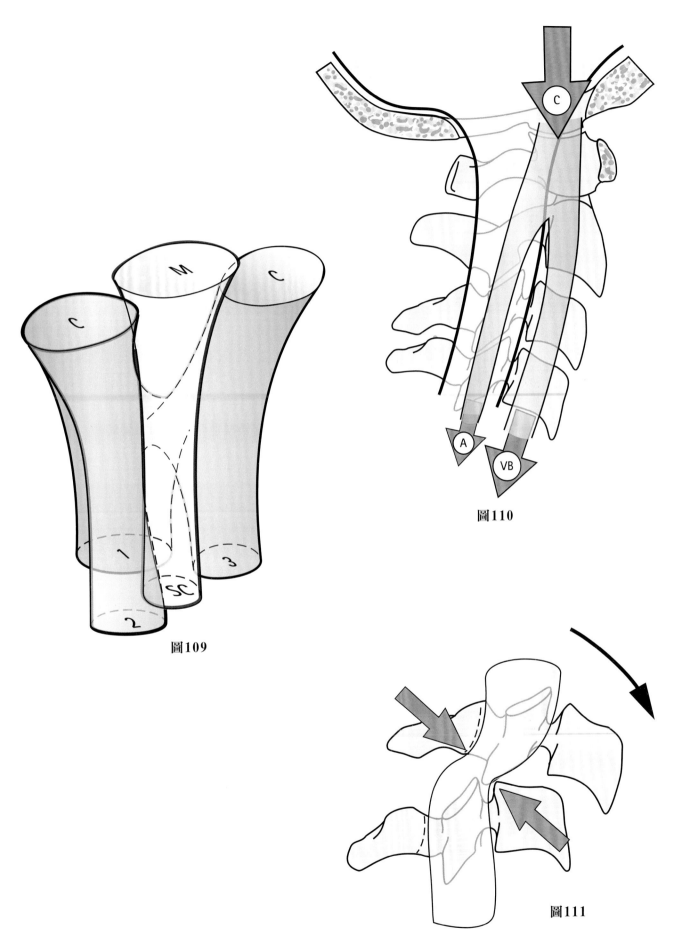

圖109

圖110

圖111

頸神經根與脊椎的關係

在研究了頸椎與延髓和脊髓的關係之後，我們現在將注意力轉向其與神經根的關係。

在頸椎的每個節段，頸神經根通過**椎間孔**從管中伸出，這些神經根可能會因**脊椎的受創**而受到損害**（圖 112）**。椎間盤凸出在頸椎區域很少見，因為鉤狀突的存在阻礙了椎間盤向後外側的凸出（箭頭 1），因此當椎間盤凸出發生時，因其位置比腰部區域更為靠近中心（箭頭 2），而導致**脊髓的壓迫**。

注意**椎動脈**（紅色）及其靜脈叢（藍色）的位置是位於橫突的橫突孔，而頸椎的壓迫更多是由鉤狀突椎體關節的退化性關節炎所引起的（箭頭 3）。

圖 113（頸椎的左視圖）顯示了通過椎間孔延伸出的頸神經根與後方**小面關節**和前方的**鉤狀突椎體關節**之間的緊密關係（圖的上半部）。在頸椎退化性關節炎（圖的下半部）的早期發作期間，骨刺不僅生成於椎間盤表面（1）的前緣，更於鉤狀突椎體關節（2）加劇（可在四分之三的 X 光片中觀察到），由此關節伸入椎間孔；而若是骨刺又生成於小面關節（3），神經根便會被來自前方的鉤狀突椎體關節之骨刺及後方小面關節之骨刺所壓迫，這便能夠解釋**頸椎退化性關節炎神經根**所產生的相關症狀。

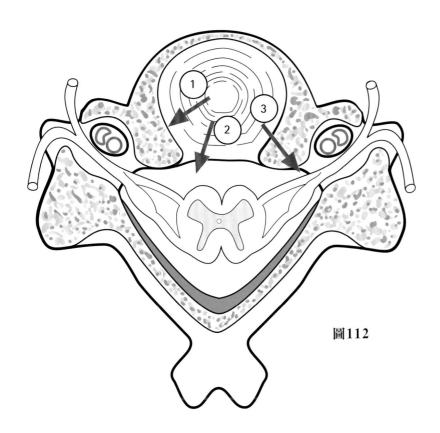

圖112

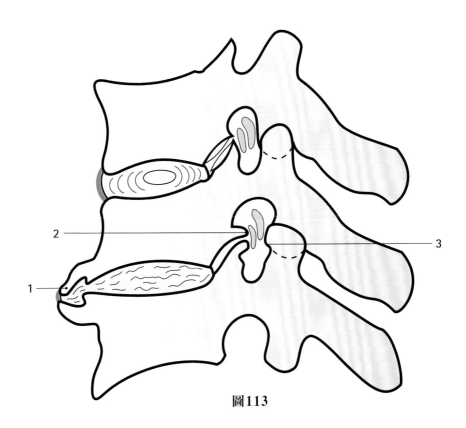

圖113

椎動脈和頸部血管

了解**椎動脈與脊椎間的緊密關係**，及其與**為大腦和臉部輸送血液**的頸部血管之間的關係非常重要。

頭頸血管起始於主動脈弓（**圖114**，右視圖）：

- 於**右側**起自頭臂動脈幹（1），然後分成右鎖骨下動脈（2）和右總頸動脈（3）。
- 於**左側**獨立於左總頸動脈和左鎖骨下動脈。

椎動脈（4'）源自鎖骨下動脈，橫穿鎖骨上凹槽至第六頸椎的椎間孔，接著再由**相繼的椎體橫突孔**形成的根管中上升（4），直至寰椎（**圖115**，後側右視圖），並於**寰椎橫突（圖116）**的上方完全改變方向，形成弓狀（6），繞過位於深凹槽中之寰椎側塊的後方。因此它進入與腦幹和延髓外側表面緊密接觸的椎管（4），並向前上方朝內側延伸與對側動脈合併，從而形成位於前側重要的**基底動脈**（5），穿過枕骨大孔進入後顱窩，位於腦幹前表面。

椎動脈一直處於暴露於危險之中的狀態：

- 首先，在由椎間孔形成的椎管中，椎動脈必須自由滑動以適應脊柱的曲率和方向的變化（任何椎骨相對於其相鄰椎骨的移位都可能對椎動脈造成損害）。
- 接著在與其他血管連接的過程中，其與齒突接觸，並被橫韌帶隔開。

特別值得注意的是，基底動脈的形成將自身分為兩部分，說明了奧卡姆的簡約原則[※]，因為兩個椎動脈很容易就穿過了枕骨大孔。

此外總頸動脈（3）在頸部的前外側向上延伸（**圖114**），分為以下部分：

- 外頸動脈（9）：分為淺顳動脈（10）和上頜動脈（11）以供應臉部的血液輸送。
- 內頸動脈（7）：向頭骨的底部延伸進入顱腔，形成一個U形（8），然後分成大腦末端分支。

要記住的重點是，基底動脈與**威利氏環**（大腦動脈環）的內頸動脈相吻合，椎動脈**不僅供應後顱窩（即小腦和腦幹）結構**的血液輸送，還會在頸動脈供血不足的情況下，也供應前部大腦。

因此，椎動脈的此種重要作用在在強調了保護頸椎的重要性，**目前已知進行某些激烈的頸椎操作會引發椎動脈傷害**。

[※]奧坎的威廉（或譯為奧卡姆）是一位著名的修士、神學學者，英國哲學家和邏輯學家，也被稱為「駁不倒的博士」，約於西元1290年出生於英格蘭薩里郡的奧坎（Ockham），於1330年被逐出教會，並於1349年在慕尼黑因瘟疫逝世。

他引入了簡約或通用的經濟原理，即「理論的真理必須基於最少的前提、原因和演示」，因其在邏輯討論中從演示中排除了所有不必要的先決條件，此原則也稱為「奧卡姆剃刀」（Occam's razor）。思想家哥白尼為奧坎的繼承人，他證明了托勒密體系過於複雜，無法解釋內側行星的逆行運動，因此通過引入日心說解決了這個問題，像愛因斯坦一樣，他對證明性推理極具興趣。

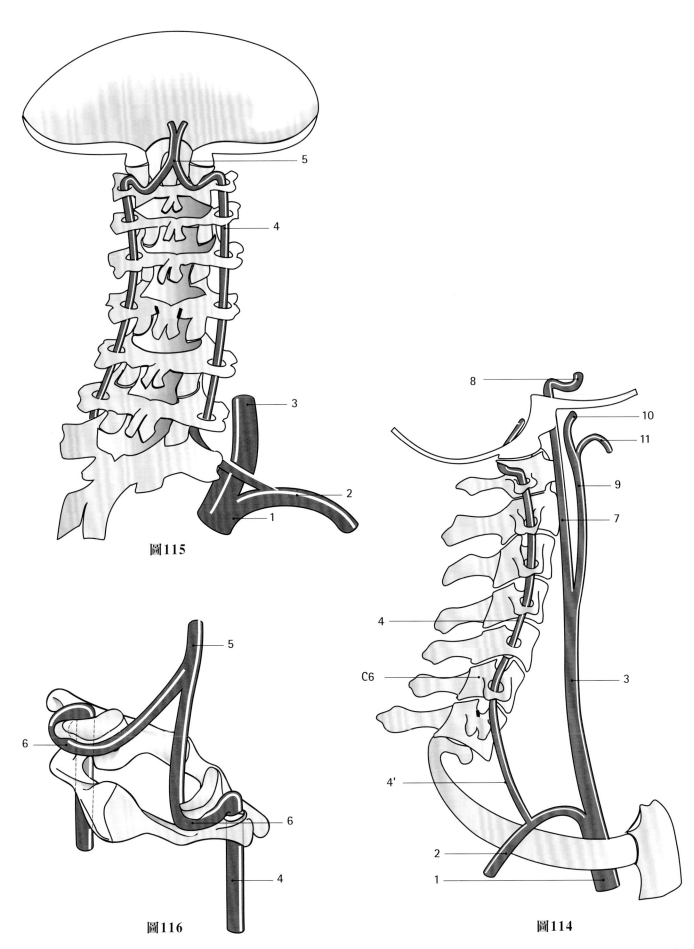

圖115

圖116

圖114

椎弓根的重要性：在脊椎中的生理學與病理學之角色

在所有脊椎中，**椎弓根**在**連接椎體**和**椎弓**的方面起著至關重要的機械作用。椎體能支撐靜止狀態的脊椎，而椎弓則能保護神經，且因其附著於肌肉上，在運動過程中尤為重要。

椎弓根是**管狀結構**，由堅固的皮質和充滿海綿骨的骨髓腔組成，形狀為較短的圓柱體，而其在空間中的方向變化取決於脊椎的位置，但具有一些固定的特點。

「蘇格蘭狗」的眼睛（圖中十字）在傾斜的 X 光片（**圖 117**）中清晰可見，但在仔細觀察之下，其實**整條脊椎**都能發現其存在（**圖 118**），因此每個椎骨都「有兩隻眼睛」，我們必須學會「直視脊椎骨」。因此，Roy Camille（1970）產出了一個極其巧妙的想法──將螺絲釘插入椎弓根的軸，將椎體後弓與椎體連接，或是在椎骨之間形成一種**穩固的支撐**（**圖 119**）。術前的 X 光片將清楚顯示椎弓根可能的偏移狀況，得以將螺絲釘從**矢狀切面**由背部水平插入（**圖 120**）。

不建議新手使用此技術來進行脊椎手術，因為首先必須要精確地確定插入點，還須根據脊椎位置確定插入方向，該方向**在腰椎區域**是水平的（**圖 121**），但有時可能稍微向內傾斜。到目前為止，外科醫生的技術和經驗除了確保螺絲釘的正確插入方向，同時也要考慮到，通過上下椎間孔離開的神經根的鄰近程度（**圖 122**）。如今透過電腦的輔助，可以使此技術更加精確且安全地進行，也許未來電腦的技術能夠將這些螺絲釘插入到脊椎的其他位置，像是椎弓根較細且向不同方向延伸的頸部區域（**圖 123 － 125**），不過目前此手術只能於第二頸椎和第七頸椎的位置進行。

椎弓根螺絲釘是**脊椎外科手術中非常重要的進步**，例如用於固定骨折傷處或是椎骨的撐托。源於對於**解剖學擁有近乎完備的知識**，才能產出這個**創新的想法**。

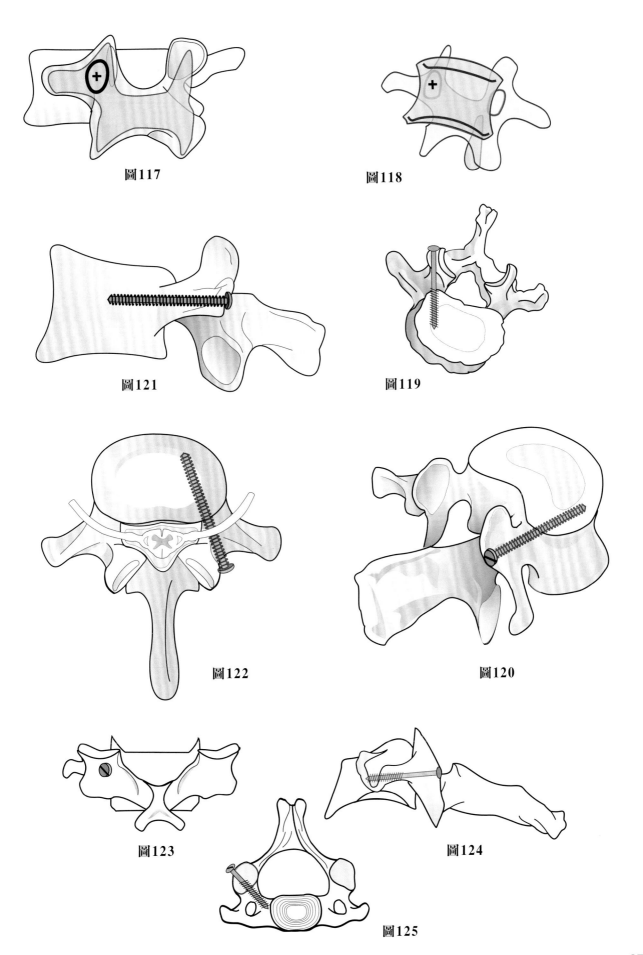

圖117

圖118

圖121

圖119

圖122

圖120

圖123

圖124

圖125

第6章

頭部

卵圓形的頭部位於**脊椎**的上方，由板狀骨透過**骨縫**相互連結組成，其容納我們最為珍貴的器官——腦。腦就如同我們的**中央電腦**，被保護在堅固的**顱骨**內部，顱骨附著在脊椎上，而脊椎包含**脊髓**，透過神經纖維在整個身體之間傳遞訊息。

臉是頭部的一部分，包含**兩個主要的感覺器官**——眼睛和耳朵，負責接收有關周遭環境的訊息，且這些感官的緊密分布**縮短了將數據傳輸到腦部所需的時間**，而這正是奧卡姆剃刀的例子。**頸椎**的可動性使這些**感官在空間中正確定向**，從而提高其效率。

頭部包含了**兩個接收外界刺激的通道**——供食物進入的嘴，以及供空氣進入人體的鼻子：

- **嘴**位於**鼻子的正下方**，在食物進入口中之前，先以嗅聞**食物氣味**的方式來做第一步的檢測，而後食物通過**味蕾**，再由味蕾測定食物的化學性質，並透過本能或是物種的集體記憶，來避免攝入有毒的物質。
- **鼻子**的功能為控制、過濾並加熱吸入的空氣，上呼吸道在咽喉處與消化道相交。喉嚨具有**保護閥**，而該閥門具有極其精確的檢測機轉，可防止將固體或液體物質引入呼吸道。

喉部（有關其生理機轉的說明，請參見P.184）對於發聲來說至關重要，其控制並調節聲音，而後透過口部及舌頭發出。因此，人類得以使用以聲音作為溝通媒介的表達方式——**語言**，來進行訊息或是感覺的交流，而以**文字**予以輔助。頭部同樣包含其獨特的肌肉和關節，臉部的淺層肌肉（由 Duchenne de Boulogne 研究）不作用於任何骨骼結構，它們是控制臉部表情的肌肉，以**準國際的第二種交流方式**來輔助聲音訊息的傳遞。其形呈**圓形**圍繞著口部及眼睛，並且控制其閉闔——分別為**口輪匝肌**和**眼輪匝肌**；另一方面，只有一個**鼻孔擴張肌**。而耳朵的部分，外耳道維持在張開的狀態，並通過**耳廓**的輔助來收集聲音，但人類的耳廓不能像動物那樣移動。內耳的聽小骨位於鼓膜和內耳之間，用來傳遞振動。此外，有兩個**顳頜關節**位於兩側耳朵前方，其為**滑膜關節**，控制下頜骨的動作，對於進食和發聲是必不可少的。最後，有**兩個無骨關節**與眼眶內眼球相關，並控制凝視的方向。

對於顳頜關節與眼球活動的詳細說明，會在之後的篇幅中討論。（P.296 與 P.306）

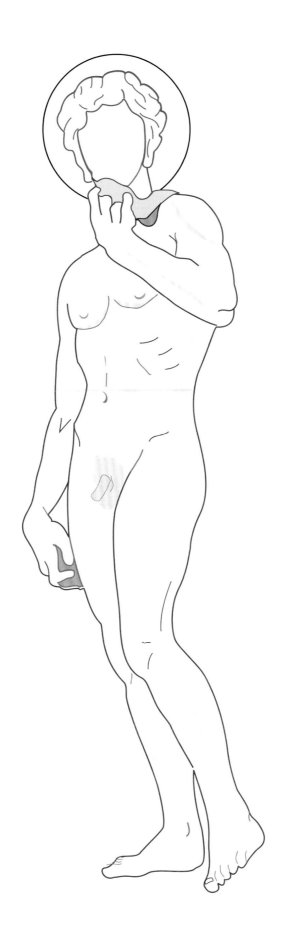

顱骨

顱骨（**圖1**）由二十二塊**扁平骨**組成，這些扁平骨是從十二個顱骨體節的骨原基中衍生而來的，但已經經過了極大的變動，以適應其特定功能，即顱骨和臉部的形成。

頭顱由骨板組成，其由兩層非常堅固的緻密骨及其之間的海綿骨——板障組成，即外部的**顱表骨片**和內部的**顱內腔骨片**。在顱骨的底部，這些扁平的骨骼與更大的骨骼融合在一起，將其連接到臉部和頸椎。

卵形的顱骨由六個骨板組成，分成顱頂與顱底：

顱頂由下列四塊骨頭組成：

- **枕骨**（1）：位於後側，並形成枕骨鱗，其與基底突（枕骨基底）相連，穿以**枕骨大孔**，使延髓和脊髓進入椎管。枕骨大孔的兩側各有**兩個枕髁**，經寰椎與頸椎相連。
- **頂骨**（2）：為兩個對稱的骨板，形成顱骨的上外側部分，並向後與枕骨連接。
- **額骨**（3）：為殼狀骨板，橫跨頭部中線形成前額，並向後方與頂骨相連；前方包含**眼眶上緣**與**眼眶的後壁**。

顱底由下列骨頭前後分布組成：

- **篩骨**（4）：位於額骨中間後側，構成**鼻腔**主體，其上部具**篩板**，嗅覺神經經過**篩板**連接兩個**嗅球**。篩骨具有許多鼻竇，在矢狀切面上有垂直板分隔兩個鼻腔，包含**上鼻甲與中鼻甲**。

- **蝶骨**（5）：位於中線，連接篩骨和枕骨，是顱底中最複雜的骨骼，可以與飛機相對照來說明，機身對應於其骨體，而其上部蝶鞍則對應於**機師座位**[※]。蝶骨上方有兩個**小翼**與額骨連接，下方則有兩個**大翼**形成顱窩底部，此兩部位被眶腔上部的眶上裂分開；兩側則具有**翼突**，對應於飛機的起落架。
- **顳骨**（6）：其鱗狀部在兩側形成顱骨的邊緣，而其**錐形岩狀部**形成顱底。
- **顎骨**（7）：與蝶骨的翼突相連，形成部分鼻腔和上顎的一部分。
- **顴骨**（8）：形成眼眶壁及**頰骨**。
- **鼻骨**（9）：有兩根骨頭，其在中線匯合形成**鼻樑**。
- **上頷骨**（10）：形成大部分的臉部骨骼，將**上頷竇**包圍住，因此幾乎是中空的；也形成**眼眶的底部**，其下部包含**上齒槽突**和顎突，構成了大部分的上顎部分。
- **下頷骨**（11）：位於中線，為不成對的馬蹄形骨頭，帶有兩個上伸的分支，支撐**髁**及**髁突**，包含**顳頷關節**的活動關節面。具有**下齒槽突**，與上齒槽突相對。

其實顱底還有一些小骨頭沒有介紹，分別為**犁骨**、**淚骨**和**下鼻甲**，但它們在顱骨中沒有任何結構性作用，因而於此處未顯示，這些骨骼及其關係的詳細描述可在解剖學教科書中找到。

※機師對應於腦下垂體，像是內分泌的指揮。

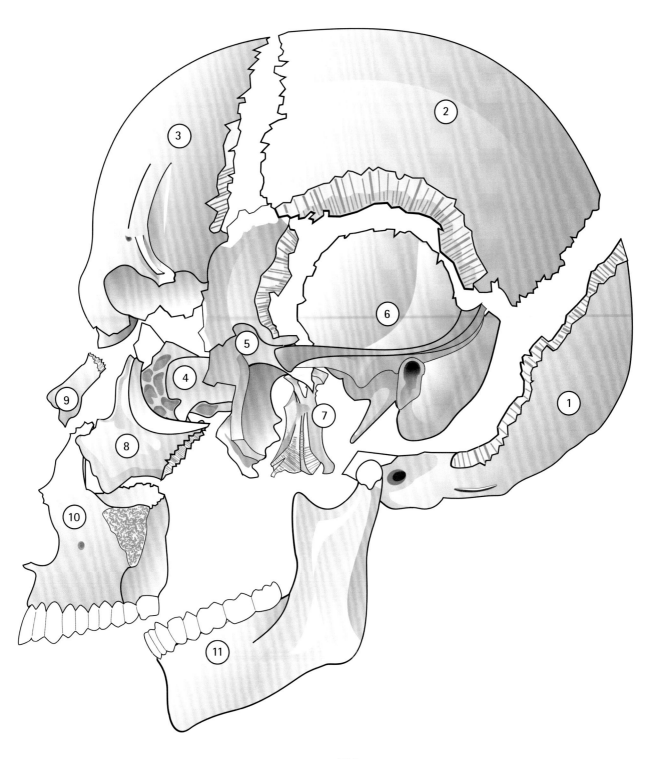

圖1

顱骨骨縫

除上頷骨和下頷骨外，顱骨之間通過骨縫相互連接。在嬰兒時期，顱骨尚未相連，**骨頭之間相對可動**，而前囟門在出生後的八至十八個月完全骨化。幼兒顱骨的可動性是為了出生後**大腦持續不斷地快速生長**，隨後的骨骼生長則可以與大腦的骨骼保持同步，直到青春期頭骨完全發育為止。

將骨板連接在一起的**骨縫（圖2）**呈極度的波浪狀，因此當它們緊密**互嵌（圖3）**時，在此**骨板平面**不會發生任何的動作，與**拼圖**比較**（圖4）**，保持在同一平面（像是桌面）上的拼圖，彼此之間有緊密的貼合性**（圖5）**。在此基礎上，傳統解剖學認為這些骨縫是**完全固定不動**的，如今此種觀念受到某些專家的挑戰，他們試圖通過骨縫的移動來解釋各種疾病。仔細觀察，很明顯拼圖之間的動作只發生在**平面之外（圖6）**，而橫截面**（圖7）**也清楚地顯示，只有在與平面成直角的情況下，才可能發生任意的滑動。

如 P.279 上的圖1所示，這些骨縫大多數**都不垂直於該平面**，而是傾斜的。因此按照

Wegener 提出之解釋地震的**板塊構造理論（圖9）**，板塊不可能對彼此做隱沒動作而相對傾斜地滑動**（圖8）**。

圖1並未排除骨縫的傾斜使兩個顱骨的鱗狀部在伸直動作中**橫向滑動**的可能性，而這種**顱骨構造學說**尚需透過頭部前後壓迫的實驗（非使用酷刑），以及於壓縮前後的冠狀切面密度測量電腦斷層掃描來加以證明，但仍然存在可能由骨縫移動產生之病態生理學的問題，該研究可以在解剖標本上進行，普通的邏輯支持這些骨縫中的微動概念，因為如果不存在這些動作，這些**骨縫將在演化過程中消失**。

特別是在靈長類和智人中，人類的頭骨具有從橫向**轉變為直立方向**的特徵。在動物中，例如這隻**狗（圖10**，頭骨為藍色輪廓，臉部為紅色輪廓），四足著地的姿勢確保了其頸椎近乎為水平狀態，而其枕骨大孔位於其頭部的後下部；相反地，在演化過程中，智人發展至以**雙腿直立行走**，導致其枕骨大孔**向前側下方移位**，即移到**顱骨下方**的位置**（圖11）**。

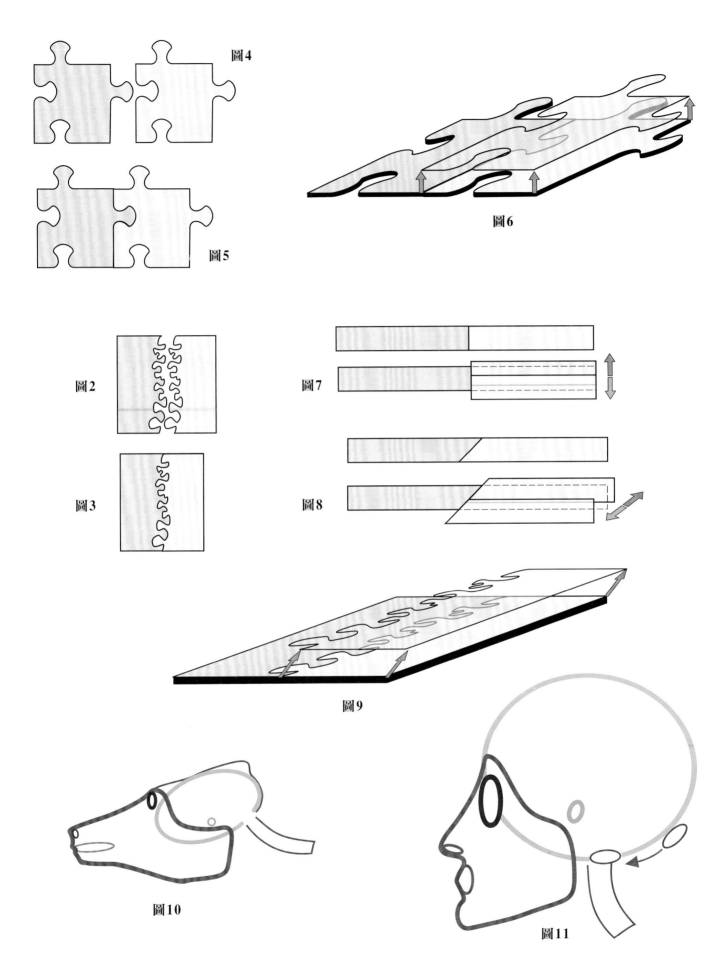

圖4

圖5

圖6

圖2

圖3

圖7

圖8

圖9

圖10

圖11

頭顱與臉部

頭骨（**圖 12 和圖 13**）在單一結構中包含了**顱骨**（藍色輪廓）以及**臉部**（紅色輪廓），其中顱骨內部有腦——我們的**中央電腦**，使每個個體具有不同的個性；而臉部則包含了主要的**感覺器官**，用以獲得視覺、味覺、嗅覺和聽覺，接收周遭環境的相關訊息。這些感官的位置與腦部相當接近，*從而縮短了訊息傳遞的時間*，使腦部能夠有效率地處理資訊。其為簡約原理（奧卡姆剃刀）的另一個例子——運用最少的資源，實現最大的效率。

頸椎予以頭部之活動能力，使**感覺器官能夠定向**，並且提高其效率，繼而在**兩足動物**之後又提高了其位置。在顱骨內部，小腦是協調和穩定來自大腦訊息的必要結構，大腦*做出決定*，而小腦*負責執行*。

頭部還包含了**兩個接收外界刺激的通道**（**圖 14**）：供食物進入的嘴，以及供空氣進入人體的鼻子。**嘴位於鼻子的正下方**，在食物進入口中之前，先以嗅聞**食物氣味**的方式來做第一步的檢測，而後食物通過**味蕾**，再由味蕾測定食物的化學性質，並透過本能、物種的集體記憶，或是已知的知識，來避免攝入有毒的物質。咀嚼的動作通過**下頜骨**來進行，而口部能**磨碎和切斷食物**並與唾液混合，使食物更容易被消化。

鼻子的功能為控制、過濾並加熱吸入的空氣，其中過濾的功能尤為重要。因為鼻子在上，而嘴在下，又肺的位置在前，消化道在後，使**上呼吸道在咽喉處與上消化道相交**。喉部具有極其精確的檢測機轉，控制**聲門**及**會厭軟骨**的閉合，像是**閥門**般防止固體或液體物質進入呼吸道。在人體中，**喉部**（有關其生理機轉的說明，請參見 P.182）對於**發聲**來說至關重要，其控制並調節聲音，再由口部及舌頭發出。因此，人類才能使用以聲音作為溝通媒介的表達方式——**語言**，來進行訊息、知識、經驗、指令，以及感覺的交流與共用。

綜上所述，頭部可以說是集各種功能之大成的傑出且出色的例子，還包含了獨特的**關節**（即顳頜關節）和**肌肉**。這些控制臉部表情的肌肉，以**準國際的第二種交流方式**來輔助聲音訊息的傳遞，同時也可能發生表情與話語表達不同情緒的狀況。

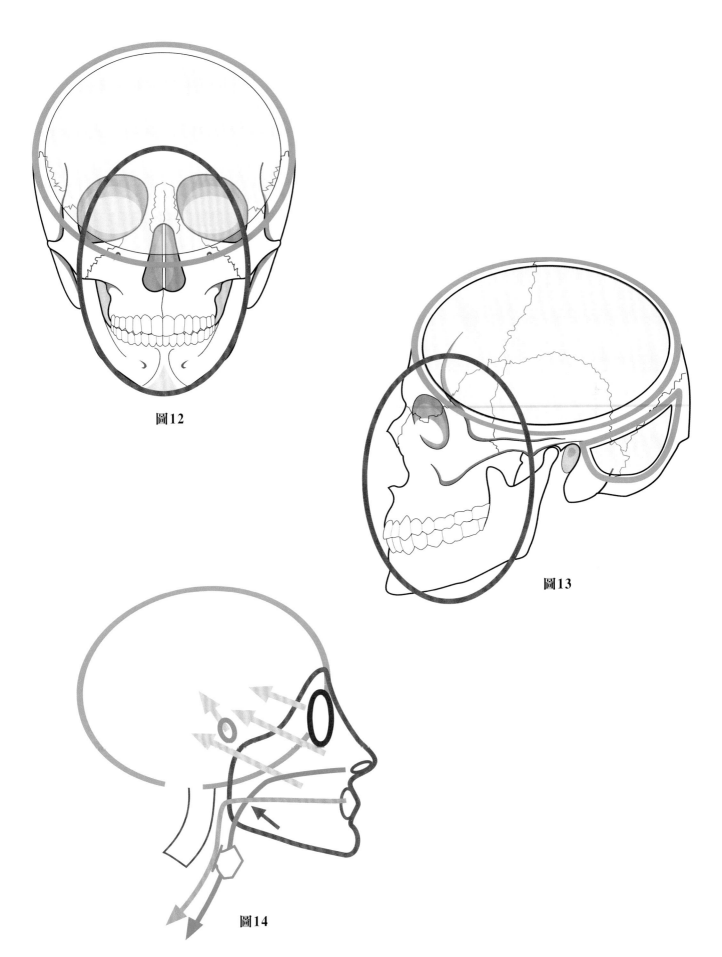

圖12

圖13

圖14

視野與聲音的定位

頭部位於脊椎頂部，**其旋轉範圍接近180°**，因此大大提高了視覺與聽覺的接收效能。頭部的旋轉使頭部與其傳感器可以沿著刺激來源的方向轉動，而**不須移動整個身體**，但對於沒有脖子的動物來說，例如魚，就完全不是這麼一回事了。

視野

若處於中立位置（**圖 15** 中的 A），**視野**的範圍接近 160°（角度 a），而雙眼的視野會在頭部前方重疊，並產生**立體感**。如果頭部向右（r）或向左（l）轉動（L），則整個視野（T）範圍會大大地增加到 270°，也就是說，後方其實只有 **90°（P）的盲區**。而像長頸鹿這樣脖子很長的動物，只需旋轉脖子就可以觀察到全方位 360°的視野。

聲音的定位

具有**聲音來源定位（圖 16 和 17）**的能力，是因為**耳朵橫向位於頭顱的兩側**，聲音來源**不在對稱平面上**時（**圖 16**）對兩隻耳朵來說並非以相同方式接收：

- 與聲源（S）相對的另一側的耳朵，由於臉部的阻擋，導致聲音**略微減弱**。
- 於是同樣這隻耳朵所接收到的聲音和另一隻耳朵**不同相**，傳遞路徑較長因而產生**相位差**（d）。

當頭部本能地轉向聲音較大的一側（**圖17**）時，**聲音的強度相同，相位差消失**，此時聲源（S）恰好位於頭部的對稱平面（正前方）上，如果可以確定聲源，則眼睛便能判定聲源的距離（見 P.310）。有趣的是，對於**來自後方的聲源定位程序，與來自前方的聲源相比大致上是相同的**，雖然效率較低，這對於辨別意外威脅來說非常有用！

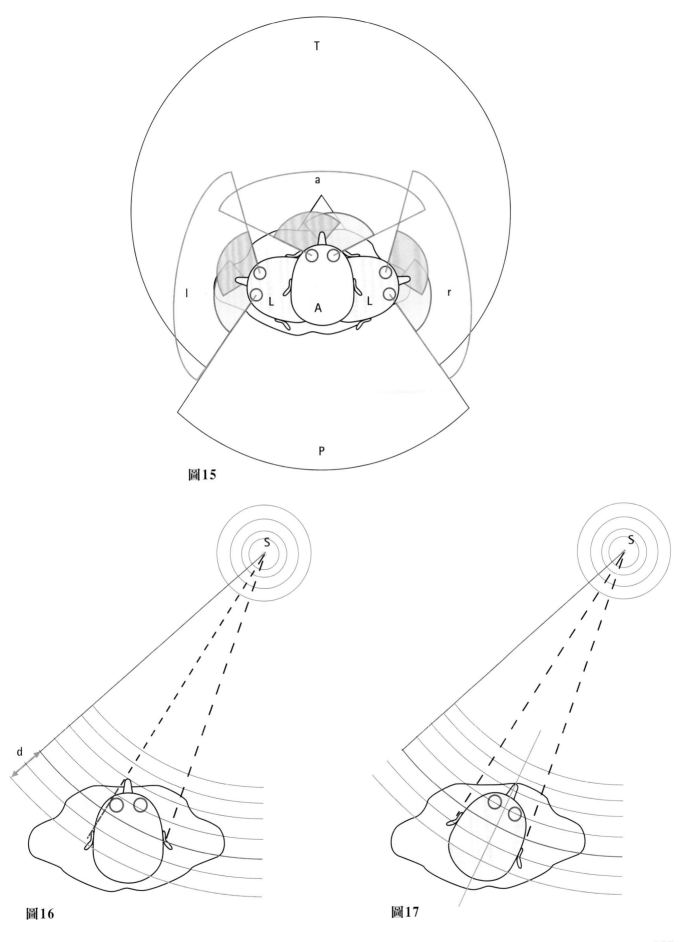

圖15

圖16

圖17

臉部肌肉

臉部肌肉非常特殊，與運動系統其他和骨骼相互連接的肌肉不同，**臉部肌肉並不會牽動任何骨骼**，僅在一側與顱骨的部分骨骼連接，**某些肌肉甚至沒有直接附著於骨骼上**。因臉部肌肉止於真皮層，使得皮膚得以做出相對應的運動，而這受到了杜興・德・布倫的特別關注。臉部肌肉的**主要功能**為控制臉上孔洞的開閉，特別是眼睛跟嘴巴，但比較少需要控制鼻子，而外耳道就更不用說了。

臉部肌肉的**第二個功能**，為做出表情變化以**表達自身的感覺**。而臉部表情可以說是不分地區國界，放諸四海皆準的**通用語言**，經常伴隨著**一些手勢或是動作**，可以輔助聲音訊息的傳遞，但也可能發生表情與話語表達情緒不同的狀況。這些肌肉以**其所控制的部位**來區分，詳細描述如下（**圖 18 和 19**）。

眼部周圍的肌肉

眼輪匝肌分為**眼眶部**（2）和**眼瞼部**（3）。其**括約肌**的收縮使眼皮閉闔，而即使在睡眠期間，眼輪匝肌也須保持在一定的活動以保持眼皮的閉闔，但這種活動會隨著死亡而消失（死者的眼睛需要經他人的輔助才能關上）。在日常生活中，無意識地快速自動閉闔眼皮，即**眨眼**，對於**保持眼球濕潤**是非常重要的。

- **提上眼瞼肌**：位於眼眶之中，負責將眼瞼上舉，即睜眼，同樣一直保持著一定的活動（見圖 52，P.307）。
- **鼻眉肌**（4）和**皺眉肌**（5）：位於在雙眼之間和鼻子的根部，可以使兩側眉毛向內側相互靠近，並且皺眉。

- **額肌**（1）與**枕肌**（1'）：額肌位於眉毛上方，可以使頭皮**向前**移動；枕肌則可以將頭皮向後移動。兩者形成二腹肌，共同連接一條匯入**帽狀腱膜**的總肌腱（帽狀肌腱的功能為支撐頭皮）。

鼻子周圍的肌肉

除了**鼻孔擴張肌**（此處未顯示）外，還有**鼻肌**（6）和**提上唇鼻翼肌**（7）。

嘴巴周圍的肌肉

口輪匝肌（12）為沒有附著於任何骨骼的括約肌，能使嘴巴閉合。

所有其他能使嘴巴張開的肌肉如下：

- **提嘴角肌**（8）：將上唇提高，收縮後露出犬齒。
- **顴小肌**（9）和**顴大肌**（10）：將嘴唇向上方和外側牽拉。
- **笑肌**（13）和**頰肌**（17）：將嘴唇向外側拉。笑肌與**咬肌**（11）相連，而咬肌和**顳肌**（18）一樣，都是咀嚼的肌肉之一。它們能使嘴唇放鬆，使其在小號的吹嘴中**振動**。由於小號在後古典拉丁語中被稱為「buccina」，因此在英文中，「**buccinator**」（拉丁語中的**小號手**）一詞便被拿來代指頰肌這條肌肉。
- **降嘴角肌**（14）：將嘴角下壓，表達輕蔑的情緒。
- **降下唇肌**（15）：將下唇下壓，與親吻有關。
- **頦肌**（16）：將嘴噘起，表達流淚前悲傷的第一階段。

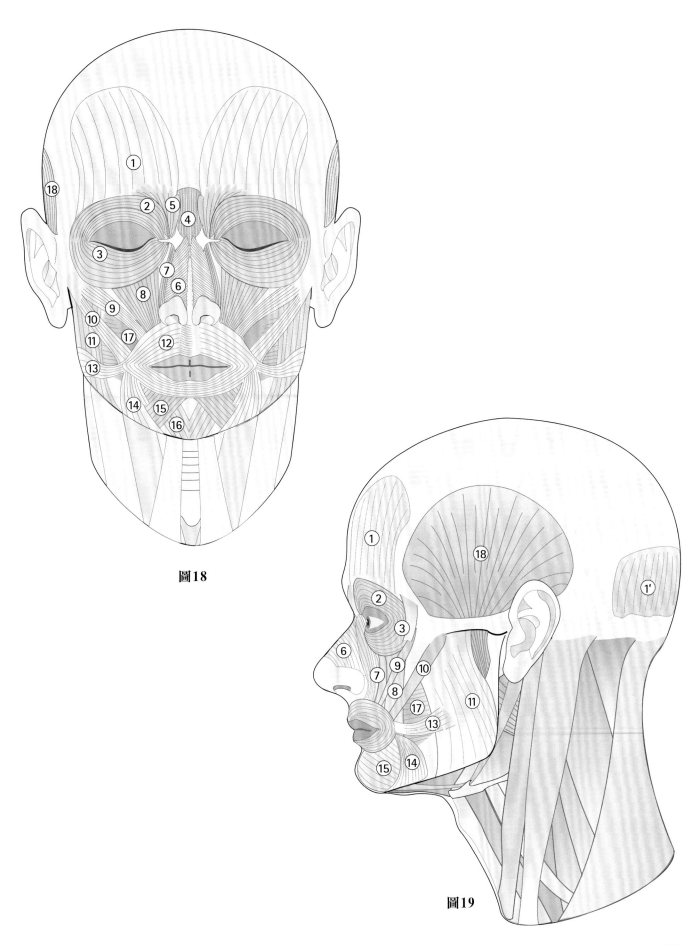

圖18

圖19

嘴唇的動作

嘴唇對於進食的所有階段都非常重要——張開嘴巴、抓住食物，然後在咀嚼過程中將嘴巴閉合，都需要用到嘴唇；又或是像喝水時，會將嘴唇靠近杯緣，除了猴子之外，沒有其他動物可以做出這個動作，這就是為什麼高階哺乳類動物都用舌頭來喝水的原因。

而嘴巴在**臉部表情**中同樣扮演著很重要的角色，諸如歡樂、滿足、鄙視、仇恨、厭惡、懷疑和拒絕，上述這些感覺都是首先通過嘴的形狀變化來表達。

某些情感表達，例如**親吻**、**唱歌**或是**吹口哨**的時候，也都需要嘴來輔助完成。吹口哨時需要把嘴唇嘟起，無法吹口哨可以是一個**顏面麻痺的測試**。

這些動作由以下肌肉控制：

- **顴大肌（圖 20）**：向上拉動嘴角，在**嘴閉合的情況下做出微笑的動作**。
- **頰肌（圖 21）和笑肌**：位於深層的頰肌和淺層的笑肌將嘴角向外拉動，從而使**嘴唇變細**並使其在吹氣時**振動**，這就是人們吹奏樂器的方式，例如小號、號角或長號。

微笑（圖 22）時嘴巴半開，顴肌和笑肌向上和向外拉動嘴角，而**降下唇肌**和**頦肌**將下唇下壓。

如果想表達**鄙視或是輕蔑的情緒（圖 23）**，則**降嘴角肌**會收縮並將嘴角下拉。

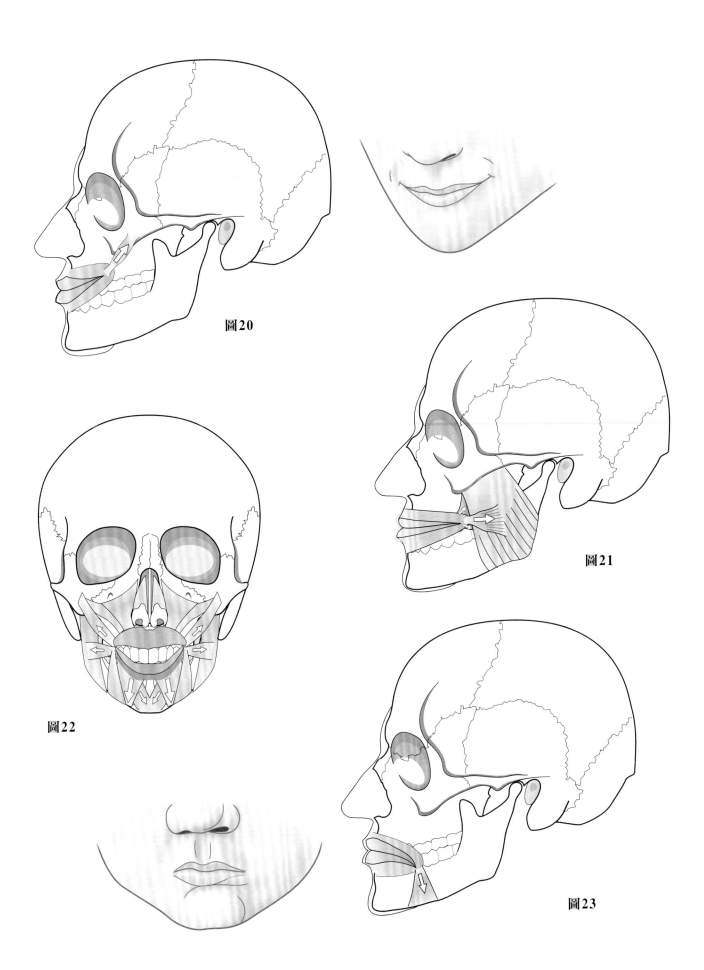

圖20

圖21

圖22

圖23

嘴唇的動作（續）

當嘴巴半開處於**微笑**的狀態時**（圖 24）**，先將嘴唇張開，然後彼此靠近，這個由張開至近乎閉合的嘴唇變化，能夠發出注音中「ㄟ」或「ㄞ」的發音；這也是為什麼在拍照時會一起說「起司」，來確保大家的嘴巴都處於微笑的狀態。

另一方面，**口輪匝肌（圖 25）**收縮時會聚攏嘴巴，使之發出「ㄧ、ㄡ、ㄩ」的聲音。

在法文中 **U** 的發聲位置，肌肉收縮，嘴巴被最大程度地嘟起成圓形。在**圖 25** 中，左眼因眼輪匝肌收縮而閉上，可以想像這是一張在吹口哨時眨眼的臉。

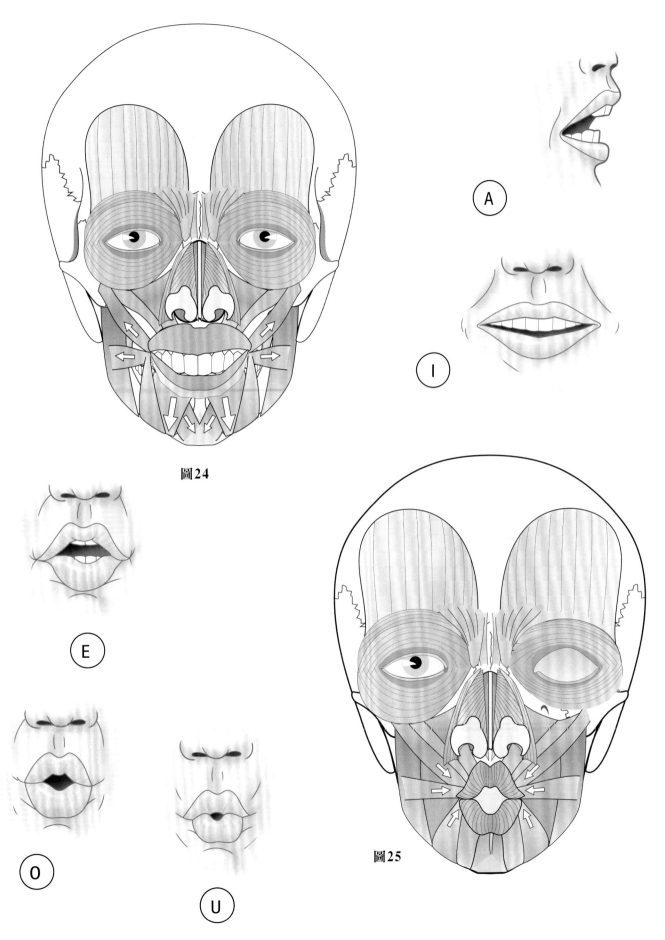

圖24

A

I

E

O

U

圖25

顏面表情（臉部表情）

以下是一些最常見的臉部表情，讀者可以訓練自己描述每個表情中所涉及的各種肌肉的動作。

厭惡（圖 26）：

- 嘴巴周圍
  - 降嘴角肌：使嘴角下拉
  - 頦肌：使下巴皺縮
- 眼睛周圍
  - 眼輪匝肌：使眼睛半閉
  - 皺眉肌：使皺眉

沮喪（圖 27）：

- 嘴巴周圍
  - 降嘴角肌：使嘴角下拉
  - 口輪匝肌：略微收縮
  - 頦肌：使下巴皺縮，但收縮程度比厭惡的表情小一點。
- 眼睛周圍
  - 眼輪匝肌：沒有用到
  - 皺眉肌：使皺眉

疲憊（圖 28）：

- 嘴巴周圍
  - 降嘴角肌：使嘴角下拉
  - 頦肌：使下巴皺縮，但收縮程度比厭惡的表情小一點
  - 口輪匝肌：使眼瞼部分鬆弛

- 眼睛周圍
  - 眼輪匝肌：沒有用到
  - 額肌：使眉毛上揚

微笑（圖 29）：

- 嘴巴周圍
  - 顴肌和笑肌：使嘴角上揚
  - 降下唇肌：使下唇蜷縮
  - 口輪匝肌：放鬆
- 眼睛周圍
  - 眼輪匝肌：眼眶部與眼瞼部收縮
  - 提上唇鼻翼肌：使鼻翼上提

憤怒（圖 30）：

- 嘴巴周圍
  - 提嘴角肌：使上唇上縮
  - 降嘴角肌：使下唇下縮
- 提上唇鼻翼肌：使鼻孔上提
  - 鼻子上面
  - 鼻肌、鼻眉肌、皺眉肌收縮
- 眼睛周圍
  - 提上眼瞼肌：使上眼瞼上縮
  - 額肌：使眉毛上提

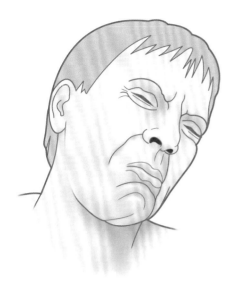

圖26

圖27

圖28

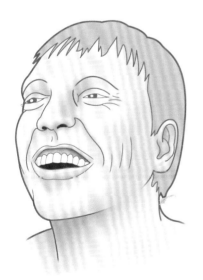

圖29

圖30

顳頜關節

顳頜關節很少被注意，但其實**非常地重要，沒有顳頜關節就無法進食**。其使下頜骨能夠移動，而下頜骨通過位於外耳道（Ａ）的正前方和正下方的兩個**橢圓關節**（圖中黑色箭頭處）與顳骨相連**（圖31）**。這些**機械連接**的關節，對於**咀嚼動作**來說缺一不可。

下頜骨（1）的形狀像一個橫向扁平的**馬蹄**，其上緣（2）帶有**下齒槽突**（3）；後緣為兩個**上延的下頜支**（4），每個分支（4）由**狹長的下頜頸**（6）支撐，一端止於**下頜髁**（5），而另一端止於下頜髁前橫向扁平的**冠突**（7）。

下頜骨的動作非常複雜，以下透過六個箭頭圖解呈現：

- 最簡單的動作為垂直進行的：
  - **張開嘴巴**（Ｏ）：使食物能夠進入口中。
  - **關閉嘴巴**（Ｃ）：使食物能夠被咬住並咀嚼。
- **左右移動**（Ｓ）：上下臼齒彼此滑動，像石磨一樣**磨碎食物**。
- **前後動作**，即**前伸**（Ｐ）和**後縮**（Ｒ）：可以與左右移動結合，上下臼齒彼此進行類似圓周運動來磨碎食物。

這些動作都有活動的軸線，為生物力學中圍繞**瞬時軸和變化軸**進行的典型動作。

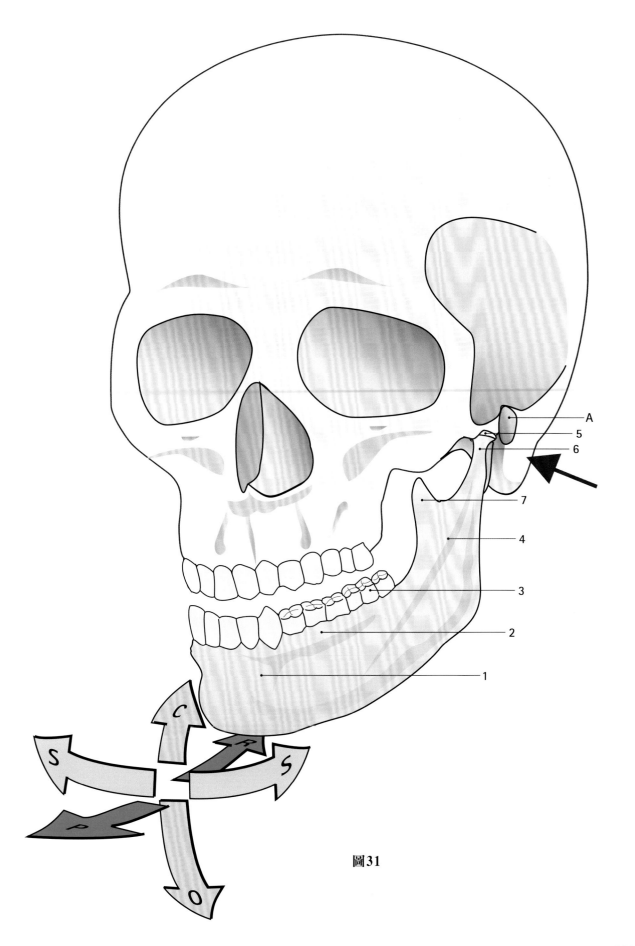

圖31

顳頜關節之結構

顳頜關節（圖32）由上下兩個關節面組成：上關節面附著於顱底下表面，而下關節面位於下頜支的上端。

- **上關節面**是前後（尤其是前方）凹陷的**下頜窩**。它位於**外耳道**（A）的下方前方，外耳道的下壁由**顳骨**（1）的鼓膜部分形成。下頜窩向前方與前後凸出的**顴骨突**（3）之橫根的**後表面**（2）連接，形成**關節結節**。**岩鼓窩**（4）從一側穿過下頜窩底部至對側，*其位於前方顴骨鼓膜與後方顳突之間*。下頜窩的**前部**（2）為內襯軟骨，**後部沒有跟關節相連**。另一方面，前部之內襯軟骨延伸至關節結節的表面，因此**該關節面後凹且前凸**。

- **下關節面**是橫向外擴的軟骨卵形表面，即為由下頜頸（N）支撐的**髁突**。此處髁突會位於兩個位置：閉合嘴巴時（C），它位於**下頜窩**內；嘴巴張開時（O），則位於關節結節最突出的部分。

- 關節盤（6）*位於兩個關節面之間*。它是一種柔軟而富彈性的雙凹纖維軟骨結構，**可相對於兩個表面移動**，並隨著髁突的活動滑動進入關節腔內。此處關節盤會位於兩個位置，即關閉嘴巴時（5）和嘴巴打開時（6）。其為**上椎板**（7）所控制，而該上椎板是從顳骨的鼓膜部分延伸到其後緣的**韌帶**，當此韌帶拉伸時（8），嘴巴閉合，並將關節盤向後拉。**外翼肌**（9）連結髁突的頸部，並通過牽拉（10）連結關節盤的前緣，從而在閉合嘴巴時將關節盤前拉。

- **關節囊**的前部連接到關節盤（11），而其後部（12）將顳骨的鼓膜部分直接連接到髁突的頸部。

可能會猜想髁突是於下頜窩中圍繞其中心軸旋轉，但實際情況卻**大不相同**。

在嘴巴張開的時候（圖33），髁突在關節結節的後表面前移，但沒有超過其凸起處（黑色箭頭）。

嘴部運動的側視圖**（圖34）**顯示，其移動軸O位於關節下方下頜支內側表面的**下頜小舌**處。

當髁突超出關節結節時*顳頜關節脫位很難恢復*，只有通過劇烈地將下頜骨的後部下拉才能使其歸位——將兩隻拇指放在患者最後方的臼齒上並向下壓（藍色箭頭）。

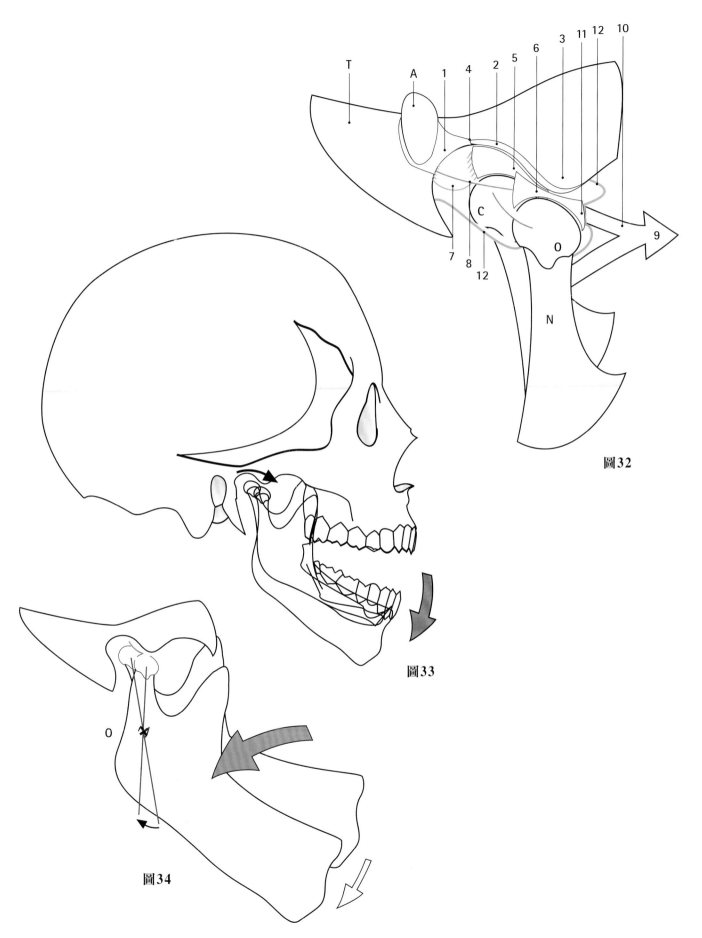

圖32

圖33

圖34

顳頜關節的活動

在具有此類複雜動作的關節中，只能通過分析基本動作來定義其軸。該關節圍繞以下軸線進行五種動作（**圖 35**）：

- 水平軸 xx' 為跟張開或是閉合嘴巴有關的動作會用到的軸線，此類動作發生在 xx' 直線和 yy' 直線之間（**圖 36**），並且使整個下頜骨向前滑動。
- 下頜骨前後平移（前伸和後縮）的平面（**圖 37**），其軸線（見 P.296）位於離下頜小舌非常遠的低處。
- 整個下頜骨左右滑動的軸（**圖 38**）。
- 在橫向動作過程中任一關節的垂直旋轉軸 v

（**圖 39**）。其中一個髁突維持在下頜窩中不動，並作為樞軸讓另一個髁突在下頜窩前表面上向前滑動。

- 斜軸 u 位於與側向張嘴相關的關節中，張嘴結合側移的這種複合動作（**圖 40**）是最難執行的，因為它結合了張口和垂直旋轉。如打哈欠時那樣張大嘴巴可能會使兩個髁突超出關節結節邊緣而卡住，導致其脫位且難以復位，需要經由手術才能恢復。

這些動作都可以與切向剪切動作相結合，用來磨碎非常堅硬的食物。

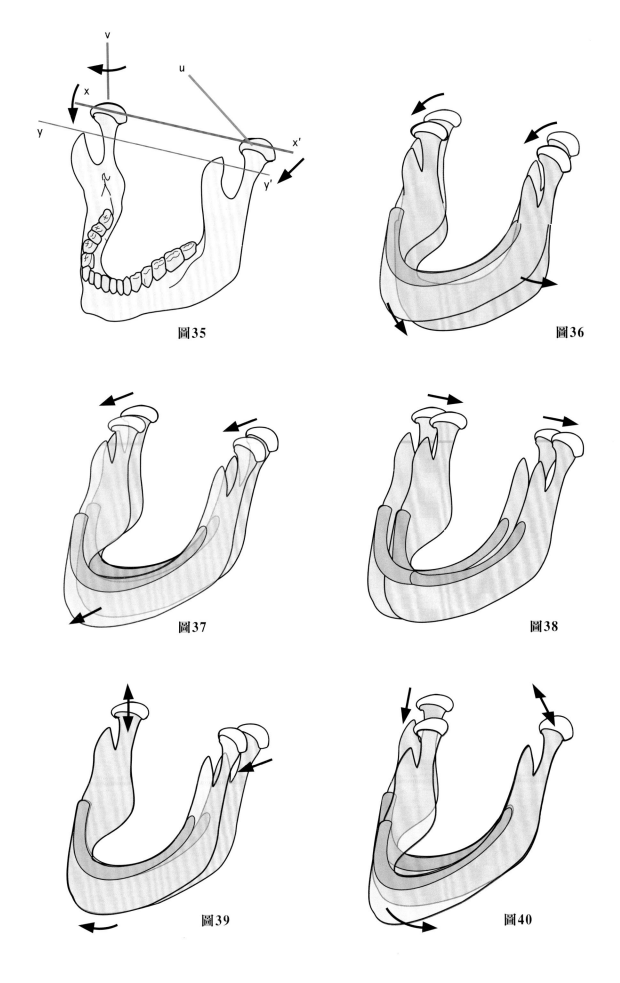

圖 35

圖 36

圖 37

圖 38

圖 39

圖 40

閉口會用到的肌肉

圖 41 為頭顱的側視圖，關於將嘴巴閉合會用到**三種**肌肉（圖 41 只顯示其中兩種）：

- **顳肌**（1）：形成於顴突上方的顳窩表面，呈扇形，為寬而平坦的強壯肌肉，其肌腱經過顴突連接到下頜骨之冠突。

- **咬肌**（2）：起自顴弓下緣，及顴突上方，並側向延伸止於下頜角的側面。

- **內翼肌**（3）：起自**翼突**（5）之凹形內側面，向下內側延伸連接到下頜角的**內側面**，因此只有在切除了下頜骨的一半後才看得到，**圖 42** 便為切除左下頜骨後，**右下頜骨的內側面**。其作用像是肌肉做的吊床，將下頜角上提。

這兩張圖清楚地顯示，這三塊肌肉**用力地將下頜骨的角度向上拉**，而這些肌肉裡蘊含的力量使得一些雜技演員可以讓下顎保持懸垂的狀態。

圖 43 是下頜骨的後視圖，該圖略微不對稱且向右傾斜，除了顯示下頜骨的後表面、翼板（5）和顴弓（6）上述三種肌肉之外：

- 從冠突和顳窩之間向上延伸的顳肌（1）
- 位於外側且從顴骨突起（6），向上延伸的咬肌（2）
- 位於內側，起自翼狀突（5）的內側翼狀肌（3），它像肌肉吊床一樣舉起下頜角

還有一塊**外翼肌**（4），其從**翼突**（5）的側面橫向延伸到下頜髁之頸部，不能抬高下頜骨，但會參與張開嘴巴的動作（見 P.303）。

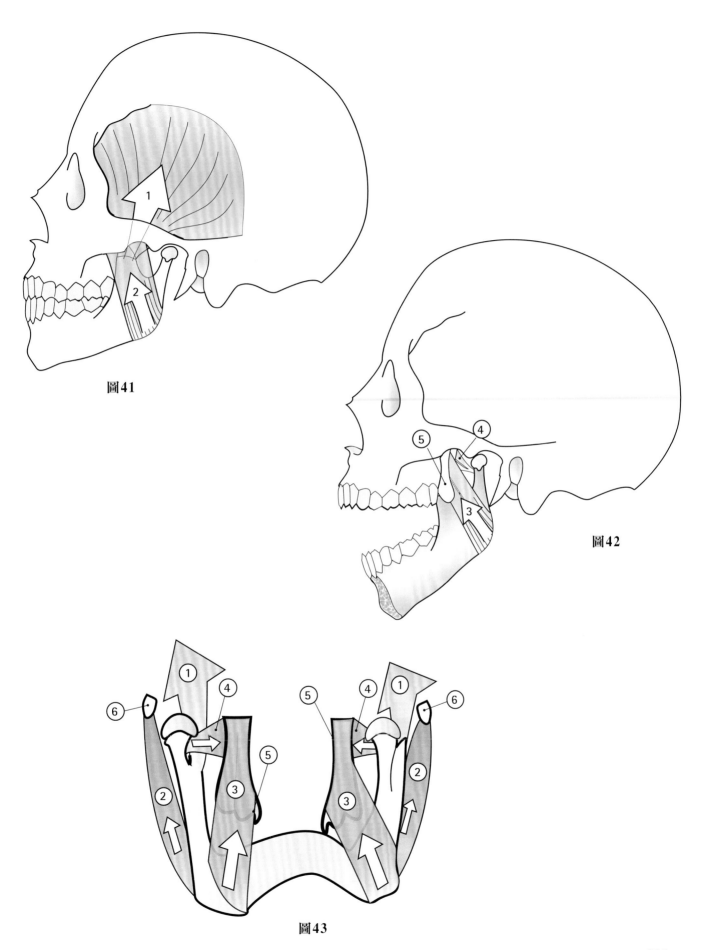

圖41

圖42

圖43

張口會用到的肌肉

這些肌肉比將嘴閉合的肌肉數量更多，但力量較弱，因為重力會作用於下巴並將其下拉；如果人體不自主將下巴上提關閉，像在睡眠期間或失去知覺時，在重力的作用之下，嘴巴將不自主地張開。**除了一塊肌肉之外，所有肌肉都位於下頜骨下方**，舌骨和甲狀軟骨為下頜和上胸廓入口之間的中繼站，上胸廓入口由雙側上方**第一肋骨**和中間的**胸骨柄**構成。

這些肌肉分為**兩類**：舌骨上肌群和舌骨下肌群（**圖 44**）。

舌骨下肌群將**甲狀舌骨肌複合體**連接到**肩帶和胸骨**，位於舌骨（h）下緣的中間外側：

- **甲狀舌骨肌**（1）：起自舌骨，垂直延伸連接到甲狀軟骨（t）斜線，下方繼續延伸為**胸骨甲狀肌**（2）並止於胸骨柄。
- **胸骨舌骨肌**（3）：起自胸骨甲狀肌旁的胸骨柄起點，以及鎖骨內側末端，延伸並止於舌骨。
- **肩胛舌骨肌**是由肩胛骨上緣產生的細長**二腹肌**。其下腹（4）朝向上方中間外側，並止於鎖骨上窩處的**中間肌腱**，由此點開始，其上腹（5）改變方向至近乎垂直並向上延伸，連接到舌骨的下緣，於上述三種肌肉的側邊。

舌骨下肌群**使舌骨和甲狀軟骨下降**，並抵抗了舌骨上肌群的作用。而**舌骨上肌群**構成令下巴張開所涉及的上層肌肉，經由這些肌肉使

舌骨向後附著在顱底：

- **莖突舌骨肌**（6）：起自**莖突**（s）並止於舌骨。
- **二腹肌**：其**後腹**（7）起自乳突（m）向中間下方延伸，其間穿過其附著於舌骨小角之**纖維環**（8），並止於中間肌腱；其**前腹**（9）改變方向並向中間上方延伸，附著於下頜骨內側表面，下頜聯合附近。圖中也可看到左側二腹肌之前腹（9'）。

另外兩種肌肉則將舌骨連接下頜骨：

- **頦舌骨肌**（10）：起自下頜骨內側之頦結節，止於舌骨。
- **下頜舌骨肌**（11）：呈寬平三角狀，起自下頜骨內側，止於舌骨，其構成**口腔的下壁**。

當舌骨下肌群將舌骨固定時，舌骨上肌群**從舌骨**對舌骨下肌群作用，**將使下頜骨下降**；而當舌骨上肌群與咀嚼肌協同作用時，它們是頸椎的遠端屈肌。

圖 45 為顱底下方的下頜骨內側視圖，可以看見與嘴巴張開有關的最後一塊肌肉——**外翼肌**，其肉質纖維（12）起自翼突（a）的外表面，並延伸連接到髁突（c）頸部的前部。外翼肌**向前拉動髁突頸部**與關節盤（見圖 32，P.297）；拉動髁突頸部**使下頜骨繞其旋轉中心 O 傾斜**，從而使嘴張開，若沒有外翼肌拉動髁突，**髁突將一直被卡在下頜窩中**，因此外翼肌對嘴巴張開的動作至關重要。

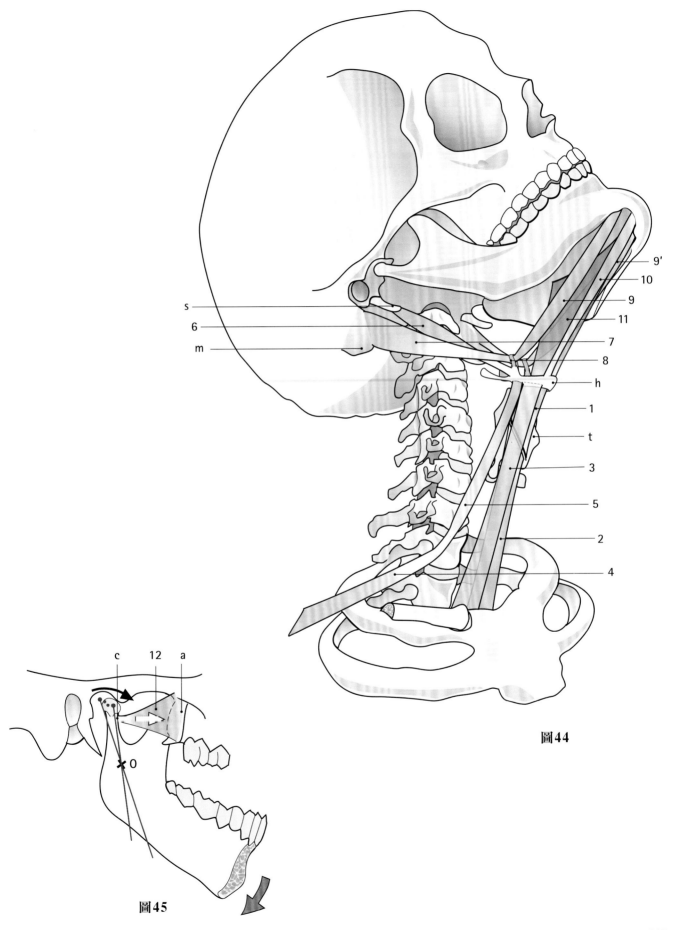

s
6
m

9'
10
9
11
7
8
h
1
t
3
5
2
4

圖44

c 12 a

0

圖45

肌肉在下頜骨動作中的作用

現在可以將下頜骨的動作與特定肌肉的動作結合：

- **前突（圖 46）**：即下頜骨的向前動作，由兩個外翼肌同時收縮產生。
- **不包含環髁旋轉的側移**（圖 47 黑色箭頭）：由**對側外翼肌**和同側**咬肌**（圖中未顯示）的收縮產生。
- **不包含側移或環髁旋轉的左右移動（圖 48）**：由**同側**咬肌及**對側**內翼肌產生。

- **圍繞顳頜關節其中一斜軸的左右移動**（圖 49）：由**同側**咬肌和**對側外翼肌**同時收縮產生。
- **下頜下降而下巴張開（圖 50）**：同時收縮**舌骨上下肌群**及**外翼肌**產生。
- **下巴閉合**和牙齒咬合（**圖 51**）：由**顳肌、咬肌**和**內翼肌**等咀嚼肌的同時雙側收縮而產生。

在現實的咀嚼過程中，這些基本的肌肉動作都以不同的比例和強度組合在一起，並在動作過程中發生變化。

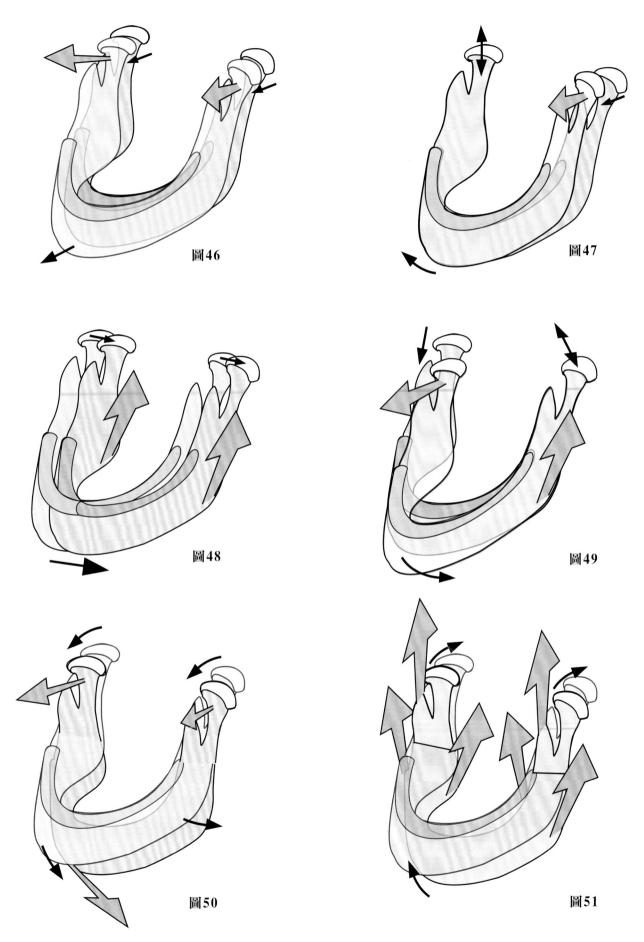

圖46

圖47

圖48

圖49

圖50

圖51

眼球：完美的球窩關節

骨科醫師和物理治療師沒有意識到眼球是一種**如髖部或肩膀關節一般的球窩關節**，但其確實是**完美的球窩關節**（**圖 52**：眼窩部分），其圓形的球體由柔軟但具有抵抗力的**鞏膜**（1）形成，而其外側為**眼球筋膜**（2）。**中間的上鞏膜間隙**（3）形成一個滑動表面，該表面呈球形，富彈性且會一直保持適合容納其球體 50％以上的區域，比常見的杵臼關節還多。眼球筋膜在**眼球赤道（2）周圍較厚**，並且朝著被視神經（6）穿過的兩極，尤其是**後極**（5）**逐漸變薄且更為柔韌**（4）。

該球形結構被半流體**眼窩脂肪墊**（7）圍繞，並通過眼球的**翼狀韌帶**（8）附著在眼眶壁上，眼球的翼狀韌帶來自**眼肌鞘**（9），即**上直肌**（10）**下直肌**（11）、下斜肌（12，為橫截面）和**提上眼瞼肌**（13）（在此圖中看不到其他眼球肌肉）。其為體內最好的彈性**懸吊系統**，被前方的**眼瞼**（15）**完全保護**在**眼眶**（14）的內側骨壁，並且被結膜覆蓋，而結膜在眼球上反射形成**結膜穹**（16）。

眼球為非常完美的球窩關節，可以說是球窩關節之典範，其包括**三對肌肉，每個動作方向一對**。

- 兩對**直肌**（圖 53）負責**眼睛的水平和垂直動作**，如下所示：
  - 上下：**上直肌**（sr）向上；**下直肌**（ir）向下。
  - 兩側：**外直肌**（lr）與視線方向一致；**內直肌**（mr）與視線方向相反。

對於**水平或垂直的視線**，眼球的球形關節就像具有**兩個軸**（一個垂直一個水平）。

- 當**視線向上或向下傾斜時**（**圖 54**），該過程將更加複雜，第三對**肌肉**加入動作，第三對**肌肉即為繞前後極軸**（p）以對稱相反的方式作用的**兩個旋轉肌**（前後極軸與垂直軸 v 和水平軸 h 互相垂直），如下所示：
  - **下斜肌**（io）是兩者中較為單純的肌肉，其與眼球側面連結，從**下方環繞眼球赤道**，並且向內延伸與眼眶中間下方連接。**左下斜肌**向順時針方向旋轉眼球；而**右下斜肌**則是逆時針旋轉，因此它們永遠不會**同時**收縮。
  - **上斜肌**（so）是更為複雜的肌肉，其為**二腹肌**，且**中間肌腱**在附著於眼眶內側上方的**纖維滑輪**中反摺。其第一個肌腹沿著與下斜肌相同的路徑，但方向相反，從其附著於眼球側面的角度看，上斜肌**從上方繞著眼球赤道**，並向內延伸至滑輪。從那裡開始，第二個肌腹**改變方向**，與直肌一起附著在眼眶的頂部。**左上斜肌**（lso）逆時針旋轉眼球，而**右上斜肌**（rso）順時針旋轉眼球，因此它們永遠不會**同時**收縮。另一方面，它們與下斜肌具有**交叉的協同作用**，即右上斜肌與左下斜肌具有協同作用，反之亦然；同樣地，它們是同側的拮抗肌，即**右上斜肌拮抗右下斜肌**，而左側則類似。

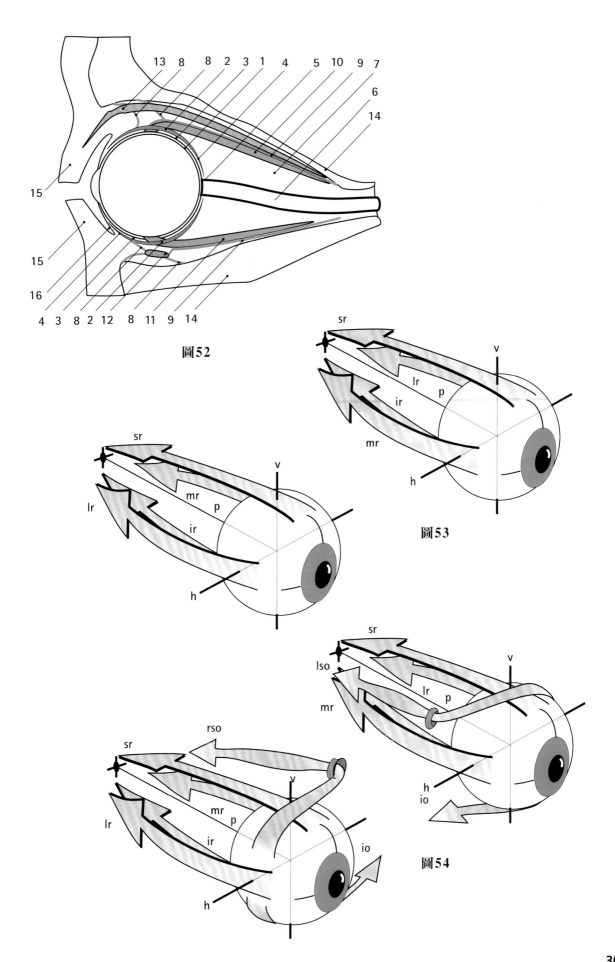

圖52

圖53

圖54

水平和垂直方向眼球動作的眼球肌群

只需看一下直肌的動作，就可以輕鬆地解釋眼球的**水平和垂直動作**：

對於**水平左右看的動作（圖 55）**，內直肌和外直肌收縮如下：

- **向右看**：右外直肌和左內直肌同時收縮以使眼球沿其垂直軸（v）旋轉。
- **向左看**：與向右看相反，左外直肌和右內直肌同時收縮，使眼球沿其垂直軸（v）旋轉。

對於**上下垂直看的動作（圖 56）**，上直肌和下直肌收縮如下：

- **向上看**：兩個上直肌都在水平軸（h）上旋轉眼球。
- **向下看**：兩個下直肌都在水平軸（h）上旋轉眼球。

在這兩種動作期間，眼球的球形關節**在力學上作用像是萬向關節**，即像一個具有兩個軸和兩個自由度的關節。第三個自由度，即眼球在其極軸上的旋轉並沒有用到，且未在此標示出來。

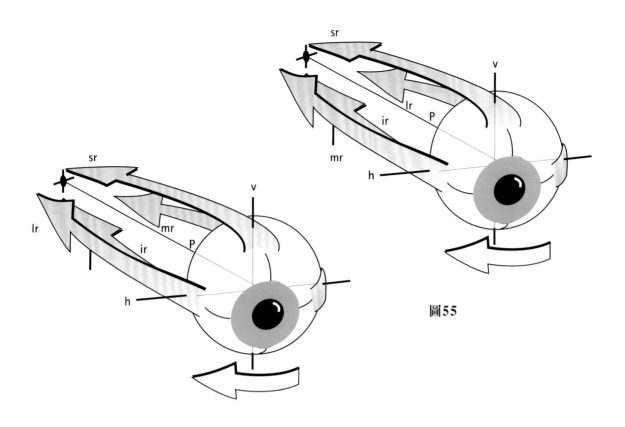

圖55

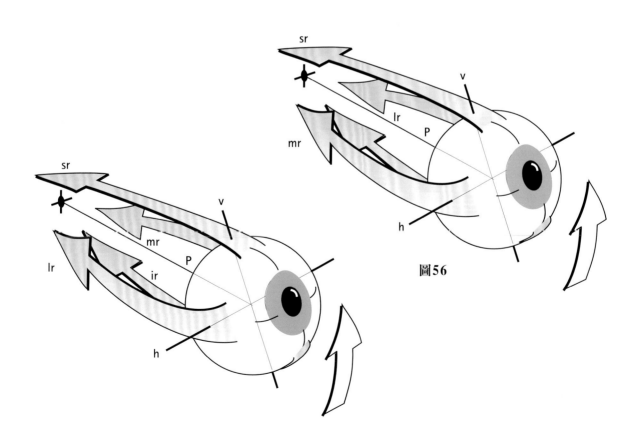

圖56

雙眼內聚動作的眼球肌群

　　立體視覺（**圖 57**）要求**雙眼內聚**，以使兩隻眼睛接收到的圖像盡可能相同，而兩隻眼睛最接近的會聚點稱為**內聚近點**（PP）。

　　若是地平線上或天空中的一個**很遠的物體**位於**遠點**或**內聚遠點**（PR）之外，這代表了雙眼內聚的極限，此時沒有**視差**，**兩隻眼睛接收到的圖像相同，層次感消失，而無法再明確估算距離**。因此，遙測（距離的直觀測量）主要取決於兩隻眼睛視軸的內聚程度。

　　對於遠點之光線**幾乎是平行的**，即**沒有任何視差**，但是，如果**瞳距**（B）加倍，則遠點將後退兩倍。過去**炮兵**（特別是**海軍**炮兵）以炮塔寬度作為基準，採用這種**遙測原理**來評估目標的距離。雖然現今這種方法隨著雷達的出現而過時，但原理仍然是有根據的。

　　同樣地，只有在**兩隻眼睛都面朝前**的情況下才能有立體視覺，除了**猛禽**（如老鷹）可以非常精確地定位獵物之外，大多數鳥類的視線並不具立體感，而從這之中可以得出結論——**獵食者需要有面對前方的眼睛才能有效地抓捕獵物**！那遠點範圍之間發生了什麼事呢？距離取決於匯聚角（p），並估計為雙眼無法匯聚時，直到達到**近點**（PP）為止，**兩個內直肌**

　　（mr）之間的張力差。因此在該範圍內，**隨著物體的靠近，兩個圖像之間的差異會逐漸變大**，而在大腦皮層產生**層次感**。

　　在腦中，移動的物體被視為是一種威脅，而在**腦幹**中，可以非常快速地計算**移動物體**的**瞬時距離**；想像一下網球員的運動過程，他們看到球以高速前進，必須估計其速度並預測其運動軌跡，而這一切的動作表現都要歸功於**我們出色的腦袋**，但這也是為什麼網球員的職業生涯都不會持續太久——他們不僅要預測球的軌跡，而且還必須在**極短的時間內**決定要如何移動手臂握持球拍，要用什麼姿勢來攔截球，還需將球傳回對手無法預見的方向，這是多麼了不起的表現！

　　一般人通過神經系統和眼球肌肉的收縮（特別是內外直肌），即可**完美地自動**控制兩隻眼睛軸線的匯聚，但這種控制機轉的失調則會導致**斜視**，朝內側的斜視是因為視線過於匯聚；而朝外側的斜視則是由於視線過於發散。這種狀況可能有神經系統或肌肉方面的原因，例如**如先天性斜視**，其為直肌過短或過長，但這是可以通過**手術**來矯正的。

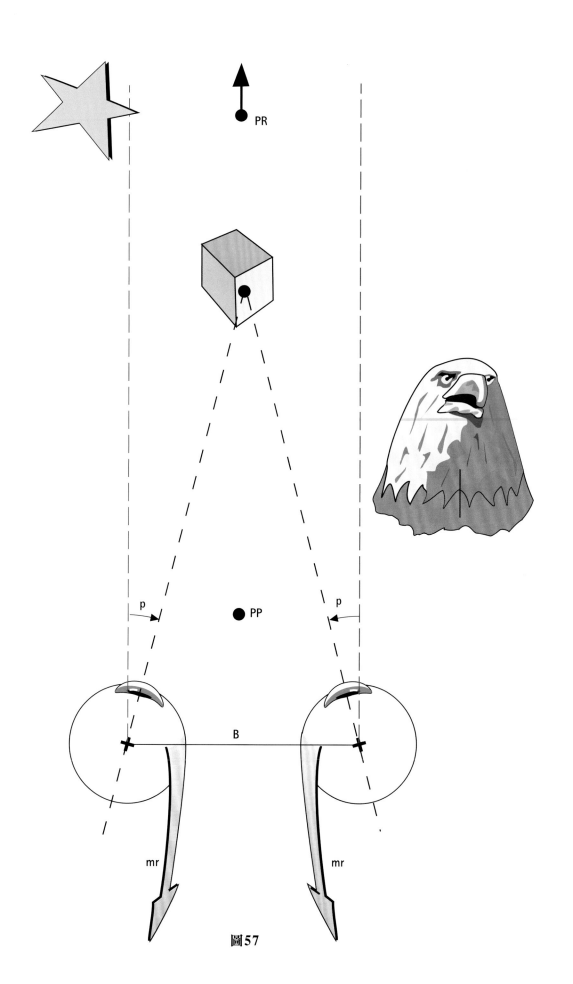

圖57

斜視的力學問題

眼睛的水平和垂直動作很容易理解，但是**斜視**帶來的問題，可以通過複習第 1 冊中關於肩膀之**萬向關節**（Codman 矛盾，P.18）以及大多角掌骨關節（旋轉到大拇指的旋前位置，P.266）的概念來解決。**在靜止位置（圖 58）**，即眼睛朝著地平線筆直向前看，眼球的水平線 m **與地平線平行**，而其由**萬向關節模型**中的線 k 表示**（圖 59）**。

當眼睛向下看時（圖 60），水準線 m 保持與模型中之水平線 k **平行**，模型中繞著軸 h 執行相同的動作**（圖 61）**。如果此時眼睛**向右移動（圖 62）**，則線段 m 不再為水平，而是**向左下方傾斜**，這種變化通過萬向關節的模型說明**（圖 63）**，其中根據萬向關節的力學特性，活動段在兩個軸上旋轉，並在其長軸上**自動旋轉**或**聯合旋轉**（MacConnail），因此視線不再是水平的。

此時發生校正的反向旋轉**（圖 64）**，這在具有**三個自由度**的關節（即球窩關節）中是有可能發生的，在這種情況下，這種**反射旋轉**是由**從上方圍繞眼球的肌肉（即下斜肌（oi））收縮**而產生的，該收縮使線段 m 返回水平位置，從而**使視線恢復水平**。在模型中**（圖 65）**，隨著線 k 移動到位置 k'，即回到水平面，將進行第三次校正旋轉，這種校正的聯合旋轉是由上斜肌（so）和下斜肌（io）的收縮產生，**完全是反射性的**，並且是**中心的起源**，為極其精確之機轉的結果，由動眼神經（第三對腦神經）傳遞到下斜肌（io），而由滑車神經（第四對腦神經）傳遞到上斜肌（so）。

這與糾正 **Codman 關於肩膀的悖論機轉相同**（見第 1 冊，P.19）。同樣地，大多角掌骨關節（萬向關節）中的**聯合旋轉將拇指在對掌動作時旋轉成旋前**（見第 1 冊，P.303）。

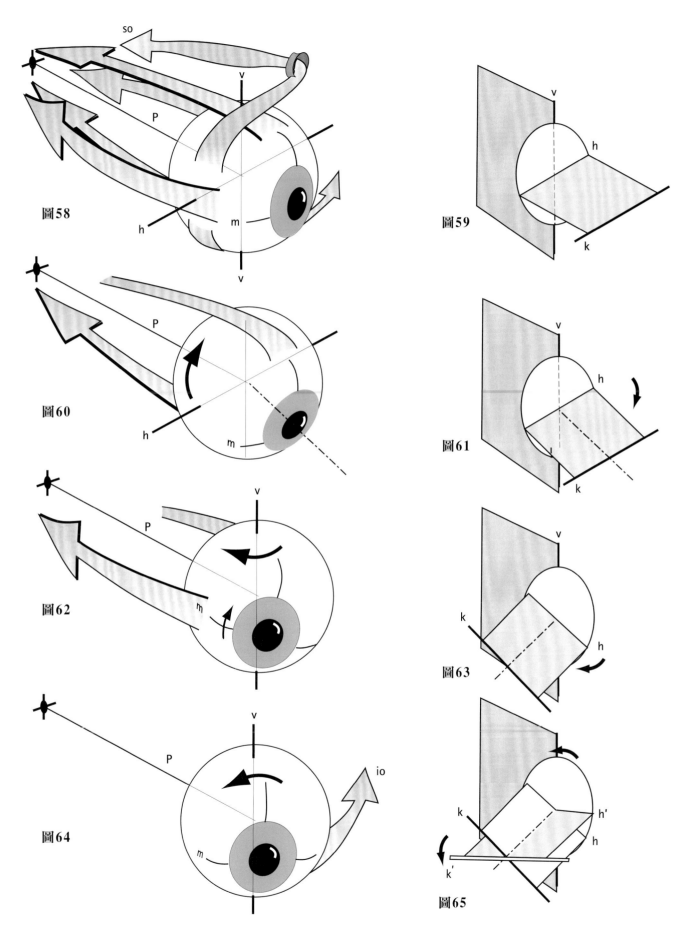

圖58

圖59

圖60

圖61

圖62

圖63

圖64

圖65

斜視：斜肌和滑車神經的角色

第三個自由度在控制眼球肌群動作的重要性不言而喻。當**視線向上傾斜**時（**圖66**），表示**恐懼**、**驚恐**或**絕望**（就像保存於羅浮宮裡 JB Greuze 的作品《浪子》中的「淚流滿面的姐姐」，***其視線在畫中朝著上方右側***（**圖67**）），水平面**朝下方右側**傾斜，此傾斜方向（o）通過**右側的上斜肌**（so）和**左側的下斜肌**（io）收縮來校正，而這些肌肉的同時協調收縮，使線 r 與每隻眼睛提供的圖像水平面重合。

當**視線向左下方傾斜**時（**圖68**），表示不屑一顧或具有諷刺意味（如羅浮宮博物館的 F. Hals 的作品〈波西米亞人〉），水平面向左下方傾斜（**圖69**），接著通過左上斜肌（so）和右下斜肌（io）的收縮來校正圖像。這兩個肌肉同時協調地收縮，使線 r 與每隻眼睛提供的圖像水平面重合。

這兩個小肌肉具有明顯的實用性，能夠自動校正斜視產生的聯合旋轉。

該機轉的奇妙之處在於***由兩個不同神經支配的兩個不同肌肉同時且完美協調地起作用***，以精確地校正多餘的旋轉，從而***重新建立水平面和垂直平面的一致***，沒有此校正，就無法在**立體視覺**中解釋這兩個略有不同的圖像。

滑車神經，即***第四對腦神經***，由於其作用為表達可悲之表情，因而以前被稱為***可悲神經***。**上斜肌**由其支配，遭受短暫性病毒誘發的神經麻痺的患者會感覺到他們無法使兩個水平面兜成一直線，而這是開車的主要障礙；**下斜肌**由**動眼神經**（第三對腦神經）支配，該神經支配除了**外直肌**（由一條**外旋神經**（第六對腦神經）支配）以外的所有眼球肌肉。

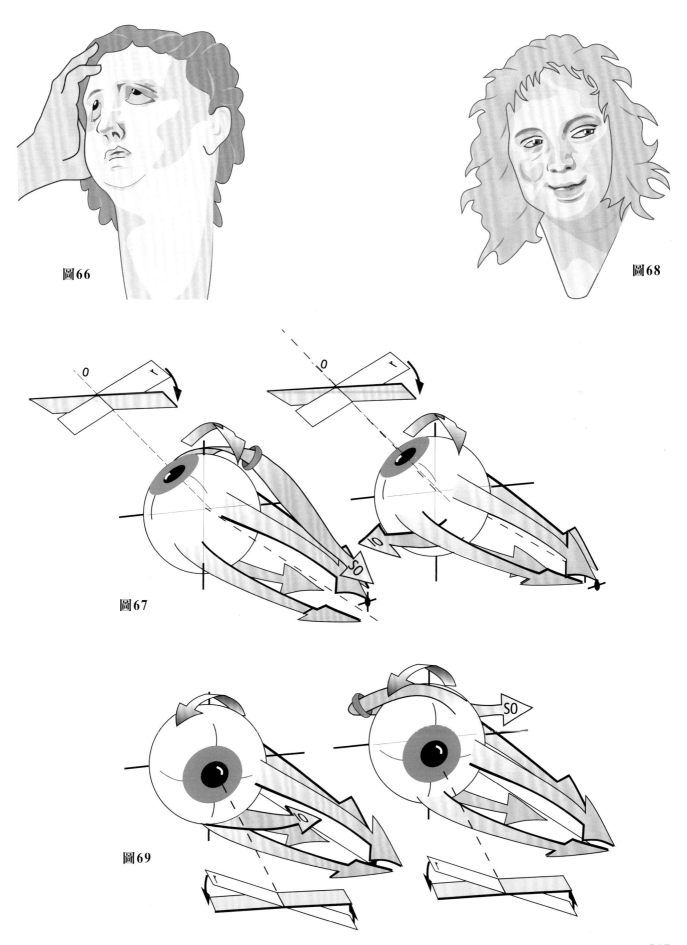

圖66

圖68

圖67

圖69

附錄

質量、重量和質心

重量和**質量**很常會被搞錯，儘管兩者有所關聯，但始終是不同的。一個物體的質量對應於其所包含的物質的量，即它所有分子的總和。**質量**的單位為公斤（kg），無論物體位於宇宙中的任何地方，其質量都是相同的：例如，太空人的質量在任何行星上都相同**（圖1）**。而**重量**是物體所處行星之引力所作用在物體上的力，其單位為**牛頓**（N），來自發現「萬有引力定律」的科學家的名字。這種力根據所處星球的不同而有所改變：對於太空人來說，由於**重力**（g）的緣故，他在月球（M）上重量最輕，地球（E）次之，而木星（J）最重（其重量以向下之箭頭長短表示）。地球上的重力為9.8牛頓／公斤，而在月球上僅為1.6牛頓／公斤，因此，他在月球上的重量僅為他在地球上重量的1/6。而木星是太陽系中最大的行星，其重力為24.8牛頓／公斤，因此相反地，在木星上他的體重將等於他在地球上重量的兩倍半，而且可能變得很難移動。在太空船中，由於他處於**失重**（無重力）環境中，因此他的重量為零，但是由於需要一定的力來使他移位並克服他的慣性，所以他的整體質量守恆。

為了進行力學計算，假設人體中的所有質量都集中在一個虛擬的點——**質心**（以前稱為「重心」），難題在於，要如何找出雖是**完全虛構**，卻又真實的這一個點。

在平坦的面上比較好找到，相對簡單很多。三角形**（圖2）**的質心位於三個中線的交點；而圓形的質心就位於其中心位置。

在太空中，如果發現質心始終位於貫穿物體懸掛點的垂直線上，那麼可以通過將物體懸掛在多個附著點來輕鬆地找出其質心，例如，對於一個紙板三角形，質心位於其中線的交點**（圖2）**；而球體之質心便是位於其中心**（圖4）**；又或是像是如**圖3**所示的四面體，甚**至圖5**所示的梨子，都可以透過懸掛的方式找出質心。

現在假設我們正在看一個具有兩個不相等質量的啞鈴的質心**（圖6）**。從邏輯上來說，它將位於啞鈴桿上，但是在哪裡呢？答案是，它會在O點處，**靠近較重的質量**，因此 AO／OB 與 W_1/W_2 **成反比**。而這一點其實可以很容易地「建構」，如下所示：

- 將 S_2（質量較小）的加權向量 W_2 **向上施加**到點 A（S_1［質量較大］的質心），以獲得點 W'_2。
- 將向下的向量 W_1 施於 S_2 的質心 B，該向量 W_1 表示質量 S_1 的加權向量 W_1 並延伸到點 W_1。
- 畫一條直線將 W_1 連接到 W'_2。
- 這條線將在 O 處與啞鈴桿相交，代表質量不相等的啞鈴的質心，並且是啞鈴可以完美平衡的點。

當存在多個物體（例如，如**圖7**中的三個）時，只需以相同的方式「建構」物體 A 和 B 之間的質心 O'，接著是物體 A 和 C 之間的 O"，最後是公共質心 O'"，其中合併的加權 $W_1+W_2+W_3 = R$。

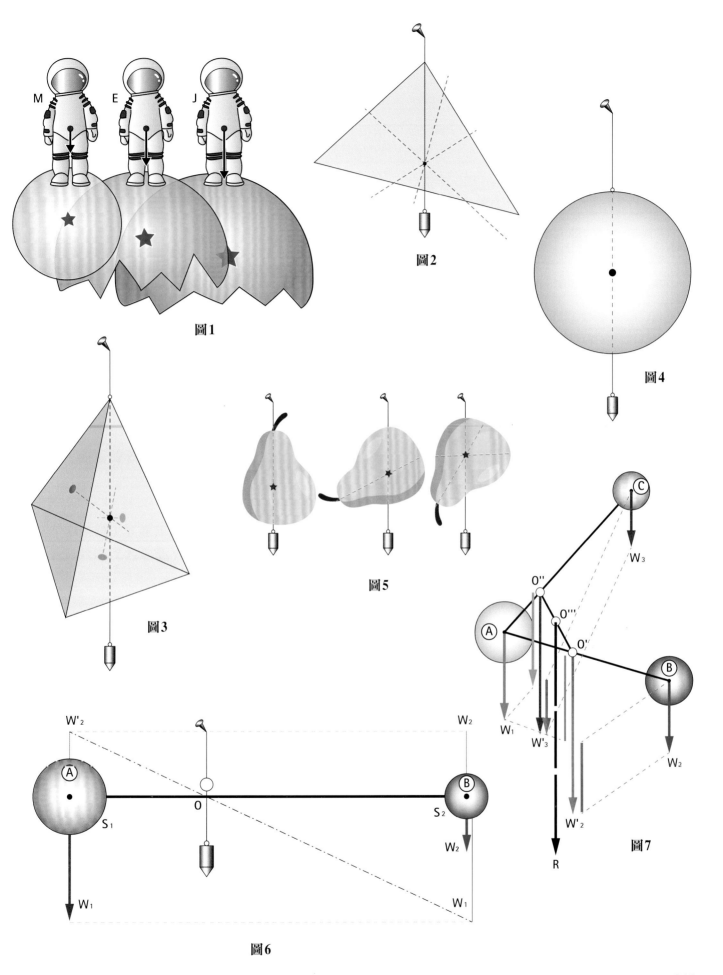

圖1

圖2

圖4

圖3

圖5

圖6

圖7

如何找出質心

如果物體固定不變,則該物體的質心也是固定不變的。**圖8**中**太空人**之質心的位置僅是大略確定,因為假設是無論他選擇的行星是什麼,都會保持相同的姿勢。但實際上,活體的形狀是不斷變化的,其**整體質心**也會根據肢體各部分質心的位置而移動。

圖9顯示一個人站立不動,四肢各部分的質心清晰可見。在他的上肢中可以看到前臂 **A** 和手臂 **B** 的質心,它們結合起來形成上肢 **S** 的質心;同樣地,下肢 **C** 和 **J** 的節段性質心組合起來,形成了下肢 **I** 的質心;而下肢的兩個節段質心組合,便形成下肢 **MI** 的整體質心(星形);上肢的兩個質心組合,形成上肢 **MS** 的整體質心(星形);頭頸部 **TC** 的質心和胸部的質心組合在一起,形成質心 **TT**(正方形)。結合上肢和下肢的質心便會得到四肢之質心 **M**,最後,通過結合質心 **M** 和 **TT**,獲得了這個靜止不動的人的**整體質心 G**,其位於男性(**圖9**)和女性(**圖10**)薦椎隆凸和恥骨之間的中段骨盆第三薦椎處。

現在來看一些運動中的人的整體質心。對於一個盤腿的婦女(**圖11**),其整體質心(紅色星形)沿著腹部向上位移,並位於肚臍上方;對於**在跑動中的跳躍者**來說(**圖12**),她的**整體質心**通過她的上肢前伸而向前移動;對於**快步走的人**來說(**圖13**),由於上肢劇烈擺動,其整體質心也會向前和向後擺動。在上述這些情況下,整體質心都維持在「身體內部」,但是在某些情況如身體彎曲時,它可能會「位於身體外部」。像是當一個人用**四肢攀爬**(**圖14**),整體質心明顯位於軀幹的前方,而**當一個人在軀幹過度伸直的情況下跳躍時**(**圖15**),整體質心往往位於軀幹的後方。這種找出**整體質心**的方法可用於所有日常活動,例如在工作或運動時,尤其是**花式溜冰**(**圖16**),當人們意識到要保持從 *R 處沿冰刀刀片延伸的力向量*時,溜冰者的大腦必須盡力地保持平衡,以避免在冰上或領獎台摔倒。由於離心力 **C** 具有圓形軌跡並與體重 **P** 結合,導致合力 **R** 持續變化,因此像這樣要找出質心是需要日常練習的。

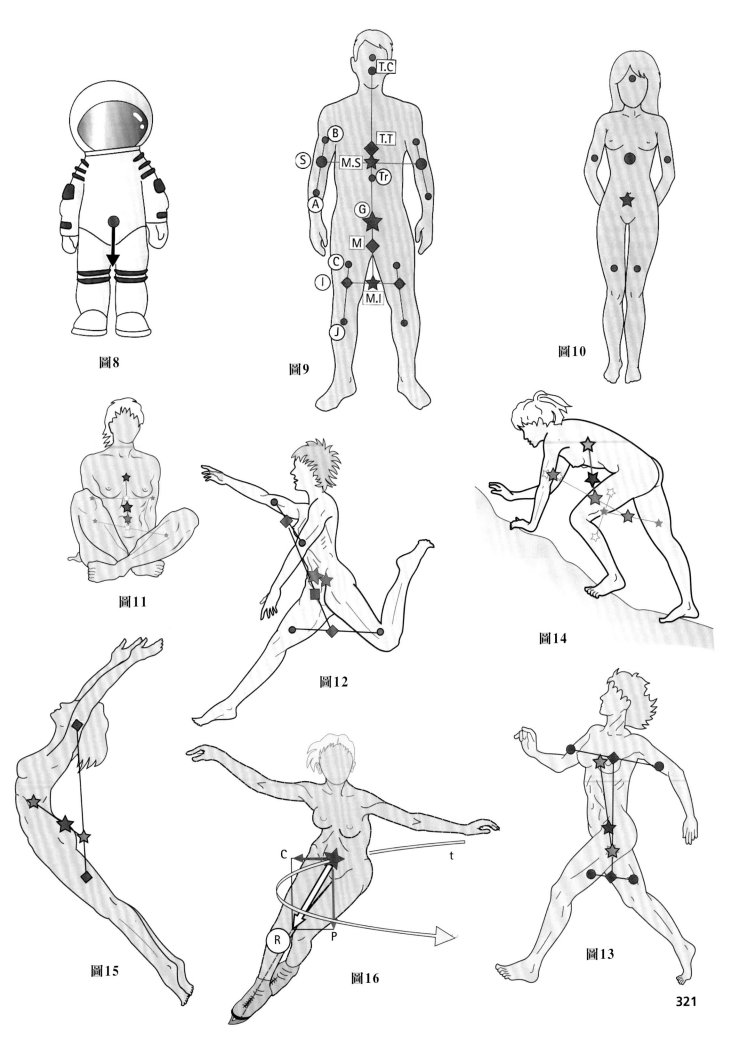

圖8

圖9

圖10

圖11

圖12

圖14

圖15

圖16

圖13

關節的過高活動度

在集市、馬戲團或是電視上看到的一些人（尤其是亞洲人）在**韌帶過度鬆弛**的情況下，其關節活動範圍異常地大，他們從幼年就開始發展，付出多年近乎酷刑的日常訓練和運動。其**脊柱**受到特殊的訓練，尤其是**伸直動作**，因為屈曲動作會很快地受到腹部的限制。

基本練習是**伸直時的「蟹式伸直」（圖17）**，使手可以後伸至觸碰到地面，甚至腳踝。從先前第一薦椎椎體上表面建立的平面到咬合面的伸直範圍為 205°，遠遠超出了正常脊椎 140°的伸直範圍（見 P.39）。

在做「蟹式」的姿勢中，有些人可以抬起頭去觸摸自己的臀部**（圖18）**，相當於 240°的延伸。但必須強調的是，**這種過度伸直僅會發生在腰部，而更多發生在頸椎的部分**；實際上，由於胸廓的存在，胸段在屈曲－伸直中的柔軟度要差得多。而某部分天賦異稟的人甚至可以超越這種程度的伸直，將**頸部放到臀部前面（圖19）**。

這種過度鬆弛的現象通常出現在女性身上，不僅因為女性比男性更加柔韌，還可能與**先天性結締組織異常**有關；而關於關節，女性將大拇指朝相反的方向彎折是很常見的事。無論如何，古典芭蕾女舞者比男人更容易進行劈腿動作，而出色的表演者甚至可以用她的右腳尖支撐其右下肢，並將她的左下肢筆直抬起。

所有這些身體上的鍛鍊都是**人類**特有的，也總是為追求更高的成就而困擾。沒有動物學家提到過猩猩會做「蟹式伸直」，如果說這有可能的話，早在居維葉時代起人們就應該已經知道了；而有些猴子像是黑猩猩，是能夠笑的，否定了拉伯雷的說法──「微笑是人類的財產」。

圖17

圖18

圖19

簡約法則：奧卡姆剃刀

自然界在與兩個重要定律相對應的兩個極端之間擺盪：**簡約定律和豪奢定律**。

第一個定律，**簡約定律**是由英國修士和哲學家奧卡姆的威廉（1290 － 1349）創立，他在被逐出教會後因病去世。該定律規定「應將所有不必要的東西都丟棄」，因此才有了所謂**奧卡姆剃刀**這個名稱。該定律訴諸理性，在自然界，尤其是在肌肉骨骼系統中，具有許多應用；在自然界中，球體完美地說明了這一點（**圖20**），在最小的表面上具有最大值。雞蛋（**圖21**）是另一個例子：厚度最薄的殼可以保護最大體積的胚胎；與其他結構相比，球形或卵形的力學阻力最大，例如，卵形頭蓋骨（**圖22**）可以在表面積最小且阻力最大的容器內容納最大量的腦組織。腦迴也說明了碎形理論，可以

認為它是簡約法則的應用：在最小體積中容納最大數量的皮質表面。而第二個定律稱為**豪奢定律**，在有關**大數量**的領域很有效，通常與**繁殖**和**自然淘汰**有關，在此以示意圖形式說明。**圖23**顯示了數以萬計的精子在接近卵子時的競爭，只會有一個成功，就如同成千上萬隻海龜在岸上孵化，並拚命試圖在淪為掠食性鳥類的獵物之前衝入大海；**圖24**顯示了像雲一樣厚的魚群，牠們在被捕食者捕撈之前試圖逃脫並破壞隊伍。最後，目睹數以百萬計的花粉被風吹散，卻只會有一個到達花的雌蕊。

為什麼這麼明顯地浪費？因為在**自然淘汰**的情況下，能夠獲得高額獎金的彩券必須是在最幸運或最合適的時候選擇才能發揮作用，而相比之下，大自然的**毫不寬容**顯得殘酷多了。

圖20

圖21

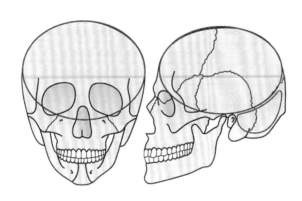

圖22

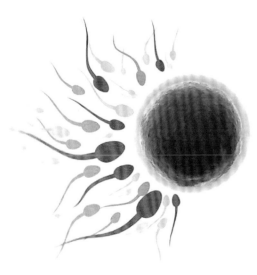

圖23

圖24

參考書目

Azerad J. *Physiologie de la manducation*. Masson, Paris, 1992.

Barnett C.H., Davies D.V., MacConaill M.A. *Synovial joints. Their structure and mechanics*. C.C. Thomas, Springfield, 1961.

Barnier L. *L'analyse des mouvements*. PUF, Paris, 1950.

Basmajian J.V. *Muscles alive. Their function revealed by electromyography*. Williams–Wilkins, Baltimore, 1962.

Bouisset S. *Biomécanique et physiologie du mouvement*. Masson, Paris, 2002.

Bridgeman G.B. *The human machine. The anatomical structure and mechanism of the human body*, Vol. 1. Dover Publications Inc., New York, 1939

Brinckmann P., Frobin W., Leivseth G. *Mucoloskeletal biomechanics*. Thieme, New York, 2002.

Bunnnell S. *Surgery of the hand*. Lippincott, Philadelphie, 1944 (1ʳᵉ éd.), 1970 (5ᵉ éd. révisée par Boyes.

Calais–Germain B. *Anatomie du mouvement*, Tome 1. Désiris Revel, 1984.

Calais–Germain B. *Anatomie du mouvement. Bases d'exercices*. Désiris Revel, 2005.

Cardano Gerolamo : mathématicien italien (1501–1576). À propos du cardan : voir sur Internet.

Duchenne (de Boulogne) G.B.A. *Physiologie des mouvements 1*. J–B. Ballière et Fils, Paris, 1867 (épuisé). Fac simile hors commerce édité par les Annales de Médecine Physique, 1967.

Duchenne (de Boulogne) G.B.A *Physiology of motion*. Trad. de E.B. Kaplan. W.B. Saunders Co, Philadelphie et Londres, 1949.

Esnault M. *Rachis et stretching*. Masson, Paris, 2005.

Feher G, Szunyoghy A. Grand cours d'anatomie artistique. Könemann.

Fick R. *Handbuchder Anatomie und Mechanik der Gelenke*. Iena Gustav Fischer, 1911.

Fischer O. *Kinematik orhanischer Gelenke*. F. Vierweg und Sohn, Braunsschweig, 1907.

Gasquet (de) B. *Bien–être et maternité*. Implexe éditions, Paris, 1997.

Gauss Karl Friedrich : mathématicien allemand (1777–1855). La géométrie non euclidienne (à propos du paradoxe de Codmann) : voir sur Internet.

Ghyka Matila C. *Le Nombre d'or*. Gallimard, Paris, 1978.

Goudot R., Hérisson C. *Pathologie de l'articulation temporo–mandibulaire*. Masson, Paris, 2003.

Hamonet C., Brissot R., Anne Gompel A. et al. (Faculté de Médecine de Créteil). « Ehlers–Danlos Syndrome (EDS) – Contribution to Clinical Diagnosis – A Prospective Study of 853 Patients ». *EC Neurology*, 10.6 (2018) : 428–439.

Heimlich. La manœuvre d'Heimlich : tous les détails sur www.heimlicinstitute.org/howtodo.html.

Henke J. *Die Bewegungen der Hanwurzel. Zeitschrift für rationelle Medizine*. Zürich, 1859.

Henke W. Handbuch der Anatomie und Mechanik der Gelenke. C.F. Wintersche Verlashandlung, Heidelberg, 1863.

▨▨▨ A.I. « La Biomécanique patate ». *Ann. Chir. Main* 1987 ; 5 : 260–3.

▨▨▨ A.I. « Vous avez dit Biomécanique ? La Mécanique "floue" ou "patate" ». *Maîtrise orthopédique* 1997 ; 64 : 1–11.

▨▨▨ A.I. *Qu'est–ce que la biomécanique ?* Éditions Sauramps Médical, Montpellier, 2011.

Lievre J.A, Bloch–Michel H, Attali P. « Trans–sacral injection : clinical and radiological study ». *Bull. Mem. Soc. Med. Hop. Paris* 1957 ; 73 (33–34) : 1110–8.

MacConaill M.A., Barnett C.H., Davies D.V. *Synovial joints*. Longhans Ed., Londres, 1962.

MacConaill M.A. « Movements of bone and joints. Significance of shape ». *J. Bone and Joint Surg.* 1953 ; 35.B : 290.

MacConaill M.A. « Studies in the mechanics of the synovial joints : displacement on articular surfaces and significance of saddle joints ». *Irish J. M. Sc.* 1946 : 223–35.

MacConaill M.A. *Studies on the anatomy and function of bone ans joints*. F. Gaynor Evans Ed., New York, 1966.

MacConaill M.A. « Studies in mechanics of synovial joints ; hinge joints and nature of intra–articular displacements ». *Irish J. M. Sc.* 1946, Sept : 620.

MacConaill M.A. « The geometry and algebra of articular kinematics ». *Bio. Med. Eng.* 1966 ; 1 : 205–12.

MacConaill M.A., Basmajian J.V. *Muscle and movements : a basis for human kinesiology*. Williams–Wilkins, Baltimore, 1969.

Marey J. *La Machine animale*. Alcan, Paris, 1891.

Moreaux A. *Anatomie artistique de l'homme*. Maloine, Paris, 1959.

Netter F.H. *Atlas d'anatomie humaine*. Masson, Paris, 2004.

Okham (d') Guillaume : moine franciscain anglais, philosophe scolastique(1280–1349). Le Principe d'Économie Universelle : voir sur Internet.

Özkaya N., Nordin M. *Fundamentals of biomechanics*, 2ᵉ éd. Springer, 1999.

Poirier P., Charpy A. *Traité d'anatomie humaine*. Masson, Paris, 1926.

Poitout D.G. *Biomechanics and biometerials in orthopedics*. Springer, Londres, 2004.

Rasch P.J., Burke R.K. *Kinesiology and applied anatomy. The science of human movement*. Lea & Febiger, Philadelphie, 1971.

Riemann Georg Friedrich Bernhard : mathématicien allemand (1826–1866). La géométrie non euclidienne (à propos du paradoxe de Codmann) : voir sur Internet.

Roy–Camille R., Roy–Camille M., Demeulenaere C. « Ostéosynthèse du rachis dorsal, lombaire et lombo–sacré par plaques métalliques vissées dans les pédicules vertébraux et les apophyses articulaires ». *Presse Méd.* 1970 ; 78 : 1447.

Roy–Camille R., Saillant G., Mazel Ch. « Internal fixation of the lumbar spine with pedicle screw plating ». *Clin. Orthop.* 1986 ; 203 : 7–17.

Roud A. *Mécanique des articulations et des muscles de l'homme*. F. Rouge et Cⁱᵉ, Librairie de l'Université, Lausanne, 1913.

Rouvière H. *Anatomie humaine descriptive et topographique*. Masson, Paris, 2003.

Saillant G. « Étude anatomique des pédicules vertébraux. Applications chirurgicales ». *Rev. Chir. Orthop.* 1979 ; 62, 2 : 151.

Sobotta J. *Atlas d'anatomie humaine : nomenclature anatomique internationale*. Maloine, Paris, 1977.

Steindler A. *Kinesiology of the human body*. C.C. Thomas, Springfield, 1964.

Strasser H. *Lehrbuch der Muskel und Gelenkemechanik*. Springer, Berlin, 1917.

Testut L. *Traité d'anatomie humaine*. Doin, Paris, 1893.

Thill E., Thomas R. *L'Éducateur sportif*. Vigot, Paris, 2000.

Von Recklinghausen H. *Gliedermechanik und Lähmungsprostesen*. Springer, Berlin, 1920.

頸椎力學模型

　　此模型與本冊第 P.224 至 P.231 所述的力學模型的功能完全相同。只要注意及有耐心，你就可以從紙板 1 上的結構開始創造它。為避免損壞本書，可以將插圖拿去影印並放大 50%，此為最適組裝大小；接著使用複寫紙仔細地將圖形轉印到紙板上（不建議使用西卡紙，其厚度太薄）。該硬紙板必須至少 0.3 － 0.5 公釐厚才足夠堅固，以便組裝和使用。如果沒有複寫紙，可以使用 3B 鉛筆塗黑複本背面，效用等同於複寫紙，只需再於圖紙上描繪一次，即可在下方的紙板上將圖案複製出來。

　　該模型包括**六個部分**必須剪下來：

- **頭部 A**：其樞軸為 y（破折線）和 z（虛線），請記得兩者須朝相反的方向摺疊（請參閱下文）。
- **中間部分 B**：其功用為將頭部連接到脊柱；包含用於黏合的前方陰影區域與後方的相應區域。
- **頸椎 C**：也包含了要黏貼到中間部分之陰影區域。
- **模型底部 D**：具有三個用於黏合的陰影區域和兩組狹縫（S1 － S3）。
- **隧道帶 E**：後方有兩區域用於黏合，而兩個虛線要沿相反方向摺疊。
- **支撐帶 F**：其中一端為陰影部分，可以在前面黏貼。

剪下的步驟

　　切下每個部分後，必須**按照以下說明先將折線（以虛線表示）準備好**。首先**沿著紙板正面虛線及背面破折線切割，切割深度均為紙板厚度之三分之一**，接著將前者向後摺疊，後者向前摺疊；為了更方便操作，可以在紙板背面先繪製折線，再來用圓規上的尖頭刺穿紙板來標記這些線的兩端。而 C 部分需要沿著兩側的虛線來切割，才能使**兩側**彎曲，為避免紙板變得脆弱，應使背面的切口比正面的切口高約 1 公釐。

　　如果有需要穿洞的地方，必須在組裝前完成並且不能失手，因為在組裝後才打洞的話可能會讓模型折損。如果沒有打洞機，則必須使兩個相應零件中的洞盡可能地重合，以便橡皮筋穿過。

組裝

1. 底部的組裝

注意事項：在膠水乾之前，要用迴紋針或是夾子固定用膠黏合的地方，才不會歪掉。

- 從 **E 部分**開始，插圖 2 顯示了在紙板的兩面都切割後如何將其摺疊成 Ω 的形狀（圖 I）。
- 將其兩個底部黏貼到 D 上的兩個小**陰影區域**，留一個空間讓 F 可以塞進去（圖 II）。
- 在 F 上沿著中間輪廓割出**一個長條的形狀**。
- 接著在正面的中間（虛線）以及背面的兩側（破折線）切割，把 F 像手風琴一樣摺疊（圖 II）。再把**陰影部分**黏到底部 D 上（圖 III）。
- 將零件緊密黏合在一起後，將 F 的另一邊塞進 E，完成底部的構造（圖 IV）。

2. 頸椎的組裝

- 將 Λ 部分的中間板摺兩次，即沿 z（虛線）向後摺疊，然後沿 y（破折線）向上摺疊以形成直角。
- 將 y 軸下方之中間板的表面黏到 B 上面的陰影區域，確定孔洞重疊（c 和 a'）。
- 接下來將 C 的陰影區域向後摺，然後將其黏貼到 B 的非陰影部分，確保所有孔洞部分都有重合對齊（圖 IV）。

3. 模型的組裝

- 檢查 C 底部的凹口並將其插入 F 的縫隙中，將 C 部分固定到底部（圖 V）。

- 為了加強結構，還可以拿火柴棒或牙籤穿過 C 上的孔 k（F 拱形下方）。

- 不過一旦使 C 的虛線部分有摺痕，它就會傾向於某側屈曲，而模型的這種不穩定性則完美地反映了**頸椎的自然不穩定性**，平時由肌肉的支撐來使其穩定。

穩定模型

　　為了使模型維持直挺，**需要使用彈性繩來固定**。這個動作需要十足的謹慎與耐心，首先將繩子的一端穿過模型上打好的孔並打結，接著將另一端穿過基底邊緣**預先用剪刀穿出的縫隙中（S1 - S3）**，如此才能控制與確保繩子的緊度。這些彈性繩分為**兩組**（圖 VI 和 VII）：**第 1 組**的彈性繩（實線和藍色虛線）控制模型的上部，而模型的上部與脊椎枕下部相對應，由**三個樞軸**表示，即頭部旋轉的**垂直樞軸**，屈曲伸直動作的**水平樞軸**，及側屈動作的**矢狀樞軸**。其中包括：

- 繩 1 安裝在孔 a 上方，穿過孔 a' 並固定在縫隙 S4 處，控制頭部的**屈曲與伸直**。

- 繩 2 穿過孔 b'，並固定在孔 c' 和 b 處，控制頭部的**旋轉**。

- 繩 3 在穿過縫隙 S5 之後在孔 c 和 c' 上方的兩端處打結，在縫隙兩側拉動可以控制頭部的**側屈動作**。

- 繩 4 像繩 3 一樣的方式固定，不過是穿過縫隙 S6 而且要稍長一些，它同時控制頭部的**側屈和脊柱上部的穩定**。

　　第 2 組的彈性繩（橘色實線）通過繩 5 和繩 6 控制**下頸椎**，對應於**斜角肌**，使頸椎沿其垂直軸維持挺直。

- 繩 5 在孔 e 處打結，並固定在底部上的兩個縫隙 S1 中。

- 繩 6 在孔 d 處打結，並固定在底部上的兩個縫隙 S2 中。

- 繩 7 在孔 c 和 c' 處打結並且固定在縫隙 S3 中，為模型的橫向穩定器。

　　當你調節這些不同的彈性繩時，將了解到平時由肌肉支撐的頸椎之**不穩定狀態**，以及其中任何的變化將如何改變整個結構的平衡。這意味著頸椎是一個完整的結構，**破壞其任一部分都會對整個結構產生影響**。

　　調整好這些彈性繩後，就可以開始**試驗一下頸椎的各種運動**。

　　首先通過斜軸線（虛線）**移動下頸椎**，將清楚地觀察到其**側屈－旋轉的定型運動**。而在此位置，可以使用枕下部分（相當於三軸滑膜關節）為頭部提供以下矯正動作：

- **沿運動方向旋轉**，從而完成頭部的側屈。

- 在與運動方向相反的方向上**側屈**，使頭部**旋轉**。

- 如果牢牢握住底部和頭部（A），則可以進行**峇里島舞者的頭部運動**，即在其對稱軸的任一側進行平移運動，而這種運動是**不自然**的，需要你自己想出如何進行代償運動。

　　若是能夠成功地在模型上進行頸椎所有可能的活動和代償運動，建立模型所做的努力都值得了。加油！

插圖 Ⅰ

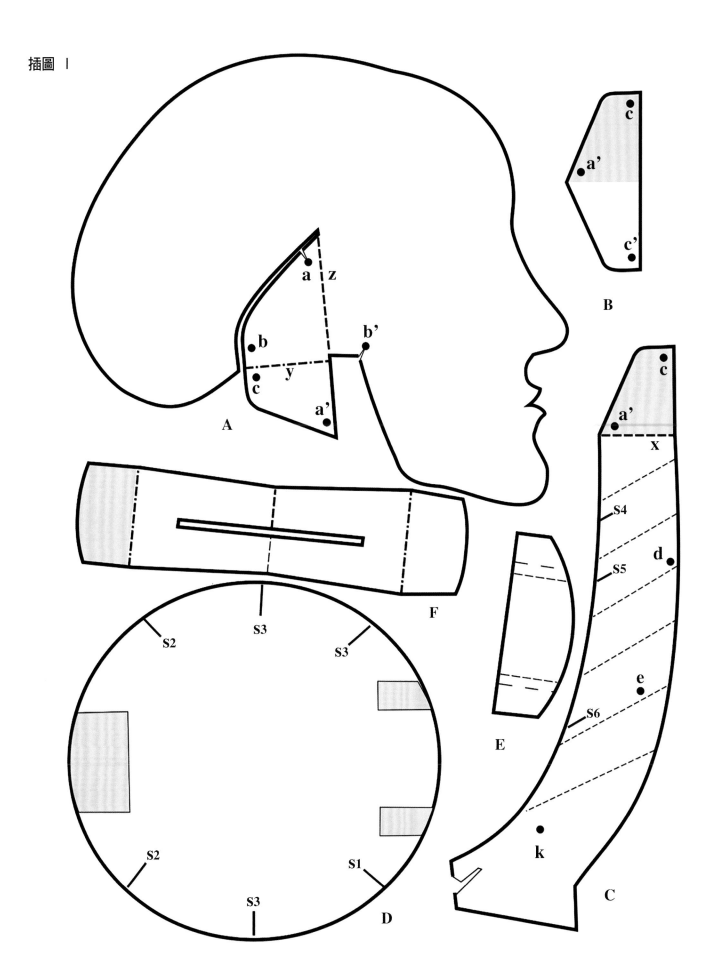

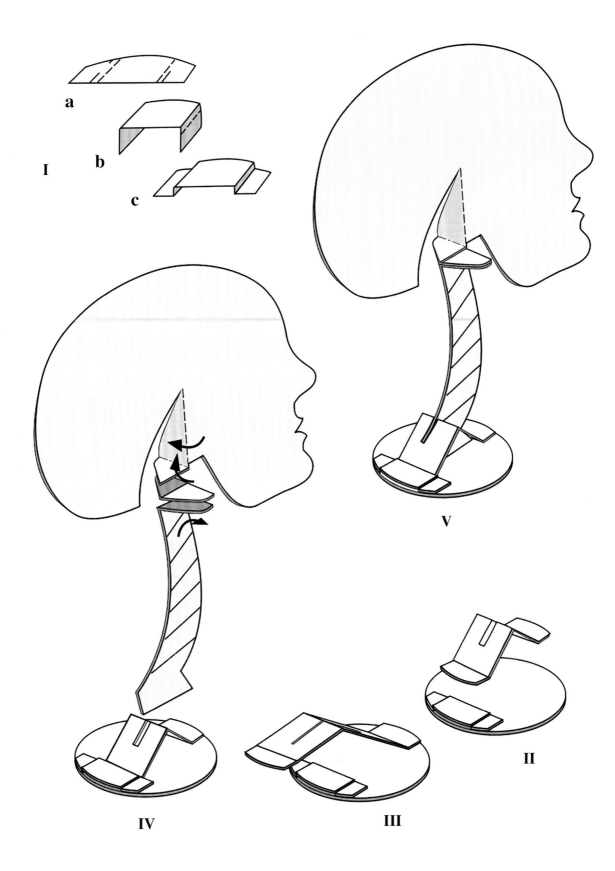

a

b

I

c

II

III

IV

V

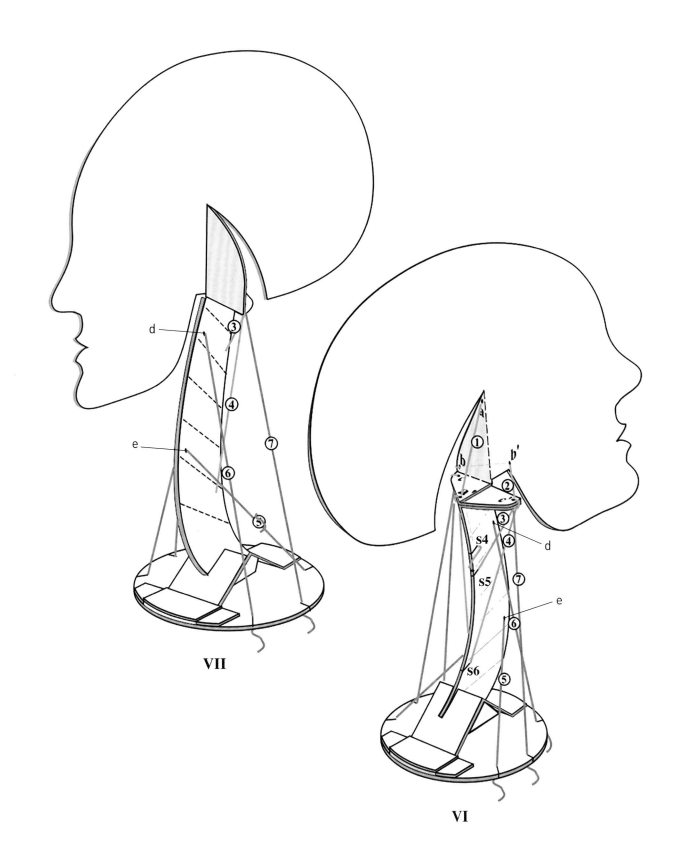

VII

VI